Heidelberger Taschenbücher Band 57/58

H. Dertinger · H. Jung

Molekulare Strahlenbiologie

Vorlesungen über die Wirkung ionisierender Strahlen
auf elementare biologische Objekte

Mit einem Geleitwort von K. G. Zimmer

Mit 116 Abbildungen

Springer-Verlag Berlin · Heidelberg · New York 1969

Dr. H. Dertinger, Priv.-Doz. Dr. H. Jung,
Prof. Dr. K. G. Zimmer

Universität Heidelberg und Institut für Strahlenbiologie,
Kernforschungszentrum Karlsruhe

ISBN-13:978-3-540-04552-6   e-ISBN-13:978-3-642-95116-9
DOI: 10.1007/978-3-642-95116-9

Alle Rechte vorbehalten. Kein Teil dieses Buches darf ohne schriftliche Genehmigung des
Springer-Verlages übersetzt oder in irgendeiner Form vervielfältigt werden.

© by Springer-Verlag Berlin · Heidelberg 1969. Library of Congress Catalog Card
Number 74-81410.

Die Wiedergabe von Gebrauchsnamen, Handelsnamen, Warenbezeichnungen usw. in diesem
Werk berechtigt auch ohne besondere Kennzeichnung nicht zu der Annahme, daß solche Namen
im Sinne der Warenzeichen- und Markenschutz-Gesetzgebung als frei zu betrachten wären
und daher von jedermann benutzt werden dürften.

Titel-Nr. 7587

Vorwort

Das vorliegende Büchlein entstand aus „experimentellen" Vorlesungen und Seminaren, in denen in immer wieder veränderter Weise versucht wurde, interessierten Naturwissenschaftlern und Medizinern das Rüstzeug für selbständige Arbeit auf dem Gebiet der „molekularen und physikalischen Strahlenbiologie" nahe zu bringen. Dabei bildeten Diskussionen eine Kontrolle des Erfolgs wie auch die Grundlage für Veränderungen der Darstellung. Die Vorlesungen und Seminare wurden in den Jahren 1957—1968 zunächst vom Unterzeichneten allein, später gemeinsam mit den Autoren, Dr. H. Dertinger und Dr. H. Jung, sowie unter Mitwirkung der Herren Prof. A. Catsch, Prof. U. Hagen, Priv.-Doz. G. Hotz und Priv.-Doz. A. Müller durchgeführt, deren konstruktive und kritische Beiträge von ebenso großer Bedeutung waren wie die mancher Hörer.

Ein die gesamte Strahlenbiologie umfassendes Lehrbuch wird wegen der außergewöhnlich zahlreichen Aspekte dieses Arbeitsgebiets jetzt und in absehbarer Zeit kaum geschrieben werden können. An Sammelwerken und Handbüchern mehr oder weniger umfassender Art besteht kein Mangel, doch sind diese für den Anfänger zur Einarbeitung meist wenig geeignet. Ein Titel, der unsere Arbeitsrichtung wie auch den Inhalt des Buches zugleich charakterisiert und abgrenzt, ergab sich zwanglos mit dem Erscheinen des Berichts „Molekulare und physikalische Biologie" von Dr. M. L. Zarnitz[1]. Auch wenn man über Inhalt und Abgrenzung einer *allgemeinen* molekularen und physikalischen Biologie sehr verschiedener Ansicht sein kann, erscheint uns der Inhalt einer molekularen und physikalischen *Strahlen*biologie verhältnismäßig klar umrissen. Eine Einführung in Aufgaben, Arbeitsweise und Ergebnisse dieses Zweiges der Strahlenbiologie ist aus verschiedenen Gründen erforderlich. Zunächst, um möglicher Verwirrung vorzubeugen, denn in der genannten Denkschrift wird auf Seite 69 der Ansicht Ausdruck gegeben, die Strahlenbiologie sei „ein Wissenschaftszweig, für den ... gerade nicht — oder noch nicht die typischen Charakteristika der hier als molekulare und physikalische Biologie bezeichneten Arbeitsrichtungen zutreffen", andererseits auf derselben Seite die Tatsache erwähnt, „daß gerade strahlenbiologische und strahlengenetische Untersuchungen (Kaiser-Wil-

---

[1] Erstattet im Auftrag der Stiftung Volkswagenwerk. Göttingen: Vandenhoeck & Ruprecht, 1968.

helm-Institut für Hirnforschung, Berlin-Buch [2] historisch gesehen einen wesentlichen Anstoß für die Entwicklung der molekularen und physikalischen Biologie gegeben haben". Der Grund für die erstgenannte (in so allgemeiner Form sicher unrichtige) Ansicht liegt in einer unzulässigen Extrapolation von der ebenfalls erwähnten richtigen, aber längst vergangenen Tatsache her. Vor 30—35 Jahren hat wirklich die *Strahlengenetik* starke Impulse für die Entwicklung der allgemeinen Genetik und auch mancher Arbeitsrichtungen gegeben, die man heute unter dem wenig klar definierten, aber praktischen Terminus „Molekularbiologie" subsumiert [3]. Inzwischen hat die Strahlenbiologie jedoch für Medizin und Technik so an Bedeutung gewonnen, daß ihre Hauptaufgabe nicht mehr in der Lieferung von Anregungen für die allgemeine Biologie oder von Beiträgen zur Lösung von deren Problemen gesehen werden sollte. Im Vordergrund stehen jetzt vielmehr die vielfachen eigenen Probleme der biologischen Strahlenwirkungen, die natürlich auch in früheren Jahrzehnten bereits bekannt waren und wegen des ihnen zukommenden Interesses bearbeitet wurden. Erhebliche Fortschritte hierbei ergaben sich in letzter Zeit durch Anwendung „molekularbiologischer Methoden", so daß sich die Wechselwirkung zwischen den genannten Forschungsgebieten im Laufe der Jahrzehnte, wenn man es so ausdrücken will, in ihrer Hauptrichtung umgekehrt hat.

Das zukünftige Interesse und die zukünftige theoretische und praktische Bedeutung einzelner Forschungsrichtungen abschätzen zu wollen, ist bekanntlich ein schwieriges und riskantes Unterfangen. Immerhin kann wohl die Vorhersage gewagt werden, daß die Menschen in Zukunft „mit der Strahlung werden leben müssen" und von diesem Beiprodukt der Atomtechnik, wie auch von ihr selbst, den größtmöglichen Nutzen bei geringstmöglichen Gefahren werden haben wollen [4]. Solche Ziele erfordern auch ein gewisses Maß strahlenbiologischer Forschung, und die dabei auftretenden Probleme werden nach dem heutigen Stand unseres Wissens am ehesten durch Arbeiten auf molekularem und physikalischem Niveau gelöst werden können. Die Strahlenbiologie wird sich daher in immer stärkerem Maße der Objekte und Methoden der allgemeinen molekularen und physikalischen Biologie bedienen müssen, ohne jedoch dabei ihr eigentliches Ziel, das ist die Lösung ihrer eigenen Probleme, aus den Augen zu verlieren. Beiträge zur Lösung der Probleme der allgemeinen molekularen und physikalischen Biologie können als Nebenprodukt entstehen, bilden aber keineswegs zentrale Aufgabe und Ziel der Strahlenbiologie.

---

[2] Vgl. Timoféeff-Ressovsky, N. W., K. G. Zimmer u. M. Delbrück: Nachr. Ges. Wiss. Göttingen VI, N. F., 1, 189 (1935).

[3] Zimmer, K. G.: In: Phage and the origins of molecular biology. Eds. J. Cairns, G. S. Stent, J. D. Watson. Cold Spr. Harb. Lab. quant. Biol., p. 33 et sequ. (1966).

[4] Zimmer, K. G.: In Forschungspolitik. Ed. Bundesminister für wissenschaftliche Forschung. München: Gersbach & Sohn, 1968, Heft 4, S. 12 ff.

Eine Einführung in die Denk- und Arbeitsmethoden sowie in die Probleme der molekularen und physikalischen Strahlenbiologie zu geben, war der Sinn unserer Vorlesungen und Seminare, die hier ihren Niederschlag gefunden haben. Der Leser wird schnell bemerken, daß die Zahl der ungelösten Probleme die der gelösten weit übersteigt, und sich, so hoffen wir, durch die vor uns liegenden Schwierigkeiten angezogen fühlen, seinerseits zu deren Lösung beizutragen.

Karlsruhe, Januar 1969 K. G. Zimmer

Inhalt

1. Kapitel: Einführung in die Strahlenbiologie 1
   1.1. Einteilung und Entwicklung der Strahlenbiologie 2
   1.2. Dosis-Effekt-Kurve und Besonderheiten der Strahlenwirkung . 4
   1.3. Die zeitlichen Phasen der Strahlenwirkung 6
   1.4. Die Bedeutung der molekularen Strahlenbiologie 9
   1.5. Darstellung der molekularen Strahlenbiologie 10
   Literatur 12

2. Kapitel: Die Treffertheorie 13
   2.1. Voraussetzungen 13
   2.2. Ein- und Mehrtrefferkurven 13
   2.3. Dosis-Effekt-Kurven bei mehreren Treffbereichen 15
   2.4. Einfluß der biologischen Variabilität auf die Form von Dosis-Effekt-Kurven 18
   2.5. Die „relative Steilheit" der Dosis-Effekt-Kurve 21
   2.6. Die Vortäuschung von Eintrefferkurven 22
   Literatur 24

3. Kapitel: Stochastik der Strahlenwirkung 25
   3.1. Kinetische Interpretation der Dosis-Effekt-Kurve 26
   3.2. Mehrtrefferkurven 27
   3.3. Rückläufige Prozesse 29
   3.4. Formale Beschreibung von Dosis-Effekt-Kurven 31
   3.5. Dosis-Effekt-Kurve beim Kolonietest 33
   Literatur 34

4. Kapitel: Primärprozesse der Energieabsorption 35
   4.1. Röntgen- und Gammastrahlung 35
   4.2. Neutronen 40
   4.3. Geladene Teilchen 42
   4.4. Übertragene Energiebeträge 48
   4.5. Energieverteilung der Sekundärelektronen 53
   4.6. Energieaufwand pro Primärionisation 57
   Literatur 59

5. Kapitel: Theorie des Treffbereichs und des Wirkungsquerschnitts . . 60
   5.1. Konkretisierung des Begriffs „Treffer" 60
   5.2. Treffbereichstheorie 61
   5.3. Theorie des Wirkungsquerschnitts 63
   5.4. Die relative biologische Effektivität 74
   Literatur 75

6. Kapitel: Direkte und indirekte Strahlenwirkung 76
   6.1. Der direkte Effekt 77
   6.2. Indirekter Effekt in Lösung 78
   6.3. Indirekter Effekt in Zellen 86

6.4. Indirekter Effekt im Trockenen	87
6.5. Schutz- und Sensibilisierungsstoffe	90
Literatur	97

7. Kapitel: Der Temperatur-Effekt — 99
7.1. Experimentelle Befunde	99
7.2. Temperatur-Effekt und indirekte Strahlenwirkung	101
7.3. LET-Abhängigkeit des Temperatur-Effektes	105
7.4. Das „Thermal Spike"-Modell	107
Literatur	110

8. Kapitel: Der Sauerstoff-Effekt — 111
8.1. Sauerstoff-Effekt bei Makromolekülen	111
8.2. Eine Hypothese des Sauerstoff-Effektes	117
8.3. Der Sauerstoff-Effekt bei Bakterien	120
8.4. Sauerstoff-Effekt und LET	121
Literatur	123

9. Kapitel: Strahlenwirkung auf Enzyme am Beispiel der Ribonuclease — 125
9.1. Struktur und Funktion der Ribonuclease	125
9.2. Inaktivierungskinetik	126
9.3. Strahlenerzeugte Radikale	129
9.4. Veränderungen an bestrahlten Enzym-Molekülen	131
9.5. Trennung und Identifizierung von Bestrahlungsprodukten	132
9.6. Aminosäure-Analyse	136
9.7. Inaktivierungsmechanismen	141
Literatur	144

10. Kapitel: Physiko-chemische Veränderungen an bestrahlten Nucleinsäuren — 146
10.1. Struktur der DNS	146
10.2. Strahleninduzierte Radikale	148
10.3. Chemische Veränderungen an bestrahlter DNS	153
10.4. Brüche in den Polynucleotidketten	156
10.5. Intermolekulare Vernetzungen	160
10.6. Zerstörung der Wasserstoffbindungen	163
Literatur	167

11. Kapitel: Inaktivierung der Nucleinsäure-Funktionen — 169
11.1. Funktionen der Nucleinsäuren	169
11.2. Infektiosität	170
11.3. Transformation	172
11.4. Matrizen-Funktion	177
11.5. Enzyminduktion	182
11.6. DNS-mRNS-Hybride	183
11.7. Translation	184
Literatur	187

12. Kapitel: Strahlenwirkung auf Viren — 189
12.1. Eigenschaften der Viren	189
12.2. Inaktivierung von Viren mit einsträngiger Nucleinsäure	191
12.3. Inaktivierung von Viren mit doppelsträngiger DNS	193
12.4. Reparatur von Strahlenschäden der Virus-DNS	199
12.5. BU-Effekt	206
Literatur	209

13. Kapitel: Strahlenwirkung auf Bakterien 211
   13.1. Eigenschaften der Bakterien 211
   13.2. Inaktivierung von Bakterien 213
   13.3. Die Bakterien-DNS als kritischer Treffbereich 217
   13.4. Die Reparatur von UV-Schäden 221
   13.5. Die Reparatur von Schäden ionisierender Strahlung 227
   13.6. Die genetische Kontrolle der Reparatur im Bacterium E. coli . 230
   13.7. Micrococcus radiodurans 233
   Literatur 235
14. Kapitel: Strahlenempfindlichkeit und biologische Komplexität . . 237
   14.1. Versuche zu einer Systematisierung 237
   14.2. Was ist Strahlenempfindlichkeit? 241
   Literatur 244

Sachverzeichnis 245

1. Kapitel: Einführung in die Strahlenbiologie

Erfahrungsgemäß ist es von Nutzen, zu Beginn einer Vorlesungsreihe eine Einführung in das zu behandelnde Gebiet zu geben. Gerade bei einem naturwissenschaftlichen Grenzgebiet, wie der Strahlenbiologie, empfiehlt sich ein besonders intensives Nachdenken über Sinn und geistigen Inhalt mehr noch als bei anderen Disziplinen. Wenn wir etwa an die Chemie denken, so ist dieses Gebiet, als Lehre von den stofflichen Veränderungen, verhältnismäßig scharf definiert. Jeder von uns hat vom Chemiestudium eine feste Vorstellung, die während oder nach Abschluß des Studiums im allgemeinen kaum revidiert werden muß. Dies ist bei der Strahlenbiologie durchaus anders, obwohl sie als *Lehre von den biologischen Wirkungen ionisierender Strahlen* auf den ersten Blick einigermaßen klar umrissen erscheint. Der Unterschied beginnt bereits damit, daß man Strahlenbiologie, wie viele andere Grenzgebiete auch, als Fach nicht studieren kann. Die scheinbare Verworrenheit des Gebietes bereitet ferner auch dem Naturwissenschaftler anfängliches Unbehagen, der nach dem Diplom-Examen gerne strahlenbiologisch arbeiten möchte. Er, dem im Laufe seines Studiums zum Beispiel das physikalische Wissen in wohlgeordneter Weise beigebracht wurde, findet nicht einmal ein Lehrbuch klassischer Art vor, mit dessen Hilfe er sich in die Strahlenbiologie einarbeiten könnte.

Das Eindringen in den strahlenbiologischen Problemkreis wird erschwert durch die Tatsache, daß Versuche auf diesem Gebiet, vielleicht mehr noch als „normale" biologische Experimente, von den verschiedensten Bedingungen abhängen. Es ist somit durchaus möglich und im Grunde auch verständlich, daß Deutungen und Erklärungen häufig widerlegt werden können, weil die gleichen Experimente unter leicht geänderten Versuchsbedingungen entgegengesetzte Resultate zeigen. Damit erschwert sich auch das Erkennen und die Auslese der für die Strahlenbiologie wichtigen Experimente.

Trotz der geschilderten Schwierigkeiten gilt der Strahlenbiologie — daran besteht kaum Zweifel — ein besonderes, fast möchte man sagen, existentielles Interesse. Die stürmische Entwicklung von Kernenergie und Kerntechnik, sowie die mannigfaltigen Anwendungen von Strahlen zur Behandlung von Erkrankungen, bei den verschiedensten Fabrikationsvorgängen in der Industrie, zur Sterilisierung von Medikamenten und Verbandmaterial, bei den Versuchen zur Strahlentechnologie der Lebensmittel, wie auch der Betrieb von Kernreaktoren und die Benutzung von radioaktiven Isotopen machen es notwendig, die Mechanismen der Strahlenwirkung zu ergründen. Denn nur so haben wir

Aussicht auf Erfolg, wenn wir lernen wollen, „mit der Strahlung zu leben" (Zimmer, 1968).

1.1. Einteilung und Entwicklung der Strahlenbiologie

Die Tatsache, daß es kein biologisches Objekt gibt, den Menschen einbegriffen, das durch energiereiche Strahlung nicht beeinflußt wird, bedingt, daß zwangsläufig jede Darstellung der Strahlenbiologie weite Gebiete der Biologie und der Medizin umfaßt. Diese Einbezogenheit der Medizin trägt wesentlich zur Unübersichtlichkeit der strahlenbiologischen Forschung bei. Schließlich kommen auch noch wesentlich physikalische Momente ins Spiel, wenn man nämlich fragt, durch welche elementaren Wechselwirkungsprozesse die Strahlung ihre zerstörerische Wirkung in der Materie entfaltet. Dem außenstehenden Beobachter bietet sich die Strahlenbiologie deshalb als undurchsichtiges Mischgebilde aus Physik, Chemie, Biologie und Medizin dar.

Eine grobe Gliederung der Strahlenbiologie kann man dadurch erreichen, daß man zunächst einmal die *medizinische Strahlenbiologie* von der naturwissenschaftlich orientierten Richtung abtrennt. In den Bereich der medizinischen Strahlenbiologie fallen dann vor allem die Teilgebiete der Strahlen-Patho-Physiologie und der strahlentherapeutischen Forschung. Auch die Entwicklung von Medikamenten zur Bekämpfung innerer „Strahlenvergiftungen", hervorgerufen durch inkorporierte radioaktive Stoffe, gehört zur medizinischen Strahlenbiologie (vgl. Catsch, 1968).

Zur *naturwissenschaftlich orientierten Strahlenbiologie* gehören die mehr klassisch-biologischen Gebiete, wie etwa die Strahlen-Cytologie, die Strahlengenetik und die Strahlenökologie, sowie auch die modernen Richtungen, wie Strahlenbiologie der Mikroorganismen und die molekulare Strahlenbiologie. Natürlich ist der Übergang zwischen den einzelnen Disziplinen fließend, denn es existieren zahlreiche Querverbindungen, so daß die hier vorgenommene Einteilung wirklich nur eine erste Näherung darstellt. Dies genügt jedoch für unsere Zwecke vollauf, denn es geht uns vor allem darum, den Standort der molekularen Strahlenbiologie innerhalb des gesamten Forschungsgebietes zu fixieren.

Es ist in diesem Zusammenhang interessant und trägt im übrigen wesentlich zum Verständnis der Problematik der strahlenbiologischen Forschung bei, wenn man sich einmal die historische Entwicklung der naturwissenschaftlich orientierten Strahlenbiologie vor Augen führt. Wie zu Beginn einer jeden neuen Forschungsrichtung setzte die Entwicklung an zufällig gemachten Beobachtungen ein, nachdem natürlich die wichtigste Voraussetzung dafür erfüllt war, nämlich die Entdeckung der ionisierenden Strahlung. Wir denken zum Beispiel an Becquerel, der versehentlich ein Radiumpräparat in der Westentasche mit sich trug, was auf seiner Haut eine schwer heilende Entzündung hervorrief. Nach der Entdeckung der Röntgenstrahlen gab es viele Forscher, die sich an deren Durchdringungsvermögen erfreuten und nicht müde wurden, immer wieder das Skelet ihrer Hand zu betrachten. Doch diese Freude wurde bald gedämpft durch die Beobachtung eigenartiger Veränderungen der exponierten Haut. An solchen Phänomenen entzündete sich das Interesse an der Wirkung der ionisierenden Strahlung. Charakteristisch für die nun einsetzende erste Periode der Strahlenbiologie, der *qualitativen Strahlenbiologie*, sind morphologische Untersuchungen, die auch heute noch, anscheinend sogar in steigendem Maße, beliebt sind. Frühzeitig wurde die besondere Empfindlichkeit des Keimgewebes und der Blutbildungsorgane erkannt. Interessant ist, daß bereits 1899 Hautkrebs mit Röntgenstrahlen behandelt wurde, während die Entdeckung, daß Hautkrebs auch von Röntgenstrahlung erzeugt wird, erst ins Jahr 1902 fällt.

Mit fortschreitender Entwicklung von Physik, Chemie und Biologie zeichnet sich seit etwa 1920 eine zweite Periode der Strahlenbiologie ab, die man am besten unter dem Begriff *quantitative Strahlenbiologie* zusammenfaßt. Sie ist gekennzeichnet durch die Anwendung mathematisch-statistischer Methoden zur Interpretation der erhaltenen Resultate (Blau u. Altenburger, 1922; Dessauer, 1922). Stark vereinfacht läßt sich die Arbeitsweise folgendermaßen beschreiben: Man untersuchte Strahlenwirkungen als Funktion der absorbierten Strahlungsenergie, d. h. als Funktion der Dosis. Aus der Form der erhaltenen Dosis-Effekt-Kurven (vgl. Kap. 1.2) versuchte man durch statistische Analysen Rückschlüsse auf die wirksamen Mechanismen zu ziehen. Dieses Vorgehen führte zur Entstehung der Treffertheorie, die sich in der Folgezeit, nachdem die physikalischen Prozesse der Strahlenabsorption genauer bekannt waren, zur Treffbereichstheorie weiterentwickelte. Die Gewinnung quantitativer Information aus der Dosis-Effekt-Kurve spielt auch heute noch in der Strahlenbiologie eine große Rolle. Einen Höhepunkt erreichten diese Bemühungen in den Jahren 1946/47, als die beiden aus gemeinsamen Diskussionen, aber dann infolge der Kriegsereignisse unabhängig voneinander entstandenen Bücher von Lea (1946) und von Timoféeff-Ressovsky u. Zimmer (1947) erschienen, wodurch sich die Strahlenbiologie endgültig als unabhängiger Zweig naturwissenschaftlicher Forschung etablierte. Obwohl die quantitative Strahlenbiologie unser Wissen von den Wirkungen ionisierender Strahlen ungemein erweiterte (es sei hier nur an die glänzenden Erfolge der klassischen Strahlengenetik erinnert), wurde schließlich klar, daß diese Art des Vorgehens nicht geeignet war, die zwischen der Absorption der Strahlenenergie und dem biologischen Endeffekt ablaufenden Reaktionsschritte vollständig aufzuklären. Trotzdem hielt man noch weiter am Konzept der quantitativen Strahlenbiologie fest und begann mit der Untersuchung der verschiedenen Parameter, die die Größe oder die Art einer Strahlenschädigung beeinflussen. Man kann diese Richtung als *Strahlenbiologie der modifizierenden Parameter* bezeichnen. Sie begann etwa um das Jahr 1945, wobei jedoch zu erwähnen ist, daß bis zu diesem Zeitpunkt schon zahlreiche Untersuchungen dieser Art bekannt geworden waren. Bei dieser Arbeitsrichtung versucht man, durch Änderung der äußeren Versuchsbedingungen, wie Temperatur, Feuchtigkeitsgehalt, Zugabe von Stoffen, die die Strahlenempfindlichkeit modifizieren, sowie auch durch Änderung der Strahlenqualität zu Befunden zu gelangen, die ein mosaikartiges Bild vom Zustandekommen einer Strahlenschädigung zu rekonstruieren gestatten. Die Aussichten, das Zusammenwirken und Ineinandergreifen dieser Faktoren zu verstehen, sind nicht gerade ermutigend. Bemühungen dieser Art führten daher zu einer Vielzahl von Hypothesen, die zahlenmäßig die Größenordnung der untersuchten Parameter-Kombinationen erreicht. Diese Situation veranlaßte den bekannten Strahlenbiologen Alexander Hollaender dazu, die Entwicklung der Strahlenbiologie mit der „Geschichte eines Schlachtfeldes, auf dem nur Schlachten verloren wurden" zu vergleichen. Bedingt ist dieser Pessimismus wohl weniger durch die Probleme der Strahlenbiologie an sich, sondern mehr durch diesen Verlauf der Entwicklung. Anstatt einzelne Reaktionsschritte zu untersuchen, testete man allzuoft irgendeinen Endpunkt der biologischen Schadensentwicklung, etwa die Abtötung als Funktion der Dosis. Hieraus rückwärts auf die Kausalkette der Ereignisse zu schließen, ist selbst mit Hilfe kühnster mathematischer Formalismen und auch beim Einsatz von Computern ein hoffnungsloses Unterfangen.

1.2. Dosis-Effekt-Kurve und Besonderheiten der Strahlenwirkung

Die Dosis-Effekt-Kurve ist auch heute noch eines der wichtigsten Diagramme der Strahlenbiologie. Je nach Anlage eines Experiments können dabei sehr verschiedenartige Effekte als Kriterium für die Strahlenwirkung benutzt werden: z. B. die Erzeugung freier Radikale, die Inaktivierung eines Enzym-Moleküls, der Verlust der Replikationsfähigkeit von DNS, das Auslösen einer bestimmten Mutation, das Abtöten einer Zelle oder eines Organismus. In der Mehrzahl der Fälle trägt man den Bruchteil der Überlebenden, die verbleibende relative Enzym-Aktivität oder dgl. über der Dosis auf. Wenn wir im folgenden von Dosis-Effekt-Kurven reden, meinen wir stets solche „Überlebenskurven". Andere Arten der Auftragung werden wir im Einzelfall erläutern.

Man machte schon bald die Beobachtung, daß sich die Dosis-Effekt-Kurven der Strahlung recht erheblich von denjenigen Kurven unterscheiden, die man bei der Einwirkung verschiedener chemischer Agenzien (z. B. von Giften) erhält. Davon kann man sich anhand der Abb. 1 überzeugen. Charakteristisch für die Giftwirkung ist die Existenz einer Schwellenwertsdosis, unterhalb der kein Effekt zu beobachten ist. Wenn die Giftkonzentration geringfügig über die Schwellenwertsdosis erhöht wird, sterben alle vorhandenen Organismen ab. Demgegenüber verlaufen die Dosis-Effekt-Kurven der Strahlung flacher und zeigen schon bei kleinsten Dosen eine Wirkung an. Wie steil die Giftkurve verläuft, hängt im wesentlichen von der biologischen Variabilität der behandelten Objekte, d. h. von der Streuung ihrer Empfindlichkeit ab. Je geringer diese Streuung ist, desto steiler sollte die Kurve verlaufen. Die Dosis-Effekt-Kurven der Strahlung legen jedoch eine Interpretation durch biologische Variabilität nicht nahe. Mit der Deutung solcher Kurven werden wir uns in den Kapiteln 2 und 3 ausgiebig befassen. Obwohl aus der Abb. 1 klar hervorgeht, daß Strahlung und Gift nach ver-

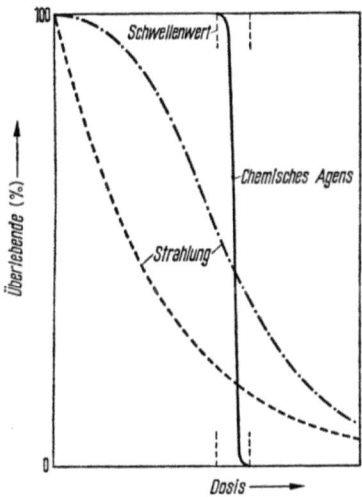

Abb. 1. Schematische Darstellung von Dosis-Effekt-Kurven für Gift- und Strahlenwirkung. (Nach Zimmer, 1960)

schiedenen Kinetiken wirken, so ist dennoch einschränkend zu bemerken, daß z. B. der Angriff bestimmter chemischer Agenzien und Enzyme an der Desoxyribonucleinsäure (DNS) sowie die Einwirkung einiger Antibiotica auf Bakterien „strahlenähnliche" Dosis-Effekt-Kurven liefern, wenn man bei geeigneten Konzentrationen die Überlebenden als Funktion der Einwirkungszeit aufträgt.

Die Besonderheit der Strahlenwirkung, die bereits aus der Form der Dosis-Effekt-Kurven deutlich wurde, läßt sich an einem fast banal anmutenden Vergleich eindrucksvoll demonstrieren. Die Aufnahme der geringen, in einer Tasse warmen Tees enthaltenen Energiemenge wird vom Menschen meist als angenehm und wohltuend empfunden. Das trifft jedoch nicht mehr zu, wenn die gleiche Energiemenge in Form von Röntgenstrahlung aufgenommen wird. Zwar wird diese Art der Energieübertragung zunächst gar nicht bemerkt, sie führt aber nach einigen Stunden oder Tagen zu schwerer Erkrankung oder gar zum Tode. Das an diesem Vergleich erkennbare Problem bildet den zentralen Inhalt der strahlenbiologischen Forschung, nämlich die Aufklärung der Mechanismen der Strahlenwirkung; und Mechanismen aufklären heißt in diesem Zusammenhang nichts anderes, als die Entstehung eines Strahlenschadens auf bekannte physikalische und chemische Prozesse zurückzuführen.

1.3. Die zeitlichen Phasen der Strahlenwirkung

Bei dem Versuch, die Entwicklung eines Strahlenschadens in möglichst vielen Einzelheiten zu verfolgen, ist es interessant und aufschlußreich, diese komplexe Folge von Reaktionen zwischen Strahlenabsorption und beobachtetem biologischem Schaden in charakteristische zeitliche Abschnitte zu zerlegen (Platzman, 1958, 1962):

Während der ersten oder *physikalischen Phase* der Strahlenwirkung wird von der Strahlung Energie an die Materie übertragen. Dabei entstehen zum überwiegenden Teil elektronisch angeregte oder ionisierte Moleküle, die sich in einer äußerst ungleichmäßigen räumlichen Verteilung befinden. Diese Primärprodukte sind gewöhnlich sehr instabil und reagieren sofort weiter, entweder spontan, oder bei Stößen mit Molekülen ihrer Umgebung, wobei reaktionsfähige Produkte, gewöhnlich freie Atome und Radikale, entstehen. Diese zweite oder *physikochemische Phase* kann aus einer einzigen Reaktion bestehen oder aus einer komplexen Folge von Reaktionen. Viele der beteiligten Wechselwirkungen treten in anderen Zweigen von Physik und Chemie nicht auf; einige wenige sind von der Photochemie her bekannt. Wenn das System schließlich das thermische Gleichgewicht erreicht hat, tritt es in die dritte oder *chemische Phase* ein. Hier setzen die aktivierten Moleküle die Reaktion untereinander oder mit ihrer Umgebung fort.

Beginnt diese Ereigniskette mit der Absorption von Strahlenenergie im zu untersuchenden Objekt selbst, z. B. in einem DNS-Molekül oder einer bestimmten biologischen Struktur, dann spricht man von *direkter Strahlenwirkung* oder dem *direkten Effekt* (Abb. 2). Die Strahlung kann aber auch primär in der „Umgebung" eines geschädigten Biomoleküls absorbiert werden. Zur Umgebung gehören z. B. benachbarte Biomoleküle. Die von ihnen aufgenommene Energie kann durch intermolekulare Energieleitung auf ein anderes Molekül übergehen, es kann aber auch zur Abspaltung diffusibler Radikale (z. B. Wasserstoffatomen) kommen, die mit ungeschädigten Biomolekülen reagieren. Wenn sich die bestrahlten Moleküle in wäßriger Lösung befinden, entstehen durch die Absorption von Strahlungsenergie im Lösungsmittel sog. Wasserradikale und hydratisierte Elektronen, die zu den gelösten Makromolekülen diffundieren und ebenfalls mit ihnen reagieren. In beiden Fällen spricht man von *indirekter Strahlenwirkung* (Abb. 2).

Unabhängig davon, auf welchem Weg sie erzeugt wurden, können molekulare Veränderungen, falls sie in einem biologischen Objekt auftreten, dieses System stören oder verändern, wobei sich im Verlauf der *biologischen Phase* die schließlich zu beobachtende biologische Wirkung ausbildet (vgl. „Verstärkertheorie der Organismen", Jordan, 1948). In dieser Phase kommt dem Stoffwechsel des betroffenen Organismus bei der Entwicklung eines Strahlenschadens eine besonders große Bedeutung zu (vgl. Abb. 2); die Primärprozesse der Strahlenabsorption spielen

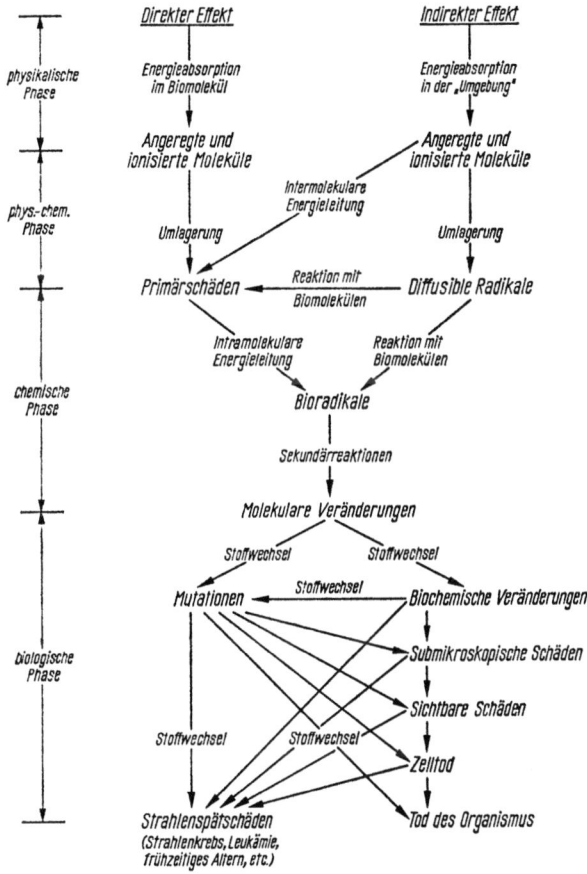

Abb. 2. Die zeitlichen Phasen der Strahlenwirkung

hier nur noch die Rolle von kleinen, aber wesentlichen Defekten innerhalb des Gesamtorganismus, wobei Art und Größe einer Strahlenschädigung sehr stark davon abhängen, ob diese Defekte repariert werden oder ob sie vergrößert werden, wenn die „Maschine" versucht, unter gestörten Bedingungen zu arbeiten.

Die einzelnen Phasen sind selbstverständlich nicht streng voneinander abzugrenzen, da die Übergänge fließend sind. Sie erweisen sich aber trotzdem als eine gute Hilfe, um die komplexe Folge von Prozessen, die nach der Absorption von energiereichen Strahlen abläuft, etwas überschaubarer und damit der Diskussion leichter zugänglich zu machen. Für ein wäßriges System läßt sich die Dauer der einzelnen Phasen größenordnungsmäßig angeben (Platzman, 1962):

    Physikalische Phase: 10^{-13} sec
    Physiko-chemische Phase: 10^{-10} sec
    Chemische Phase: 10^{-6} sec
    Biologische Phase: bis zu mehreren Jahren

Charakteristisch ist, daß jede Phase sehr kurz ist im Vergleich zu der nachfolgenden, doch hängt ihre Zeitdauer im einzelnen stark von dem bestrahlten System ab. In trockenen Substanzen kann sich die Umlagerung der Primärschäden durch intramolekulare Energieleitung und die Weiterreaktion der dabei entstehenden Bioradikale über Minuten oder Stunden erstrecken; wenn sich das bestrahlte System bei der Temperatur des flüssigen Stickstoffs befindet, sogar über Tage oder Wochen.

Eine ideale strahlenbiologische Untersuchung müßte die Aufklärung möglichst aller in Abb. 2 aufgeführten Reaktionsschritte in den verschiedenen Phasen enthalten. Daß dieses Ziel bis jetzt noch nicht erreicht wurde, bedarf kaum eines Kommentars. Trotzdem bleibt es als das erklärte Endziel aller strahlenbiologischen Bemühungen bestehen.

Anhand der Abb. 2 kann man sich auch einen Überblick verschaffen über Methoden und Techniken, mit deren Hilfe man die Reaktionen innerhalb der einzelnen Phase verfolgen kann. Während sich die Vorgänge der physikalischen Phase dem Experiment weitgehend entziehen und somit durch physikalische Messungen an analogen Systemen aufgeklärt werden, gibt es in der physiko-chemischen Phase einige Möglichkeiten, zu qualitativen und quantitativen Ergebnissen zu kommen. Besondere Erwähnung verdient in diesem Zusammenhang die Elektronenspin-Resonanz(ESR)-Methode, mit deren Hilfe in trockenen Systemen die Bildung der meist radikalischen Primärschäden nachgewiesen werden kann. Man muß zur Verhinderung der Energieleitung dabei allerdings bei tiefen Temperaturen arbeiten. Auch die diffusiblen Radikale aus der Umgebung können dann nachgewiesen werden, z. B. der atomare Wasserstoff. Die ESR-Technik ist jedoch auch noch in der chemischen Phase anwendbar, und zwar so lange relativ langlebige radikalische Produkte zu identifizieren sind. Die im wäßrigen Milieu schnell ablaufenden Reaktionen der diffusiblen Radikale mit den Biomolekülen untersucht man am besten mit der Pulsradiolyse-Technik (vgl. Ebert et al., 1965). Die konventionellen analytischen Methoden der Chemie gestatten das Studium der in wäßrigen Systemen stattfindenden Sekundärreaktionen der Bioradikale. Zur Untersuchung der nach allen Zwischenschritten schließlich entstehenden geschädigten Moleküle stehen eine ganze Reihe von Meßmethoden zur Verfügung, die darauf beruhen, daß sich die geschädigten Moleküle in physikalischer und chemischer

Hinsicht, z. B. bezüglich ihrer Viscosität, Sedimentation, optischer Absorption, Säurelöslichkeit usf., von den intakten Molekülen unterscheiden. Auf diese einzelnen Methoden kommen wir noch zu sprechen.

1.4. Die Bedeutung der molekularen Strahlenbiologie

Wie das Schema auf Abb. 2 ferner zeigt, werden alle Reaktionsschritte unterhalb der molekularen Veränderungen durch den Stoffwechsel des bestrahlten Organismus beeinflußt, so daß die zu beobachtenden Strahlenwirkungen von einer großen Zahl komplizierter biochemischer Reaktionen abhängen. Es bedarf damit wohl kaum eines Kommentars, daß die Bestrahlung von Tieren, sagen wir von Mäusen, kaum jemals ein klares Bild vermitteln kann von den physikalischen, chemischen und biologischen Vorgängen, die schließlich die letale Entgleisung des gesamten Organismus bewirken, denn das Testsystem „Maus" enthält zu viele der Messung nicht zugängliche und auf unüberschaubare Weise zusammenwirkende Unbekannte. Demgegenüber dürfte eine Analyse der auf molekularem Niveau ablaufenden Reaktionen leichter zur Auffindung von allgemein gültigen Gesetzmäßigkeiten führen. Dieser Schluß wird durch die Entwicklung der modernen Biologie gerechtfertigt, die gezeigt hat, daß die biologischen Objekte auf molekularer Ebene geringere Unterschiede aufweisen als auf makroskopischem, d. h. cellulärem und anatomischem Niveau. Man braucht hierbei nur an die Existenz eines Zell-Grundtyps und an die Universalität des genetischen Codes zu denken. Durch die Kenntnis der strahleninduzierten molekularen Veränderungen sollte damit eine gemeinsame Basis zu schaffen sein, von der aus die für die einzelnen Objekte spezifischen Reaktionen leichter zu erfassen sind. Es ist ferner anzunehmen, daß eine gut entwickelte molekulare Grundlage eine große Zahl von Experimenten überflüssig machen würde, da in manchen Fällen das Ergebnis bereits vorhergesagt werden könnte; und gerade die induktive Vorhersage von Ergebnissen ist ja eine wichtige Stufe in der Fortentwicklung einer naturwissenschaftlichen Disziplin. Nach dieser Argumentation ist also die *molekulare Strahlenbiologie eine Grundlagenwissenschaft*, die schon aus diesem Grunde ihre Existenzberechtigung hat. Es kommt jedoch noch hinzu, daß dieser Forschungszweig auch eine Reihe praktisch verwertbarer Erkenntnisse liefert. Dafür nur 2 extreme Beispiele: Die Strahlensterilisierung von Lebensmitteln und bestimmter Gegenstände bedeutet die Verhinderung der Fortpflanzung unerwünschter Mikroorganismen, d. h. die absichtliche Zerstörung ihres Erbgutes. Die Grundlage hierfür ist die Erforschung der Strahlenempfindlichkeit von Bakterien und das Studium ihrer Fähigkeit zur Bildung strahlenresistenter Mutanten. Die zweite Anwendung betrifft das Gebiet der Strahlentherapie. Gerade in den letzten Jahren wurden bedeutende Fortschritte erzielt bei der Untersuchung und Herstellung von Sensibilisierungsstoffen, mit deren Hilfe anoxische Tumoren strahlenempfindlicher gemacht werden können. Dadurch können die Strahlendosen herabgesetzt werden, was eine Schonung des gesunden Gewebes mit sich bringt. Die genetischen Effekte, die der Wirkung der meisten dieser Stoffe zugrunde liegen, wurden in großem Umfang an Bakterien und sogar an Bakteriophagen untersucht.

Direkt verwertbare Erkenntnisse liefert die molekulare Strahlenbiologie immer dann, wenn die Strahlung dazu verwendet wird, auf molekularem und genetischem Niveau beabsichtigte Veränderungen herbeizuführen, z. B. zur Züchtung besonderer Mutanten des Saatgutes. Es ist wohl nicht übertrieben zu behaupten, daß in einer Zeit, in der sich die Komplexität biologischer Prozesse in Systeme biochemischer Reaktionen aufzulösen beginnt, der molekularen Strahlenbiologie auf dem Gebiet der gesamten Strahlenbiologie etwa die gleiche Stellung zukommt wie der Molekularbiologie innerhalb der Biologie.

1.5. Darstellung der molekularen Strahlenbiologie

Nach den vorausgegangenen Ausführungen besteht die *Aufgabe der molekularen Strahlenbiologie* darin, die physikalischen und chemischen Vorgänge zu untersuchen, die zur Schädigung von Biomolekülen führen, sowie die Entgleisung vitaler Prozesse auf molekulare Veränderungen zurückzuführen. Bei der Darstellung dieses Problemkreises wäre ein Vorgehen anhand des Wirkungsschemas von Abb. 2 besonders instruktiv, wobei die einzelnen Schritte experimentell und theoretisch erklärt werden müßten. Wie wir gesehen haben, vollzog sich jedoch die Entwicklung der Strahlenbiologie nicht in dieser konsequenten Weise. Dementsprechend fehlt es meist an gezielten Experimenten, wenngleich es an Ergebnissen im allgemeinen nicht mangelt. Wir sind deshalb gezwungen, einen Kompromiß zu schließen zwischen der historischen Entwicklung und den hierdurch bedingten Schwerpunkten strahlenbiologischer Forschung einerseits und dem aus Abb. 2 resultierenden und bereits angedeuteten Vorgehen andererseits. In diesem Sinne wollen wir uns zunächst mit der Interpretation von Dosis-Effekt-Kurven befassen. Es wird sich dabei die Notwendigkeit ergeben, auf die Gesetzmäßigkeiten der Energieübertragung und Energieabsorption einzugehen. Damit beschreiben wir zugleich die Prozesse der physikalischen Phase der Strahlenwirkung. Die sich anschließende Besprechung der Treffbereichstheorie wird uns zum indirekten Effekt der Strahlenwirkung führen sowie zur Untersuchung der Einflüsse modifizierender Parameter, wie Sauerstoff und Temperatur. Bis dahin handelt es sich also im wesentlichen um mathematische, physikalische und chemische Grundlagen der Strahlenwirkung, wobei wir die Vorgänge bis zur biologischen Phase der Strahlenwirkung mit einbeziehen. Anschließend werden wir die Strahlenreaktion einiger besonders interessanter und wichtiger Testobjekte besprechen. Es ist naheliegend, mit molekularen Objekten zu beginnen, wobei wir uns auf die beiden, für die Aufrechterhaltung der Lebensprozesse wichtigsten Molekültypen, nämlich die Nucleinsäuren und die Enzyme, beschränken wollen. Bei den Enzymen werden wir versuchen, ein spezielles Inaktivierungsmodell aufzustellen und zu begründen, während es bei den Nucleinsäuren nicht nur darum geht, die durch Bestrahlung hervorgerufenen physiko-chemischen Veränderungen zu beschreiben, sondern sie auch, soweit möglich, mit der Inaktivierung der verschiedenen Nucleinsäure-Funktionen zu korrelieren. Eine bedeutsame Zwischenstellung zwischen autonomen einzelligen Lebewesen und Biomolekülen nehmen die Viren ein; denn sie gestatten die von den Stoffwechselvorgängen unbeeinflußte Untersuchung sowohl genetischer Veränderungen als auch der enzymatischen Reparatur von Strahlenschäden. Stellvertretend für die einfachsten autonomen Organismen, die alle Kriterien des Lebens, angefangen von der Vermehrung bis zur differenzierten Synthesefähigkeit, erfüllen, wollen wir anschließend die Bakterien besprechen. Am Ende des Büchleins soll, sozusagen als Ausblick auf höhere biologische Objekte, der Zusammenhang zwischen Strahlenempfindlichkeit und biologischer Komplexität diskutiert werden. Obwohl es sich also um die Darstellung der Wirkung ionisierender Strahlen handelt, so wollen wir doch gelegentlich auch Experimente mit ultraviolettem Licht heranziehen, sofern sie zu einem besseren Verständnis der Vorgänge bei ionisierender Bestrahlung verhelfen. Für sich alleine betrachtet, fällt die Untersuchung der UV-Strahlenwirkung jedoch in den Bereich der *Photobiologie*.

Wie bereits dieser kurze Abriß des in den folgenden Kapiteln abzuhandelnden Stoffes zeigt, ging es uns beim Abfassen des vorliegenden Büchleins nicht darum, ein Lehrbuch der Strahlenbiologie zu schreiben. Das ist bei dem augenblicklichen Entwicklungsstand des Gebietes nicht möglich; andererseits ist es auch überflüssig, da ohnehin niemand die Strahlenbiologie ernstlich „lernen" will. Es war vielmehr unsere Absicht, einige Probleme der molekularen Strahlenbiologie und die wichtigsten experimentellen und gedanklichen Ansätze zu ihrer Lösung darzustellen. Wir sind der Meinung, daß die grundlegende und konsequente Darstellung einer beschränkten Anzahl charakteristischer Experimente dieser Absicht besser gerecht wird als eine auf Vollständigkeit bedachte Kompilierung. Obwohl zum Verständnis der Argumentationen keine Spezialkenntnisse in irgendeinem naturwissenschaftlichen Fach erforderlich sind, so kann doch auf die mathematische, physikalische und chemische Darstellung einzelner Probleme nicht ganz verzichtet werden. Das Büchlein wendet sich daher in erster Linie an Studenten der naturwissenschaftlichen Fächer, um ihnen einen Anreiz zu geben, möglicherweise einmal auf diesem Gebiet zu arbeiten und ihnen das Eindringen in die Materie zu erleichtern. Für den Fachmann ergibt sich durch die Angabe der einschlägigen Originalliteratur die Möglichkeit, sich in das eine oder andere Kapitel tiefer einzuarbeiten. Aber auch dem auf Nachbardisziplinen arbeitenden Wissenschaftler sollte es mit Hilfe dieses Büchleins möglich sein, sich über die Arbeiten und Probleme der molekularen Strahlenbiologie zu informieren. Nicht zuletzt wurde aber auch an den interessierten Laien gedacht, der auf der Grundlage elementarer, im Gymnasium erlernter naturwissenschaftlicher Kenntnisse, der Darstellung sicher ohne allzu große Mühe folgen kann.

Literatur

Blau, M., u. K. Altenburger: Z. Physik 12, 315 (1922).
Catsch, A.: Dekorporierung radioaktiver und stabiler Metallionen — Therapeutische Grundlagen. München: Thiemig 1968.
Dessauer, F.: Z. Physik 12, 38 (1922).
Ebert, M., I. P. Keene, A. J. Swallow, and J. H. Baxendale: Pulse radiolysis. London: Academic Press 1965.
Jordan, P.: Das Bild der modernen Physik. Hamburg: Stromverlag 1948.
Lea, D. E.: Actions of radiations on living cells. Cambridge: University Press 1946.
Platzman, R. L.: In: Radiation biology and medicine. Ed. W. D. Claus. Reading, Mass.: Addison-Wesley Press 1958, p. 15.
— Vortex 23, 372 (1962).
Timoféeff-Ressovsky, N. W., u. K. G. Zimmer: Biophysik I: Das Trefferprinzip in der Biologie. Leipzig: Hirzel 1947.
Zimmer, K. G.: Studien zur Quantitativen Strahlenbiologie. Mainz: Verlag der Akademie der Wissenschaften und der Literatur 1960.
— In: Forschungspolitik, Heft 4. Hrsg. Bundesminister für wissenschaftliche Forschung. München: Gersbach & Sohn 1968, S. 12.

2. Kapitel: Die Treffertheorie

2.1. Voraussetzungen

Die Treffertheorie ist die älteste und zugleich anschaulichste Theorie, mit deren Hilfe man den Verlauf der Dosis-Effekt-Kurven der Strahlung zu erklären suchte. Wir haben bereits beim Vergleich von Gift- und Strahlenwirkung im vorangegangenen Kapitel gesehen, daß die Form der nach Bestrahlung gemessenen Dosis-Effekt-Kurven nicht wie die der Giftkurven auf die biologische Variabilität zurückgeführt werden kann. Die Diskussion über die Ursachen dieser zunächst nicht erklärbaren Tatsache führte zu einem gänzlich neuen Gedanken: zur Anwendung quantenphysikalischer Überlegungen auf biologische Probleme. Damit war die Grundlage der treffertheoretischen Deutung der Dosis-Effekt-Kurven geschaffen. Es handelt sich dabei um Anwendung zweier Befunde der Physik und eines Postulats:

1. Ionisierende Strahlen übertragen ihre Energie in diskreten Energiepaketen an das biologische Material.
2. Die Treffer erfolgen statistisch nach einer Poisson-Verteilung.
3. Der Testeffekt, der nach dem vorangegangenen Kapitel recht vielfältig sein kann, tritt ein, wenn mindestens n Treffer innerhalb eines formalen Trefferbereichs v erfolgt sind.

Unter dem formalen Trefferbereich v (Einheit cm^3) hat man sich etwa die Abmessungen einer empfindlichen Substruktur des bestrahlten Objektes vorzustellen. Doch können wir über die Größe von v erst in der Vorlesung „Treffbereichstheorie" Genaueres aussagen, nachdem wir uns mit den Prozessen der Energieübertragung von der Strahlung auf die Materie näher beschäftigt und daraus eine präzise Trefferdefinition abgeleitet haben. Für die formale Betrachtung ist v ein reiner Empfindlichkeitsparameter. Die Dosis selbst geben wir vorläufig in „Treffern pro cm^3" an.

Der formalen Treffertheorie fällt die Aufgabe zu, einmal eine mathematisch-formelmäßige Beschreibung der Dosis-Effekt-Kurve zu liefern, aber auch umgekehrt aus einer vorgegebenen Kurve die Bestimmung der treffertheoretischen Parameter zu ermöglichen.

2.2. Ein- und Mehrtrefferkurven

Es hat sich, wie bereits in Kapitel 1.2 angedeutet, eingebürgert, unter der Dosis-Effekt-Kurve im allgemeinen eine sog. Überlebenskurve zu verstehen, die man erhält, wenn man den Bruchteil derjenigen Objekte, die nach Bestrahlung zur gleichen Reaktion fähig sind, wie alle

Einheiten vor der Bestrahlung, über der Dosis aufträgt. Wir können solche Überlebenskurven auf Grund der oben genannten Grundlagen 1.—3. leicht konstruieren. Da $v \cdot D$ die mittlere Trefferzahl bei der Dosis D ist, erfolgt nach der geforderten Poisson-Verteilung der Eintritt von genau n Treffern mit der Wahrscheinlichkeit:

$$P(n) = \frac{(vD)^n e^{-vD}}{n!}. \tag{2.1}$$

Bei einem n-Treffervorgang überleben nun offenbar alle Individuen, die bis zu $n-1$ Treffer erhalten haben. Man hat daher, um eine Überlebenskurve für diesen Fall zu gewinnen, über diejenigen Einheiten zu summieren, die 0, 1, 2 bis $n-1$ Treffer erlitten haben:

$$N/N_0 = e^{-vD} \sum_{k=0}^{n-1} \frac{(vD)^k}{k!}. \tag{2.2}$$

Dabei ist N die Zahl der Überlebenden, während N_0 gleich der Anzahl der insgesamt bestrahlten Individuen ist.

Für den Spezialfall, daß bereits ein einziger Treffer den Testeffekt auslöst, geht Gl. (2.2) über in:

$$N/N_0 = e^{-vD}. \tag{2.3}$$

Dieser exponentiell verlaufenden Eintrefferkurve werden wir in den folgenden Kapiteln noch häufig begegnen. Bei höheren Trefferzahlen ergeben sich nach Gl. (2.2) sigmoide Kurven. Im Hinblick auf den Exponentialfaktor im Mehrtrefferansatz pflegt man die Kurven (2.2) in halblogarithmischem Maßstab darzustellen. In Abb. 3 sind in dieser

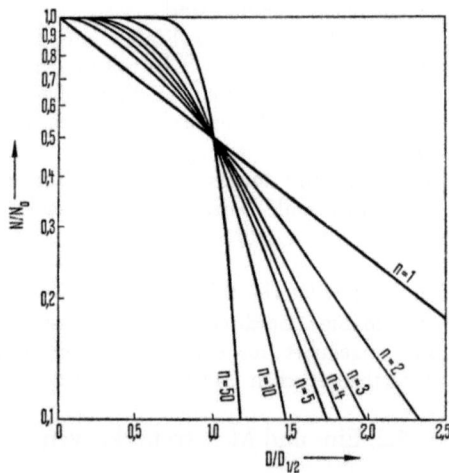

Abb. 3. Dosis-Effekt-Kurven nach Gl. (2.2) für verschiedene Trefferzahlen n in halblogarithmischem Maßstab. Die Kurven sind auf die „Halbwertsdosis" $D_{1/2}$ normiert, bei der die Überlebenswahrscheinlichkeit 0,5 beträgt. (Nach Zimmer, 1960)

Weise Überlebenskurven nach Gl. (2.2) aufgetragen. Die exponentielle Eintrefferkurve ($n=1$) stellt sich hier als Gerade dar, während für höhere Trefferzahlen ($n=2, 3, \ldots$) gekrümmte Kurven mit zunehmend ausgeprägter Schulter erhalten werden.

Wie kann man nun umgekehrt aus einer vorgegebenen Dosis-Effekt-Kurve die Größen v und n bestimmen?

Für Eintrefferkurven im halblogarithmischen Raster ($\ln N/N_0 = -vD$) ist der Treffbereich v gerade gleich der Neigung der Geraden. Damit ist v eindeutig bestimmt durch die Angabe irgend einer Dosis und der zugehörigen Überlebensrate. Von großem praktischem Nutzen ist die Angabe der Dosis D_{37}, bei der 37% der Objekte überleben. Wegen $N/N_0 = 0{,}37 = e^{-1}$ ist hier nämlich $vD = 1$, so daß der Treffbereich unmittelbar als $v = 1/D_{37}$ angegeben werden kann, was für die Treffbereichstheorie von Bedeutung ist. Da bei der D_{37} ferner die mittlere Trefferzahl (vD) gleich eins ist, stimmt die Zahl der erfolgten Treffer mit der Zahl der bestrahlten Objekte überein. Kennt man also die D_{37}, ausgedrückt z. B. in erg/g, so erhält man die treffertheoretische Dosis (Treffer/g) einfach durch Division mit der Trefferenergie. Die Trefferzahl/g ist nach dem eben Gesagten auch gleich der Zahl der Objekte/g, wovon in Gln. (5.1) bis (5.5) noch Gebrauch gemacht wird.

Zur Auswertung von Mehrtrefferkurven gibt es eine Reihe numerischer und graphischer Verfahren, von denen einige bei Zimmer (1960) näher erläutert sind. Diese Verfahren sind jedoch eher von theoretischem als von praktischem Interesse. In der Praxis bestimmt man n am besten graphisch, indem man die Meßpunkte in eine Schar von Kurven mit verschiedenem n einzeichnet (vgl. Abb. 3) und nachsieht, welche Kurve den Meßpunkten am besten entspricht. An dieser Stelle muß allerdings ganz nachdrücklich darauf hingewiesen werden, daß auch die beste Übereinstimmung zwischen Meßpunkten und einer berechneten Kurve noch keinen Beweis dafür darstellt, daß die ermittelte Zahl n auch wirklich gleich der Zahl der notwendigen Treffer ist. Ehe eine solche Aussage in eindeutiger Weise gemacht werden kann, müssen viele weitere Parameter geprüft werden. Es scheint, als ob so viele Faktoren einen verfälschenden Einfluß ausüben, daß eine Bestimmung der Trefferzahl in den meisten Fällen wohl illusorisch ist.

2.3. Dosis-Effekt-Kurven bei mehreren Treffbereichen

Als nächstes wollen wir unsere Überlegungen auf mehrere Treffbereiche verallgemeinern. Wir nehmen also an, daß unser biologisches Objekt mehrere formale Treffbereiche besitzt und daß erst dann eine Reaktion eintritt, wenn alle mit einer bestimmten Trefferzahl belegt sind. Man stelle sich als Beispiel die Abtötung von Hefekolonien vor, die alle aus je m Zellen bestehen, wobei die Kolonie erst dann abgetötet ist, wenn alle m Zellen einzeln je n Treffer erhalten haben. Nach der Wahrscheinlichkeitstheorie müssen wir hierzu die aus Gl. (2.2) folgende

Wirkungskurve $(N^+/N_0 = 1 - N/N_0)$ in die m-te Potenz erheben und erhalten:

$$N^+/N_0 = \left(1 - e^{-vD} \sum_{k=0}^{n-1} \frac{(vD)^k}{k!}\right)^m \qquad (2.4)$$

N^+ bezeichnet dann die Anzahl der nicht überlebenden Objekte. Diese Formel kann, wenn man verschieden große Treffbereiche v_i und unterschiedliche Trefferzahlen n_i zuläßt, noch weiter verallgemeinert werden:

$$N^+/N_0 = \prod_{i=1}^{m} (1 - B_i),$$

mit: $\qquad B_i = e^{-v_i D} \sum_{k=0}^{n_i-1} \frac{(v_i D)^k}{k!}.$ \qquad (2.5)

Infolge der inhärenten Ungenauigkeit einer Dosis-Effekt-Kurve verlieren jedoch solche und noch kompliziertere Ansätze ihre praktische Bedeutung, da sie keine eindeutige Bestimmung der Parameter v, n und m gestatten. Ein Beispiel soll verdeutlichen, wie schwierig es ist, in der Praxis selbst zwischen Mehrtrefferkurven mit einfachem und unterteiltem Treffbereich zu unterscheiden. In Abb. 4 sind drei Zehntrefferkur-

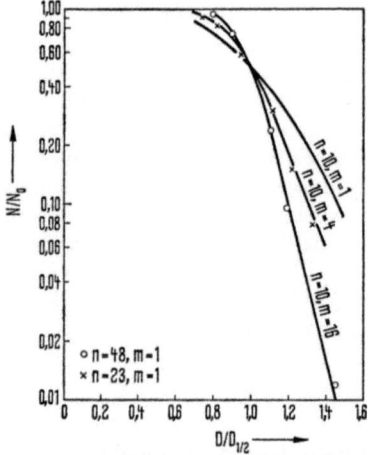

Abb. 4. Approximation von Mehrtrefferkurven mit mehreren Treffbereichen durch solche mit nur einem Treffbereich. (Nach Glocker u. Reuss, 1933)

ven dargestellt, die mit zunehmender Steilheit Treffbereichszahlen von 1, 4 und 16 entsprechen. Die außerdem eingetragenen Meßpunkte, die über 2 Dekaden hinweg praktisch vollständig auf diesen Kurven liegen, gehören zu einfachen Mehrtrefferkurven nach Gl. (2.2) mit $n = 23$ und $n = 48$. Angesichts dieser Schwierigkeiten wollen wir an dieser Stelle darauf verzichten, noch komplexere Ansätze zu diskutieren. Der interessierte Leser findet sie in einer umfassenden Darstellung von Zimmer (1960).

Besonders einfach lassen sich die Dosis-Effekt-Kurven darstellen, bei denen jeder der m Treffbereiche nur einen Treffer benötigen soll. Die zugehörige Formel erhält man durch leicht verständliche Modifizierung von (2.4):

$$N/N_0 = 1 - (1 - e^{-vD})^m = 1 - (1 - m\,e^{-vD} + \ldots \pm e^{-mvD}). \tag{2.6}$$

Für hohe Dosen können die Glieder nach $m\,e^{-vD}$ vernachlässigt werden und man erhält:

$$\ln N/N_0 = -vD + \ln m. \tag{2.7}$$

Dies bedeutet: die Schulterkurve (2.6) geht bei halblogarithmischer Darstellung asymptotisch in einen exponentiellen, d. h. geraden Anteil über (2.7), dessen Neigung gerade gleich v ist. Die in Abb. 5 dargestellte Rückextrapolation von Gl. (2.7) auf $D=0$ liefert offenbar als Ordinatenschnittpunkt gerade die Treffbereichszahl m, die deshalb auch Extrapolationszahl genannt wird.

In der bis hierher entwickelten Form verleitet die Treffertheorie leicht zu einer allzu mechanistischen Betrachtungsweise der Strahlenwirkung. Dies liegt nur zum Teil daran, daß beispielsweise die Bezeichnung „Treffer" für das kritische Absorptionsereignis unwillkürlich den Vergleich mit einem „Zielschießen" nahelegt. Weitaus schwerer wiegt die grobe Vereinfachung der komplexen Reaktion des bestrahlten Objektes, die sich zwangs-

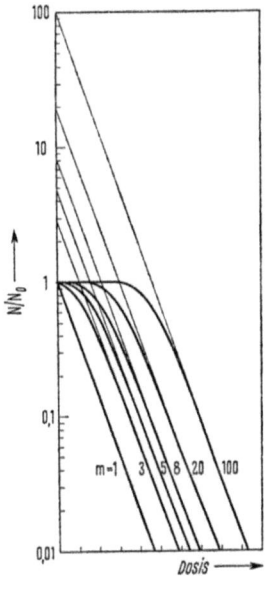

Abb. 5. Bestimmung der Treffbereichszahl („Extrapolationszahl") bei Eintrefferkurven mit m Treffbereichen nach Gl. (2.7). (Atwood u. Norman, 1949)

läufig aus der Treffertheorie ergibt. Es läßt sich kaum vorstellen, daß die vor dem Eintritt des Testtreffers erfolgenden $n-1$ Treffer völlig ohne Wirkung bleiben sollen. Mit anderen Worten, es muß erwartet werden, daß diese „Subletaltreffer" zu einer Labilisierung und damit zu einer Unsicherheit im Eintritt des Testeffektes führt. Die strengere Berücksichtigung solcher Effekte bleibt der stochastischen Betrachtungsweise im nächsten Kapitel vorbehalten. Jedoch gestattet auch die Treffertheorie in gewissem Umfang eine nachträgliche Berücksichtigung dieser „biologischen Variabilität".

2.4. Einfluß der biologischen Variabilität auf die Form von Dosis-Effekt-Kurven

Die einzige Möglichkeit der Anpassung der Treffertheorie an die biologische Realität besteht in der Variation der Parameter v, n und m. Es entspräche dann etwa die Variation von v einer Empfindlichkeitsverteilung innerhalb der bestrahlten Population. Eine Variation von n würde die oben genannte Unsicherheit der Trefferzahl infolge einer möglichen Vorschädigung darstellen, und eine variable Treffbereichszahl könnte beispielsweise eine unterschiedliche Kernzahl einzelner Zellen zum Ausdruck bringen. Wir wollen diese, wenn auch unvollkommene Art der Berücksichtigung der sog. biologischen Variabilität durch bloße Variation der Größen v, n und m im folgenden kurz beschreiben und ihre Konsequenzen untersuchen.

a) *Die Variation von v:* Eine Variation der Treffbereichsgröße wirkt sich auf Eintreffervorgänge vergleichsweise schwach aus. Davon überzeugt man sich am einfachsten anhand der Abb. 6, auf der 4 Eintreffer-

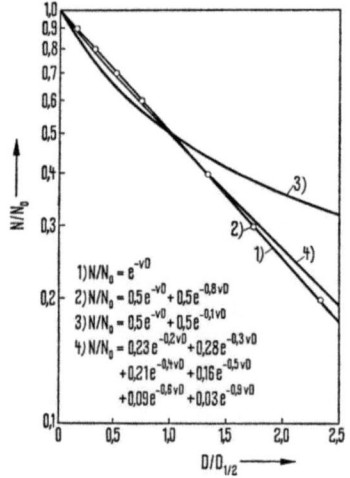

Abb. 6. Einfluß der Variation von v auf die Form von Eintrefferkurven. (Nach Zimmer, 1941)

kurven für verschiedene Variation von v eingezeichnet sind. Die auf der Kurve 1, einer reinen Eintrefferkurve, liegenden Kreise (Kurve 2) beziehen sich auf das Vorliegen von zweierlei Treffbereichen, deren einer um 20% kleiner ist als der andere; die Eintrefferkurve 4 ist unter der Annahme einer recht vielfältigen Variation von v berechnet. Allerdings ergibt sich erst dann eine signifikante Änderung der Kurvenform, wenn man die drastische Forderung stellt, daß die eine Hälfte der Individuen einen 10mal kleineren Treffbereich besitzen soll als die andere

(Kurve 3). Eintrefferkurven mit variablem Treffbereich zeigen, wie aus Abb. 6 hervorgeht, die Tendenz, im Bereich höherer Dosen flacher zu verlaufen. Anschaulich bedeutet dies, daß bei höheren Dosen vorwiegend die unempfindlicheren Einheiten, d. h. diejenigen mit kleinem Treffbereich, zur Wirkung beitragen, während die strahlenempfindlichen Objekte für den steileren Anfangsteil der Kurve verantwortlich sind. Da dieser Effekt jedoch nur schwach ausgeprägt ist und die biologische Variabilität normalerweise nur kleine Unterschiede zwischen den untersuchten Objekten bedingt, darf man schließen, daß eine Variation von v in der Praxis keinen nennenswerten Einfluß auf die Form der Eintrefferkurven ausübt.

Im Gegensatz hierzu wirkt sich eine Variation von v bei Mehrtrefferkurven stärker aus, was aus Abb. 7 zu ersehen ist. Neben nor-

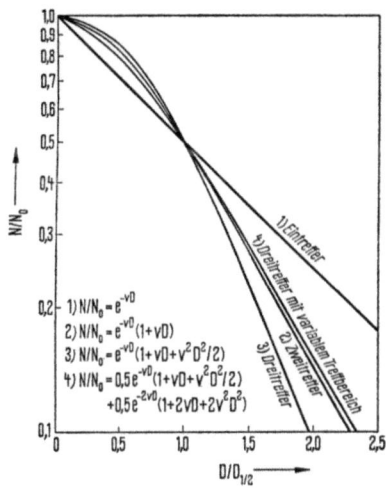

Abb. 7. Einfluß der Variation von v auf die Form von Mehrtrefferkurven. (Nach Zimmer, 1941)

malen Ein-, Zwei- und Dreitrefferkurven (Kurven 1, 2 und 3) ist eine Dreitrefferkurve eingezeichnet, bei der die eine Hälfte der Objekte den Treffbereich v und die andere den Treffbereich $2v$ besitzt (Kurve 4). Auch hier bedingt die biologische Variabilität ein Abflachen der Kurve, was zur Vortäuschung zu kleiner Trefferzahlen führt, denn Kurve 4 fällt praktisch mit der normalen Zweitrefferkurve zusammen.

b) *Die Variation von n und m:* Auch in diesen beiden Fällen, die wir hier nicht explizite behandeln wollen, werden zu kleine Trefferzahlen vorgetäuscht. Bei der Variation von m ergibt sich darüber hinaus sehr oft die Möglichkeit, die Kurven durch einen einfacheren Ansatz zu beschreiben, d. h. durch einen Ansatz mit einer geringeren Zahl von

Treffbereichen und entsprechend veränderter Trefferzahl. Beispiele hierfür sind bei Zimmer (1960) angegeben.

Bei der Untersuchung der biologischen Variabilität beobachtet man nun ganz allgemein die Tendenz, daß die Kurvenform um so stärker verzerrt wird, je höher die Trefferzahl ist. Man könnte daher die Vermutung hegen, daß es bei hohen Trefferzahlen möglicherweise gar nicht mehr auf die Poisson-Statistik der Treffer ankommt, sondern daß vielmehr die zugehörigen Dosis-Effekt-Kurven zunehmend die biologische Variabilität widerspiegeln. Diese Vermutung erweist sich als richtig, und wir wollen zur Demonstration einmal annehmen, die biologische Variabilität gehorche einer Gauß-Verteilung. Tragen wir dann Mehrtrefferkurven in ein Koordinatensystem ein, dessen Abszisse linear und dessen Ordinate nach Gauß geteilt ist (Wahrscheinlichkeitspapier), so sollten sich bei niedrigen Trefferzahlen gekrümmte Kurven ergeben, da sich die Poisson-Verteilung im Wahrscheinlichkeitsnetz nicht als Gerade darstellt. Für hohe Trefferzahlen n sollten sich aber, falls unsere Vermutung stimmt, allmählich Geraden ergeben. Dies wird durch Abb. 8 eindrucksvoll bestätigt.

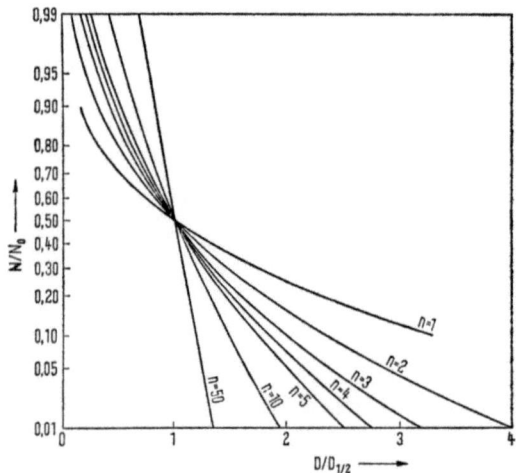

Abb. 8. Mehrtrefferkurven im Wahrscheinlichkeitsnetz: Abszisse linear, Ordinate nach Gauß-Verteilung geteilt. (Nach Zimmer, 1960)

Damit sind wir in der Lage, die Verbindung zu der in Abb. 1 gezeigten Giftkurve herzustellen. Nach dem eben Gesagten können wir sie als Vieltrefferkurve ansehen, wobei dem Phänomen des Schwellenwertes durch die ausgeprägte Schulter von Kurven mit sehr hohen Trefferzahlen Genüge getan wird; der Kurvenverlauf insgesamt muß jedoch durch biologische Variabilität erklärt werden, wie es bei der Diskussion von Abb. 1 auch geschehen ist.

2.5. Die „relative Steilheit" der Dosis-Effekt-Kurve

In Anbetracht der unvermeidlichen biologischen Variabilität und ihres Einflusses auf die Form der Dosis-Effekt-Kurve erhebt sich die Frage, ob es nicht sinnvoller ist, von vornherein auf die Interpretation der Dosis-Effekt-Kurve unter dem Gesichtspunkt der Poisson-Verteilung zu verzichten. In diesem Sinne wollen wir nun versuchen, die Treffertheorie zum Zwecke der besseren Darstellung der biologischen Variabilität zu verallgemeinern. Hierzu ersetzen wir den Ansatz für die Mehrtrefferkurve durch den allgemeineren Ausdruck

$$N/N_0 = 1 - W(D). \tag{2.8}$$

In diesem Fall ist $W(D)$ zunächst als Wahrscheinlichkeit dafür anzusehen, daß nach Verabreichung der Dosis D bei einem beliebig aus einer biologischen Gesamtheit herausgegriffenen Individuum der Testeffekt eingetreten ist. Die biologische Variabilität verhindert dabei, daß bei der Dosis D alle Individuen mit gleicher Wahrscheinlichkeit den Testeffekt zeigen. Daher hat $W(D)$ die Eigenschaft einer Verteilungsfunktion der „Testdosis" und wächst monoton mit der Dosis von 0 bis 1. Es ist $W(0) = 0$, d. h. zu Bestrahlungsbeginn ist die Wahrscheinlichkeit für den Testeffekt Null. Andererseits gilt $W(\infty) = 1$, was sinnvollerweise die Überlebensrate 0 ergibt. Das Treffereignis ist in dieser Darstellung implizite enthalten, und zwar soll jeder Treffer die Wahrscheinlichkeit $W(D)$ erhöhen. Um die relative Steilheit der Dosis-Effekt-Kurve (2.8), auf die wir ja hinauswollen, zu berechnen, gehen wir von der Wahrscheinlichkeitsdichte w aus:

$$w(D) = \frac{dW(D)}{dD}. \tag{2.9}$$

Mit ihr bilden wir das erste und zweite Kurvenmoment:

$$m_1 = \int_0^\infty D\, w(D)\, dD \quad \text{bzw.} \quad m_2 = \int_0^\infty D^2\, w(D)\, dD. \tag{2.10}$$

m_1 und m_2 definieren das mittlere Schwankungsquadrat oder die sog. Varianz:

$$\sigma^2 = m_2 - m_1^2. \tag{2.11}$$

Aus ihr folgt schließlich die relative Steilheit S:

$$S = \frac{m_1^2}{\sigma^2}. \tag{2.12}$$

S ist eine nicht negative Größe und hat für exponentielle Dosis-Effekt-Kurven den Wert 1. Für höhere Trefferkurven wird $S > 1$ und es gilt allgemein der Satz: Hat die Dosis-Effekt-Kurve die relative Steilheit S, so ist die mittlere Zahl $\bar{n}$ der Treffer, die an einem Objekt den Testeffekt hervorrufen, mindestens gleich S, also:

$$\bar{n} \geq S. \tag{2.13}$$

Der schwierige Beweis dieses Satzes ist bei Hug und Kellerer (1966) zu finden, die diesen Formalismus erstmalig auf die Strahlenwirkung angewendet haben. Die Verbindung zur formalen Treffertheorie wird sofort hergestellt, wenn man für $W(D)$ den folgenden wohlbekannten Mehrtrefferansatz einsetzt:

$$W(D) = 1 - e^{-vD} \sum_{k=0}^{n-1} \frac{(vD)^k}{k!} = \int_0^\infty v \, e^{-v\delta} \frac{(v\delta)^{n-1}}{(n-1)!} \, d\delta. \quad (2.14)$$

Wie man es erwartet, liefert die Berechnung von S hier:

$$S = n. \quad (2.15)$$

Die Abschätzung durch Gl. (2.13) stellt damit die mathematische Formulierung dafür dar, daß bei der Berücksichtigung der biologischen Variabilität, d. h. bei entsprechender Wahl von $W(D)$ zu geringe Trefferzahlen vorgetäuscht werden. Da S aufgrund der Gln. (2.10), (2.11) und (2.12) durch Momentenplanimetrierung aus der Dosis-Effekt-Kurve gewonnen werden kann, ist hiermit also zugleich auch die Möglichkeit gegeben, die Mindesttrefferzahl n zu bestimmen.

2.6. Die Vortäuschung von Eintrefferkurven

Bisher haben wir die Modifizierungen dargestellt, die sich für die Dosis-Effekt-Kurven bei Berücksichtigung der biologischen Variabilität ergeben. Es ist klar, daß solche „störenden" Einflüsse und die bereits genannten Schwierigkeiten beim Unterscheiden zwischen Mehrtrefferkurven mit ein- und mehrfachem Treffbereich (vgl. Abb. 7) die praktische Anwendung der Treffertheorie und natürlich auch jeder äquivalenten Theorie ernstlich einschränken. Dabei ist die biologische Variabilität nicht einmal die einzige Störung. Weitere Modifizierungen sind beim Vorliegen eines sog. Zeitfaktoreffekts, d. h. bei einer Abhängigkeit des Testeffektes von der Intensität, und ebenso bei der Einbeziehung der Ionisationsdichte der Strahlung zu erwarten. Wir wollen diese Einflüsse im nächsten Kapitel bei der Behandlung des kinetischen Modells der Strahlenwirkung berücksichtigen, wo eine übersichtlichere Darstellung möglich ist.

Im Hinblick auf die hier aufgezählten Komplikationen machen die Eintrefferkurven eine rühmliche Ausnahme. So hat beispielsweise erst eine drastische Variation von v einen merklichen Einfluß, und eine Variation von n und m kommt bei diesen Kurven ohnehin nicht in Frage. Man kann daher auch sicher sein, daß Eintreffervorgänge bei einfachem Treffbereich im allgemeinen immer zu exponentiellen Dosis-Effekt-Kurven führen. Kann man nun auch umgekehrt beim Vorliegen einer experimentell gewonnenen Exponentialkurve auf Eintreffervorgänge schließen?

Diese Frage kann im Grunde bejaht werden, wenn auch in besonders ungünstigen Fällen eine Eintrefferkurve durch Superposition von Mehrtrefferkurven vorgetäuscht werden kann. Dies ist etwa dann denkbar, wenn die biologischen Objekte je nach Entwicklungsstadium nach verschiedenen Mehrtrefferfunktionen reagieren und die bestrahlte Population Objekte aus verschiedenen Stadien enthält. Das ist beispielsweise der Fall bei der Erzeugung geschlechtsgebundener Letalmutationen (Zimmer, 1943). Diese oft als „klassisch" und „hervorragend gesichert" bezeichnete Eintrefferkurve, die sogar mit verschiedenen Strahlenarten reproduziert werden konnte, erwies sich bei Nachprüfung mit moderner Brutmustertechnik als Summe recht abenteuerlicher Dosis-Effekt-Kurven (Traut, 1963; Zimmer, 1966). Wir wollen noch anhand der

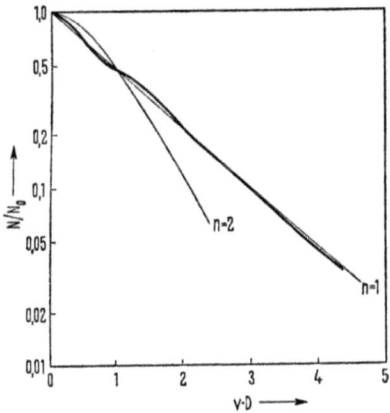

Abb. 9. Approximation einer Eintrefferkurve durch Überlagerung von Zweitrefferkurven nach Gl. (2.16). (Dittrich, 1960)

Abb. 9 zeigen, wie perfekt eine Eintrefferkurve durch eine Superposition von Zweitrefferkurven vorgetäuscht werden kann. Die dick ausgezogene Kurve ist eine Überlagerung von 4 Zweitrefferkurven:

$$N/N_0 = \frac{1}{4} \sum_{k=1}^{4} e^{-\frac{8}{2k-1} vD} \left(1 + \frac{8}{2k-1} vD\right). \tag{2.16}$$

Sie windet sich bei nur geringer Abweichung um die Eintrefferkurve und ist von dieser im Experiment zweifellos nicht zu unterscheiden (Dittrich, 1960).

Diese Beispiele, wie auch die Erkenntnisse des Abschnitts 2.4 zeigen mit großer Deutlichkeit, daß die formale Kurvenanalyse oft zu recht anfechtbaren Ergebnissen führt. Daraus zu schließen, daß die Treffertheorie „falsch" und somit generell abzulehnen sei, führt an den eigentlichen Problemen völlig vorbei. Die Treffertheorie ist ohne Zweifel ein gedanklich richtiges und in sich konsistentes Schema. Wenn sie auch in allgemeiner Form meist nicht anwendbar ist, so können sich aus der Diskussion erhaltener Dosis-Effekt-Kurven zumindest weiterführende Experimente entwickeln lassen. Diese nicht zu unterschätzende heuristische Bedeutung der Treffertheorie wird durch die Tatsache unterstrichen, daß ihre Grundvorstellung von der Existenz von Treffbereichen und Treffern richtig ist, was sich im Kap. 5 bei der Behandlung der Treffbereichstheorie noch klarer herausstellen wird. Allerdings — und hier scheint uns der hauptsächliche Grund für ihr Versagen und damit ein Ansatzpunkt für Kritik zu bestehen — liegen viele Schwierigkeiten der Treffertheorie ohne Zweifel in dem recht „gewaltsamen" Postulat der Mehrtrefferwirkung begründet, wonach erst der n-te Treffer den Testeffekt auslöst und alle vorangegangenen Treffer völlig unwirksam sind. Eine Berücksichtigung ihrer Wirkung ist zwar im Rahmen der kinetischen Beschreibung der Strahlenwirkung im nächsten Kapitel möglich, jedoch kann man einmal generell fragen, ob es reine Mehrtreffervorgänge in diesem Sinne überhaupt gibt? Im Bereich der molekularen Strahlenbiologie scheinen nach den Ergebnissen der letzten Jahre Eintrefferkurven die dominierende Rolle zu spielen. Dies geht sogar soweit, daß Schulterkurven, wie wir im nächsten Kapitel noch zeigen werden, gelegentlich durch reine „biologische Stochastik" erklärt werden können. Wir wollen, um der klassischen Treffertheorie diese Aspekte zu eröffnen und darüber hinaus noch einige neue Vorstellungen zu entwickeln, im nächsten Kapitel die Strahlenwirkung, die sich in einer Dosis-Effekt-Kurve widerspiegelt, von der stochastischen Seite her beleuchten.

Literatur

Atwood, K. C., and A. Norman: Proc. nat. Acad. Sci. (Wash.) **35**, 696 (1949).
Dittrich, W.: Z. Naturforschg. **15 b**, 261 (1960).
Glocker, R., u. A. Reuss: Strahlentherapie **46**, 137 (1933).
Hug, O., u. A. M. Kellerer: Stochastik der Strahlenwirkung. Berlin-Heidelberg-New York: Springer 1966.
Timoféeff-Ressovsky, N. W., K. G. Zimmer u. M. Delbrück: Nachr. Ges. Wiss. Göttingen VI, N.F. **1**, 189 (1935).
Traut, H.: In: Repair from genetic radiation damage. Ed. F. H. Sobels. London: Pergamon Press 1963, p. 359.
Zimmer, K. G.: Biol. Zbl. **61**, 208 (1941).
— Physikal. Zschr. **44**, 233 (1943).
— Studien zur quantitativen Strahlenbiologie. Mainz: Verlag der Akademie der Wissenschaften und der Literatur 1960.
— In: Phage and the origins of molecular biology. Eds. J. Cairns, G. S. Stent, and J. D. Watson. Cold Spring Harbor: Cold Spring Harbor Laboratory of Quantitative Biology 1966, p. 33.

3. Kapitel: Stochastik der Strahlenwirkung

Das Thema dieses Kapitels beinhaltet bereits den Leitgedanken für den nun folgenden Versuch, die Strahlenwirkung als stochastischen Prozeß, d. h. als Folge einer Kette zufälliger Ereignisse, zu beschreiben. Bei der Verfeinerung der Treffertheorie stießen wir ganz von selbst auf die Erkenntnis, daß die Auslösung des Testeffektes im allgemeinen nicht durch die Trefferzahl allein bestimmt sein wird, sondern daß vielmehr eine ganze Reihe zufälliger Ereignisse auf biologischem Niveau den Eintritt des Testeffektes beeinflußt.

Freilich bedürfte die Frage, ob die Vorgänge, die der biologischen Variabilität zugrunde liegen, wirklich stochastischer Art sind, einer genaueren Untersuchung. Jedenfalls führt die Stochastik der vitalen Prozesse zu einer sog. „dynamischen Instabilität" des biologischen Systems, die in der Praxis beobachtet werden kann. Als Beispiel können wir das Problem der Synchronisation von Zellkulturen betrachten, die man im allgemeinen nur für die Dauer weniger Generationscyclen aufrechterhalten kann. Dies liegt daran, daß eine anfängliche geringfügige Indeterminiertheit in den biologischen Parametern durch zufällige Änderungen in den physiologischen Abläufen verstärkt wird und schließlich zu einem Abklingen der Synchronisationswelle führt. Die dynamische Instabilität eines biologischen Systems wird durch die Strahlenwirkung erhöht, so daß man streng genommen die Strahlenreaktion als multiplen stochastischen Prozeß behandeln müßte. Die Trennung von Strahlenwirkung und biologischer Stochastik setzt der strengen stochastischen Behandlung der Strahlenwirkung zwar gewisse Grenzen, doch ist diese Vereinfachung notwendig, um den mathematischen Formalismus nicht zu schwerfällig werden zu lassen. Im übrigen werden wir uns bei der Abhandlung dieses Kapitels weitgehend an die Darstellung von Hug und Kellerer (1966) anlehnen, auf die der interessierte Leser für ein tieferes Eindringen in die hier skizzierte Problematik verwiesen sei.

Die mathematische Fassung des stochastischen Gedankens kann auf mehrere Arten geschehen, was zur Folge hat, daß die einzelnen Abschnitte dieses Kapitels scheinbar isoliert und zusammenhanglos nebeneinander stehen. In Wirklichkeit versuchen wir in dieser Abhandlung, treffertheoretisch ausgedrückt, einen schrittweisen Übergang von Mehrtreffer- zu Eintreffervorgängen zu vollziehen. Dabei tritt der stochastische Gedanke jeweils in anderer mathematischer Einkleidung zutage. Wir wollen uns bei unseren Betrachtungen zunächst über Dimensionsfragen hinwegsetzen.

3.1. Kinetische Interpretation der Dosis-Effekt-Kurve

Zur Darstellung der biologischen Stochastik bei „Mehrtreffervorgängen" eignet sich die kinetische Formulierung besonders gut. Im Gegensatz zur Treffertheorie, die rein statischen Charakter hat, macht die kinetische Theorie Aussagen über die Änderungsgeschwindigkeit eines Systems unter Bestrahlung. Diese Änderung vollzieht sich im Sinne diskreter Treffer zunächst schrittweise, wobei jedoch der biologischen Stochastik durch unterschiedliche Übergangswahrscheinlichkeiten von einem Schädigungszustand in den nächst höheren Rechnung getragen wird. Dies ist offenbar die konsequente Formulierung der Einsicht, daß auch „subletale" Treffer einen Einfluß auf den Eintritt des Testeffektes haben, was wir mit der Treffertheorie nicht befriedigend zum Ausdruck bringen konnten. Im einzelnen liegen der kinetischen Beschreibung der Dosis-Effekt-Kurve folgende Annahmen zugrunde:

Das betrachtete System (z. B. eine biologische Population) sei durch eine Reihe von Zuständen 0, 1, 2,..., n charakterisiert (Abb. 10), die mit zunehmender Numerierung einen steigenden Schädigungsgrad repräsentieren, wobei beim Erreichen des Zustandes n der Testeffekt ausgelöst

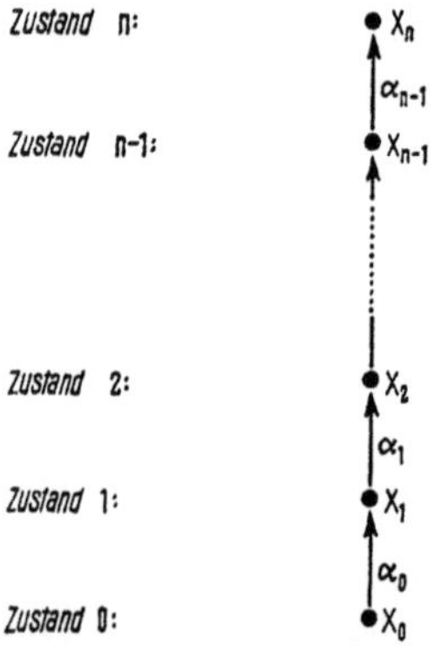

Abb. 10. Entwicklung eines Strahlenschadens vom Zustand 0 (Bestrahlungsbeginn) bis zum Zustand n (Testeffekt) mit den Besetzungszahlen $x_0,\ldots,x_n$ und den Übergangswahrscheinlichkeiten $\alpha_0,\ldots,\alpha_{n-1}$. (Hug u. Kellerer, 1966)

werden soll. In jedem Augenblick ist das System durch Angabe der „Besetzungszahlen" gekennzeichnet, d. h. durch die Anzahl der Einheiten $x_0, x_1,\ldots,x_n$, die sich in den Zuständen 0, 1, 2,..., n befinden. Die Menge der Besetzungszahlen fassen wir in einem Zustandsvektor

$$\vec{x} = (x_0, x_1, \ldots, x_n) \tag{3.1}$$

zusammen. Dem zunehmenden Grad der Strahlenschädigung entsprechen Übergänge zwischen den einzelnen Schädigungszuständen, die mit den Wahrscheinlichkeiten $\alpha_0, \alpha_1 \ldots \alpha_{n-1}$ erfolgen (Abb. 10). Obwohl über die einzelnen Zustände keine Angaben gemacht werden, kann man eine Verbindung zur Treffertheorie dadurch herstellen, daß man sich unter den Komponenten des Zustandsvektors $\vec{x}$ die Zahl der Objekte vorstellt, die 0 Treffer (x_0), einen Treffer (x_1), usf. erhalten haben. Die Änderung des Systems $\vec{x}$ unter Bestrahlung soll sich nach der folgenden linearen Differentialgleichung vollziehen:

$$\frac{d\vec{x}}{dD} = A\vec{x}.\qquad(3.2)$$

Dieser Ansatz besagt, daß die Änderungsgeschwindigkeit des Systems bei der Bestrahlung durch den Zustandsvektor selbst und einen Satz von Übergangswahrscheinlichkeiten $\alpha_1, \alpha_2, \ldots \alpha_{n-1}$ bestimmt ist, die in Matrix A, der sog. Übergangsmatrix, in geeigneter Weise zusammengefaßt sind. Eine strenge Begründung der Gl. (3.2) resultiert aus der Theorie der Markoffschen Ketten (vgl. z. B. Feller, 1957).

Das lineare Differentialgleichungssystem (3.2) kann zunächst formal integriert werden:

$$\vec{x} = e^{AD}\vec{x}_0.\qquad(3.3)$$

Dabei ist die Exponentialfunktion durch ihre Taylor-Reihe definiert:

$$e^{AD} = \sum_{k=0}^{\infty} \frac{A^k D^k}{k!}.\qquad(3.4)$$

Der Anfangsvektor $\vec{x}_0$ ist sinnvollerweise dadurch charakterisiert, daß sich alle Objekte im Zustand „0 Treffer" befinden, dessen Besetzungszahl gleich 1 gesetzt wird, während alle anderen verschwinden:

$$\vec{x}_0 = (1, 0, \ldots, 0).\qquad(3.5)$$

An dieser Stelle besteht die Möglichkeit, einer Inhomogenität des bestrahlten Materials formal dadurch Rechnung zu tragen, daß man zuläßt, daß sich ein Teil der Individuen bereits vor der Bestrahlung in höheren Schädigungszuständen befindet. In diesem Falle ist an Stelle des Anfangsvektors $\vec{x}_0$ lediglich ein von (3.5) verschiedener Wert einzusetzen, was bei Verwendung eines Analogrechners keine Schwierigkeit darstellt.

3.2. Mehrtrefferkurven

Wie erhält man nun aus dem oben entwickelten Schema eine Dosis-Effekt-Kurve? Dazu müssen wir, da der Zustand n den Eintritt des Testeffektes bedeutet, lediglich über alle Besetzungszahlen bis zum Zustand $n-1$ summieren und erhalten damit die relative Anzahl der „Überlebenden":

$$N/N_0 = \sum_{k=0}^{n-1} x_k.\qquad(3.6)$$

Wir wollen weiter annehmen, daß die Übergangswahrscheinlichkeiten zwischen den einzelnen Zuständen gleich sind: $\alpha_0 = \alpha_1 = \ldots = \alpha_{n-1} = \alpha$.

Die dem Mehrtrefferansatz entsprechende Matrix A hat dann folgende, durch die Poisson-Verteilung der Treffer bedingte Form:

$$A = \begin{vmatrix} -\alpha & 0 & 0 & . & . & 0 & 0 & 0 \\ \alpha & -\alpha & 0 & . & . & 0 & 0 & 0 \\ 0 & \alpha & -\alpha & . & . & 0 & 0 & 0 \\ . & . & . & . & . & . & . & . \\ 0 & 0 & 0 & . & . & \alpha & -\alpha & 0 \\ 0 & 0 & 0 & . & . & 0 & \alpha & -\alpha \end{vmatrix} \qquad (3.7)$$

Mit dieser Matrix und unter Verwendung der Anfangsbedingung (3.5) ergibt sich für den Zustandsvektor:

$$\vec{x} = \left(1, \alpha D, \frac{\alpha^2 D^2}{2!}, \ldots \frac{\alpha^n D^n}{n!}\right). \qquad (3.8)$$

Damit erhalten wir für den Bruchteil der Überlebenden nach Gl. (3.6):

$$N/N_0 = e^{-aD} \sum_{k=0}^{n-1} \frac{(\alpha D)^n}{n!}. \qquad (3.9)$$

Dies ist genau die Form der Mehrtrefferkurve, die wir bereits in der Treffertheorie hergeleitet haben (Gl. 2.2), wobei lediglich der Treffbereich durch eine Übergangswahrscheinlichkeit ersetzt ist. Diese formale Ersetzung gilt jedoch nur für diesen speziellen Ansatz. Für kompliziertere Verhältnisse, wie wir sie im folgenden darstellen werden, darf man die Übergangswahrscheinlichkeiten keineswegs mit den Treffbereichen identifizieren.

Bei der Matrix (3.7) wurde die biologische Stochastik noch nicht berücksichtigt. Dies wollen wir jetzt nachholen. Wir haben dazu lediglich, gemäß unseren Voraussetzungen, alle Übergangswahrscheinlichkeiten als verschieden anzusehen. Die zugehörige Matrix lautet in sinnfälliger Verallgemeinerung von (3.7):

$$A = \begin{vmatrix} -\alpha_0 & 0 & 0 & . & . & 0 & 0 & 0 \\ \alpha_0 & -\alpha_1 & 0 & . & . & 0 & 0 & 0 \\ 0 & \alpha_1 & -\alpha_2 & . & . & 0 & 0 & 0 \\ . & . & . & & & . & . & . \\ . & . & . & & & . & . & . \\ 0 & 0 & 0 & . & . & \alpha_{n-3} & -\alpha_{n-2} & 0 \\ 0 & 0 & 0 & . & . & 0 & \alpha_{n-2} & -\alpha_{n-1} \end{vmatrix}$$

(3.10)

Die Dosis-Effekt-Kurven, die man mit Hilfe der Matrix (3.10) erhält, haben bemerkenswerte Eigenschaften. Man kann beweisen (Hug u. Kellerer, 1966), daß sie in halblogarithmischer Darstellung eine endliche Extrapolationszahl besitzen, d. h. asymptotisch in einen exponentiellen Teil übergehen, und zwar schon dann, wenn nur eine Übergangswahrscheinlichkeit von allen anderen verschieden ist. Davon wollen wir uns anhand der Abb. 11 überzeugen, wo 5 vom Analogrechner

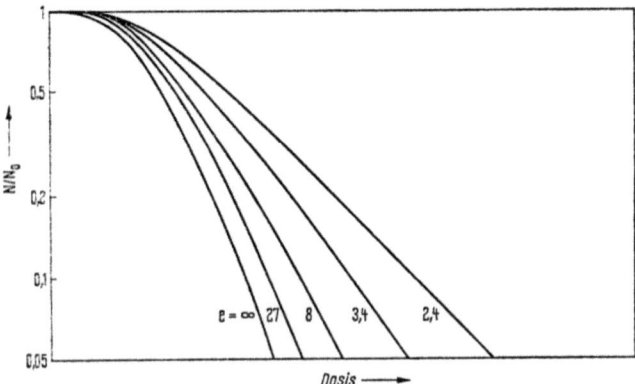

Abb. 11. Dosis-Effekt-Kurven in kinetischer Darstellung für $n=4$. Bei gleichen Übergangswahrscheinlichkeiten ergibt sich die steilste Kurve, eine Viertrefferkurve, mit der Extrapolationszahl $e=\infty$. Die übrigen Kurven mit $e=27$, 8, 3,4 und 2,4 wurden unter der Annahme berechnet, daß eine der Wahrscheinlichkeiten α den 0,66-, 0,5-, 0,33- bzw. 0,25fachen Wert der übrigen hat. (Hug u. Kellerer, 1966)

ermittelte Viertrefferkurven mit den zugehörigen Extrapolationszahlen e dargestellt sind. Die Kurven flachen sich mit zunehmender Abweichung einer der Übergangswahrscheinlichkeiten von den drei übrigen ab, d. h. die Extrapolationszahl verkleinert sich. Allerdings hat die Extrapolationszahl hier keineswegs die anschauliche Bedeutung einer Treffbereichszahl. Dies ist aber von der Praxis her nicht sehr beklagenswert, da man meist doch keine ganzzahligen Werte erhält.

Die Bezeichnung der kinetischen Kurven als Trefferkurven ist ohne Zweifel etwas irreführend, da der Begriff des Treffers in der kinetischen Darstellung nicht explizite enthalten ist. Man sollte vielleicht besser von „Mehrstufenkurven" oder etwas ähnlichem reden, schon um herauszustellen, daß sich die kinetischen Kurven im allgemeinen von den tatsächlichen Trefferkurven unterscheiden.

3.3. Rückläufige Prozesse

Häufig sind biologische Systeme in der Lage, Strahlenschäden zu eliminieren. Diesem Sachverhalt, den wir mit Hilfe der kinetischen Beschreibungsweise elegant darstellen können, entsprechen rückläufige Übergänge zwischen den Schädigungszuständen. Das zugehörige Reaktionsschema ist in Abb. 12 dargestellt, wo angenommen wurde, daß die Wahrscheinlichkeit λ für die rückläufigen Prozesse in jedem Zustand gleich ist. Die entsprechenden Dosis-Effekt-Kurven erhält man, indem man die Übergangsmatrix A in eine Summe von 2 Matrizen aufspaltet, und damit in Gl. (3.3) hineingeht:

$$A = A(\alpha_i) + A(\lambda). \tag{3.11}$$

Dabei ist $A(\alpha_i)$ durch Gl. (3.10) gegeben. Der Matrix $A(\lambda)$, die die konstante, rückwärts gerichtete Wahrscheinlichkeit λ enthält, kann, um die rückläufige Tendenz zum Ausdruck zu bringen, die folgende Form gegeben werden:

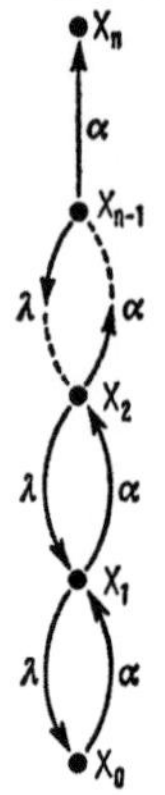

Abb. 12. Kinetisches Wirkungsschema unter Berücksichtigung rückläufiger Prozesse. (Hug u. Kellerer, 1966)

$$A(\lambda) = \begin{vmatrix} 0 & \lambda & 0 & . & . & 0 & 0 & 0 \\ 0 & -\lambda & \lambda & . & . & 0 & 0 & 0 \\ 0 & 0 & -\lambda & . & . & 0 & 0 & 0 \\ . & . & . & & & . & . & . \\ . & . & . & & & . & . & . \\ 0 & 0 & 0 & . & . & -\lambda & \lambda & 0 \\ 0 & 0 & 0 & . & . & 0 & -\lambda & \lambda \\ 0 & 0 & 0 & . & . & 0 & 0 & -\lambda \end{vmatrix} \tag{3.12}$$

Abb. 13 zeigt das Verhalten einer Dreitrefferkurve beim Vorliegen rückläufiger Prozesse. Die Kurve wird offenbar mit zunehmender Bedeutung der rückläufigen Prozesse flacher und einer Exponentialkurve

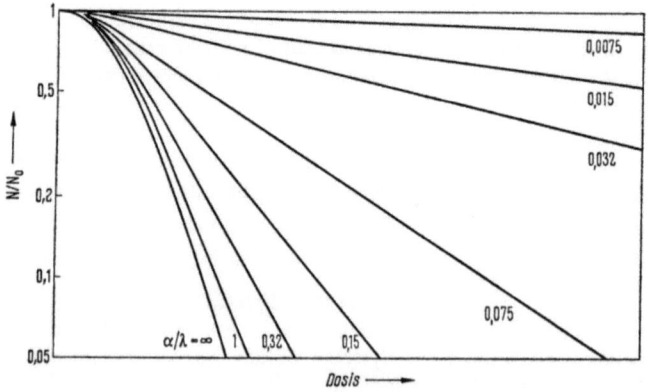

Abb. 13. Dreitrefferkurven unter dem Einfluß rückläufiger Prozesse. (Hug u. Kellerer, 1960)

ähnlich. Häufig ist der rückläufige Prozeß abhängig von der Bestrahlungsintensität (Dosisleistung). Eine realistische Möglichkeit besteht dann beispielsweise darin, den Erholungsparameter λ umgekehrt proportional zur Intensität zu setzen. Dann entspricht einer Erhöhung der Intensität ein Fortschreiten innerhalb der Kurvenschar von Abb. 13 von oben nach unten. Diesen Intensitätseinfluß bezeichnet man auch als Zeitfaktor-Effekt, um auszudrücken, daß kurzzeitige Bestrahlungen bei hoher Intensität wirksamer sind als langzeitige bei geringer Intensität.

Das kinetische Modell gestattet im Prinzip auch die Berücksichtigung des Einflusses der Strahlenqualität auf die Form der Dosis-Effekt-Kurven. Dabei erscheinen bei höherer Ionisierungsdichte im Wirkungsschema von Abb. 10 zusätzliche Übergangswahrscheinlichkeiten zwischen weiter entfernten Zustandspunkten, d. h. durch die hohe lokale Energieabgabe dicht ionisierender Strahlung werden Zustände übersprungen. Dies hat zur Folge, daß in den Übergangsmatrizen A mehr Elemente als bisher ungleich Null sind, und daß die Dosis-Effekt-Kurven eine Form erhalten, die einer niedrigen Kinetik entspricht, d. h. sie tendieren nach dem rein exponentiellen Verlauf. Wir wollen hierauf jedoch nicht näher eingehen (Ausführung bei Hug u. Kellerer, 1966).

Das kinetische Modell hat, wie die Treffertheorie, den Nachteil, daß die Grundannahmen in gewissem Sinne bereits eine Aussage über die Wirkungsmechanismen der Strahlung vorwegnehmen. Es bleibt nämlich immer noch die Frage offen, ob gekrümmte Dosis-Effekt-Kurven wirklich auf einen Mehrtreffervorgang bzw. auf eine höhere Wirkungskinetik zurückgeführt werden müssen. Gerade im Bereich der molekularen Strahlenbiologie erscheinen diese Zweifel berechtigt und wir wollen daher einmal fragen, wie man auch ohne die Annahme eines Mehrtreffervorgangs eine gekrümmte Dosis-Effekt-Kurve erklären kann.

3.4. Formale Beschreibung von Dosis-Effekt-Kurven

Bei der formalen Beschreibung gekrümmter Dosis-Effekt-Kurven kann man von der Tatsache ausgehen, daß die meisten in der Praxis gemessenen Dosis-Effekt-Kurven asymptotisch exponentiell werden. Dies ist, wie wir im letzten Abschnitt gesehen haben, bereits durch die biologische Stochastik bedingt. Aus diesem Grund erscheint es plausibel, den folgenden Ansatz zu machen:

$$\frac{d}{dD}(N/N_0) = -R(D) \cdot N/N_0. \qquad (3.13)$$

Die Größe $R(D)$, in der sich der Einfluß der biologischen Stochastik verbirgt, bezeichnen Hug u. Kellerer (1966) als „Reaktivität". Sie ist, wie man sofort aus Gl. (3.13) entnimmt, gleich der Tangentenneigung der halblogarithmisch aufgetragenen Dosis-Effekt-Kurve bei der Dosis D, spiegelt also so etwas wie eine „differentielle Strahlenempfindlichkeit" wider:

$$R(D) = -\frac{d}{dD} \ln(N/N_0). \qquad (3.14)$$

Ist R = konstant, so ergeben sich reine Exponentialkurven:

$$N/N_0 = e^{-RD}. \qquad (3.15)$$

Dagegen muß man bei mehrtrefferähnlichen Kurven eine mit der Dosis wachsende Reaktivität annehmen. Nach welcher Funktion dies geschieht, müßte man sich in jedem Einzelfall genau überlegen. Im Prinzip kann durch geeignete Wahl der Funktion $R(D)$ auch ein reiner Mehrtreffervorgang beschrieben werden, was jedoch zu einem komplizierten mathematischen Ausdruck führt, der zeigt, wie gekünstelt die Annahme eines Mehrtreffervorgangs in dieser Darstellung erscheint. Dagegen erscheint es am vernünftigsten, Schulterkurven durch eine Funktion $R(D)$ zu beschreiben, die mit zunehmender Dosis exponentiell von einem kleinen auf einen größeren Wert ansteigt:

$$R(D) = R_0 - R_1 e^{-\gamma D}. \qquad (3.16)$$

Die zugehörige Dosis-Effekt-Kurve lautet dann:

$$\ln(N/N_0) = -R_0 D + \frac{R_1}{\gamma}(1 - e^{-\gamma D}). \qquad (3.17)$$

Es ist aber auch der Fall denkbar, daß die Reaktivität exponentiell mit der Dosis abnimmt, was dadurch berücksichtigt werden kann, daß in Gln. (3.16) und (3.17) vor R_1 das Vorzeichen zu wechseln ist. Man erhält dann Kurven, die asymptotisch flacher verlaufen. Hierzu ein experimentelles Beispiel: In Abb. 14 ist die Inaktivierung von T7-Phagen als Funktion der UV-Bestrahlungszeit aufgetragen. Die Autoren (Rontó et al., 1967) erklären die hier zum Ausdruck kommende Empfindlichkeitsabnahme durch den Vorgang der UV-Reaktivierung, d. h. durch eine partielle Eliminierung eines Strahlenschadens durch die Absorption eines zweiten UV-Quants. Sie kommen durch Wahrscheinlichkeitsbetrachtungen zu einer der Gl. (3.17) ähnlichen Beziehung, wobei jedoch $R_0 = 0$ ist und, wie vorausgesetzt, R_1 ein negatives Zeichen besitzt. Dabei ist R_1 die Wahrscheinlichkeit dafür, daß ein intakter Phage durch die Absorption eines Photons geschädigt wird, während γ die Reaktivierungswahrscheinlichkeit pro absorbiertem Photon bedeutet. Es ergibt sich aus der steileren Kurve von Abb. 14: $R_1 = 2,5 \cdot 10^{-4}$ und $\gamma = 2 \cdot 10^{-5}$. Dies bedeutet, daß etwa jedes 4000-ste absorbierte Photon zur Schädigung führt, während jedes 50 000-ste Photon einen geschädigten Phagen zu reaktivieren vermag.

Es sei hier bereits erwähnt, daß auch die Inaktivierung der Transformationsfähigkeit und der Matrizen-Funktion von DNS oftmals zu Dosis-Effekt-Kurven führt, die mit zunehmendem Inaktivierungsgrad flacher verlaufen. Ob diese Kurven ebenfalls durch die Annahme einer mit der Dosis abnehmenden Empfindlichkeit erklärt werden kann, wollen wir jedoch erst in Kap. 11 diskutieren.

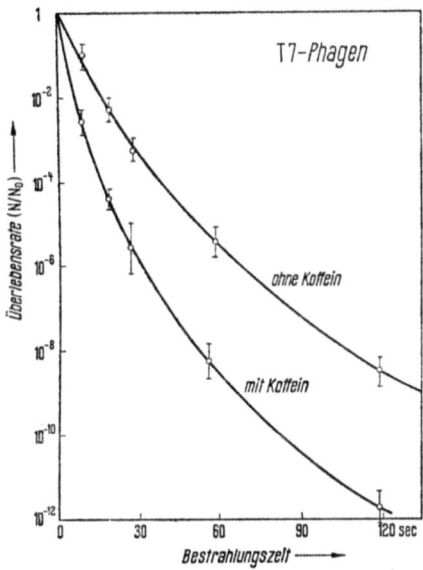

Abb. 14. UV-Inaktivierung von T7-Phagen. Der Coffeinzusatz verhindert die Wirtszellenreaktivierung. (Rontó et al., 1967)

3.5. Dosis-Effekt-Kurve beim Kolonietest

Die formale Beschreibung hat, wie wir gesehen haben, zumindest den Vorteil, daß die eingehenden Parameter bestimmt werden können, was sehr schön in Abb. 14 zum Ausdruck kam. Jedoch erscheint die Annahme einer mit der Dosis zunehmenden Reaktivität, oder, anders ausgedrückt, einer abnehmenden Widerstandsfähigkeit, zur Erklärung der Schulterkurven nicht unbedingt in allen Fällen gerechtfertigt. Wir wollen deshalb im letzten Abschnitt noch auf einen Punkt eingehen, den wir bisher nicht berücksichtigt haben: den Testeffekt.

Gerade im Falle des Kolonietests, der in der Regel zur Beurteilung der Strahlenwirkung auf Bakterien und höhere Zellen angewendet wird, ist es überaus wichtig sich zu fragen, was die zugehörige Dosis-Effekt-Kurve eigentlich ausdrückt. Der Kolonietest zeigt ohne Zweifel nicht direkt den eigentlichen Strahlenschaden und damit die Kinetik der Strahlenwirkung auf, sondern bringt die Konsequenz einer Strahlenschädigung, nämlich die Unfähigkeit zur Zellteilung und Koloniebildung, zum Ausdruck. Damit geht in die zugehörige Dosis-Effekt-

Kurve ein entscheidender biologisch-stochastischer Faktor ein; der biologische „Erwartungswert" für eine erfolgreiche Zellteilung nach Bestrahlung.

Zur Interpretation und mathematischen Formulierung der Koloniekurven muß man die Chance dafür ausrechnen, daß sich eine bestrahlte Zelle noch genügend oft teilen kann, um eine Kolonie zu bilden. Eine Möglichkeit, Koloniekurven höherer Zellen durch einen Ansatz aus der Statistik der Spiele („gambler's ruin") zu beschreiben, haben Hug u. Kellerer (1966) diskutiert. Es ergeben sich dabei Schulterkurven, obwohl für die Teilungswahrscheinlichkeit pro Zelle eine exponentielle Abnahme mit der Dosis angenommen wurde. Es ist sicher möglich, mit Hilfe eines anderen geeigneten statistischen Ansatzes auch die Koloniekurven für Bakterien zu beschreiben, die im allgemeinen ebenfalls eine Schulter aufweisen. Die Extrapolationszahl dieser Kurven braucht dann allerdings nicht, wie meistens angenommen, die Zahl der Treffbereiche im bestrahlten Bacterium selbst anzugeben, sondern könnte z. B. die kritische Zahl der Tochterzellen ausdrücken, bei der sich entscheidet, ob infolge subletaler Schädigung der ursprünglich bestrahlten Stammzelle eine Kolonie gebildet wird oder nicht.

Damit möchten wir die Interpretationsversuche von Dosis-Effekt-Kurven abschließen. Wir glauben, daß wir durch die ausführliche und möglichst exakte Darstellung zur Vermeidung von Trugschlüssen und „Neuerfindungen" beigetragen haben und darüber hinaus vielleicht sogar Anregungen gegeben haben, wie im konkreten Einzelfall die Analyse von Dosis-Effekt-Kurven auszusehen hat. Es sei abschließend noch erwähnt, daß es noch spezielle Dosis-Effekt-Kurven für bestimmte biologische Tests gibt, z. B. für die Transformationsfähigkeit und die „Priming"-Aktivität der DNS, deren Interpretation wir jedoch erst in späteren Kapiteln diskutieren wollen.

Literatur

Feller, W.: An introduction to probability theory and its applications. Vol. I. New York: John Wiley & Sons 1957.

Hug, O., u. A. M. Kellerer: Stochastik der Strahlenwirkung. Berlin-Heidelberg-New York: Springer 1966.

Rontó, G., K. Sarkadi u. I. Tarjan: Strahlentherapie **134**, 151 (1967).

4. Kapitel: Primärprozesse der Energieabsorption

Bisher haben wir uns um die formale Beschreibung von Dosis-Effekt-Kurven bemüht mit dem Ziel, aus ihrem Verlauf bestimmte Parameter, seien sie treffertheoretischer, kinetischer oder allgemein stochastischer Art, zu gewinnen. Voraussetzung hierfür ist jedoch eine genauere Kenntnis der Primärvorgänge der Energieabsorption. Wir wollen uns deshalb, ehe wir im nächsten Kapitel mit Hilfe der jetzt zu erwerbenden Kenntnisse für den speziellen Fall der exponentiellen Dosis-Effekt-Kurve quantitative Aussagen machen, mit den Energieübertragungsprozessen von der Strahlung auf die Materie befassen. Dies kann prinzipiell unter zwei zueinander komplementären Aspekten geschehen. Man kann einmal die Absorption von Strahlenenergie bzw. die Abbremsung geladener Teilchen in der Materie untersuchen, zum anderen aber auch die Aufnahme der Energie durch die Moleküle des bestrahlten Materials. Wir wollen beide Gesichtspunkte berücksichtigen und mit den Wechselwirkungsprozessen zwischen Strahlung und Materie beginnen.

Die verschiedenen Strahlenarten, für die wir uns interessieren, umfassen sowohl elektromagnetische Quantenstrahlung als auch geladene und ungeladene Teilchen. Da die Wechselwirkung der einzelnen Primärstrahlen mit Materie verschieden ist, müssen wir die einzelnen Gruppen für sich besprechen.

4.1. Röntgen- und Gammastrahlung

Während Röntgenstrahlen durch Abbremsen schneller Elektronen in Material hoher Kernladungszahl erzeugt werden, tritt die γ-Strahlung meist als begleitende Strahlung bei α- oder β-Strahlern in Erscheinung. Ihrer Natur nach sind beide Strahlenarten elektromagnetische Wellenstrahlung hoher Quantenenergie. Eine wichtige Eigenschaft der Röntgen- und γ-Strahlen ist die exponentielle Abnahme der Intensität mit zunehmender Eindringtiefe x:

$$I(x) = I_0 \cdot e^{-\mu x}. \tag{4.1}$$

Dabei ist I_0 die Intensität der auffallenden Strahlung und μ der Schwächungskoeffizient des durchstrahlten Materials. Der Intensitätsverlust kann einmal dadurch erfolgen, daß die Quanten gestreut werden. Dabei wird keine Energie übertragen, die einfallende Welle ändert nur ihre Richtung. Andererseits kann die Intensitätsabnahme durch die Abgabe von Energie an die durchstrahlte Materie bedingt sein. Der

Schwächungskoeffizient μ setzt sich demnach zusammen aus dem Streukoeffizienten σ und dem wahren Absorptionskoeffizienten τ:

$$\mu = \sigma + \tau. \tag{4.2}$$

Nach dem Grothus-Draperschen Prinzip ist für das Zustandekommen von biologischen Wirkungen nur absorbierte Strahlung von Bedeutung, nicht aber reflektierte oder transmittierte Strahlung. Deshalb wollen wir hier die Streuung der einfallenden Quanten nicht weiter betrachten, obwohl sie z. B. bei Dosimetrieproblemen eine wesentliche Rolle spielen.

Die *Absorption von Röntgen- und Gammastrahlen* erfolgt durch Wechselwirkung mit den Atomelektronen, wobei drei Prozesse von besonderer Bedeutung sind.

a) Photoeffekt: Bei diesem Prozeß wird die gesamte Energie eines einfallenden Quants an ein Elektron übertragen. Seine kinetische Energie ist nach der Einsteinschen Gleichung gleich der Quantenenergie der Strahlung ($h\nu$) verringert um die Ablösearbeit A:

$$E_{\text{kin}} = h\nu - A. \tag{4.3}$$

Die Wahrscheinlichkeit für diesen Prozeß ist besonders groß, wenn die Energie des Quants mit der Ablösearbeit des betreffenden Elektrons übereinstimmt. Es kommt dann zu scharfen Absorptionskanten, z. B. der K-Kante, die wir auf einer späteren Abbildung noch sehen werden (vgl. Abb. 17). Unbeachtet der Tatsache, in welcher Schale der Photoeffekt stattfindet, gilt für den Photo-Absorptionskoeffizienten in guter Näherung:

$$\frac{\tau_{\text{ph}}}{\varrho} \sim \left(\frac{Z}{h\nu}\right)^3 (1 + 0{,}008 \cdot Z). \tag{4.4}$$

Z ist die Ordnungszahl des bestrahlten Elements. Die Wahrscheinlichkeit für den Photoeffekt nimmt mit wachsender Quantenenergie ab und mit wachsendem Z stark zu. Zur Ordnungszahl ist zu bemerken, daß für biologische Materialien allgemein ein „effektiver" Wert eingesetzt werden muß, dessen Berechnung sich nach der Potenz richtet, mit der sie in den Absorptionskoeffizienten eingeht. Für den Photoeffekt in einigen biologisch wichtigen Materialien sind die effektiven Ordnungszahlen in Tab. 1 zusammengestellt. Da die Paarbildung eine andere

Tabelle 1. *Effektive Ordnungszahlen für den Photoeffekt in einigen biologisch wichtigen Substanzen.* (Nach Jaeger, 1959)

Material	Z_{eff}
Luft	7,64
Wasser	7,42
Muskel	7,42
Knochen	13,8
Fett	5,92

Z-Abhängigkeit hat als der Photoeffekt, ergeben sich für diesen Prozeß auch andere Z_{eff}-Werte.

b) Compton-Effekt: Im Gegensatz zum Photoeffekt verschwindet bei der Compton-Wechselwirkung das Quant nicht, da nur ein Teil der Energie des einfallenden Photons an ein Elektron übertragen wird. Dabei verringert sich die Energie des Quants, d. h. seine Wellenlänge wird größer. Außerdem verändert das Quant seine Richtung. Die Richtung des emittierten Elektrons hängt davon ab, welcher Energiebetrag an das Elektron abgegeben wurde. Die Aufteilung der Energie zwischen γ-Quant und Compton-Elektron geht aus Abb. 15 hervor. Bei Quanten-

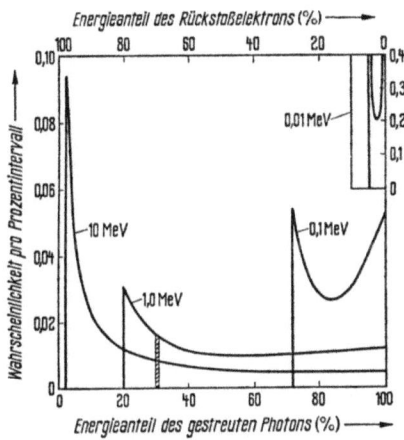

Abb. 15. Energieverteilung beim Compton-Effekt zwischen dem gestreuten Photon und dem emittierten Elektron (White, 1951). Beispiel: Die Wahrscheinlichkeit, daß ein 1 MeV-Photon zwischen 30 und 31% der Gesamtenergie behält, beträgt 0,016 (schraffierte Fläche)

energien von 10 keV können höchstens 5% der Energie an das Elektron übertragen werden. Besonders wahrscheinlich sind hierbei die Fälle, in denen sehr kleine oder die maximal möglichen Energiebeträge an das Elektron übertragen werden, wobei das γ-Quant nur geringfügig bzw. um fast 180° abgelenkt wird. Mit zunehmender Quantenenergie nimmt die Wahrscheinlichkeit für die Übertragung großer Energiebeträge fortlaufend zu, die sog. „Compton-Kante" wird dabei immer ausgeprägter. Nach dem bisher Gesagten läßt sich der Compton-Effekt als inelastische Streuung von Photonen auffassen. Die Wahrscheinlichkeit für diesen Prozeß errechnet sich aus der Klein-Nishina-Formel, die wir hier aber nicht behandeln wollen (vgl. Lehrbücher der Atomphysik).

Abb. 16 zeigt schematisch, wie die Energie eines ^{60}Co-γ-Quants nach und nach durch Compton-Prozesse verringert wird, bis schließlich die Restenergie an ein Photoelektron übertragen wird (a). Darunter ist die Häufigkeitsverteilung der dabei ausgelösten Elektronen aufgetragen (b), wobei sich zeigt, daß der überwiegende Teil der Elektronen mit Energien zwischen 0 und 100 keV emittiert wird, während die Häufigkeit für energiereichere Elektronen rasch abnimmt. Die gestrichelt eingezeichnete Kurve gibt das Energiespektrum der Compton-Elektronen wieder, wobei auch die Compton-Kanten der 1,17 MeV-Quanten des ^{60}Co bei ca. 980 keV und der 1,33 MeV-Quanten bei 1117 keV zum Ausdruck kommen. Teil c der Abb. 16 gibt darüber Auskunft, welcher Prozentsatz der Gesamtenergie der eingestrahlten γ-Quanten an Compton-Elektronen der verschiedenen Energieintervalle bzw. an Photo-Elektronen übertragen wird. Auch hier machen sich die beiden Compton-Kanten in einem relativ großen Anteil der Intervalle 800—1000 keV und 1000—1117 keV bemerkbar.

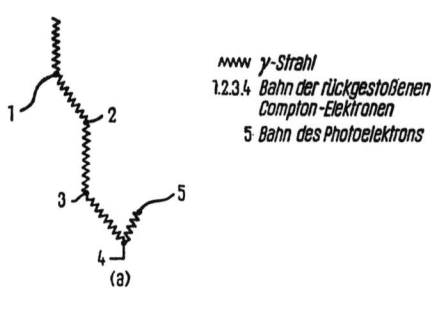

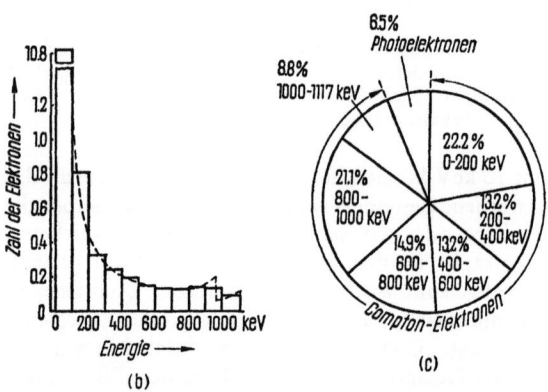

Abb. 16. a Schematische Darstellung der Energieübertragung eines γ-Quants durch wiederholte Compton-Streuung und anschließenden Photoeffekt. b Häufigkeitsverteilung der durch ^{60}Co-γ-Strahlung in Wasser ausgelösten Elektronen (durchschnittliche Zahl pro Quant). Die unterbrochene Linie zeigt das Spektrum der Compton-Elektronen. c Energieverteilung der durch ^{60}Co-γ-Strahlung in Wasser über Compton- und Photoeffekt ausgelösten Elektronen. (Spencer u. Stinson, 1954)

c) *Paarbildung:* Überschreitet die Quantenenergie 1 MeV, dann gewinnt ein dritter Prozeß an Bedeutung, und zwar die Erzeugung eines Elektron-Positron-Paares, sozusagen aus dem „Nichts" oder, wie man es seit Dirac formuliert, aus Zuständen negativer Energie. Die Summe der kinetischen Energie der beiden Elektronen ist dabei gleich der Energie des γ-Quants verringert um die doppelte Ruheenergie E_0 der Elektronen ($E_0 = m c^2 = 0{,}51$ MeV):

$$E_{e^+} + E_{e^-} = h\nu - 1{,}02 \text{ MeV}. \tag{4.5}$$

Die Energie $h\nu - 2mc^2$ kann sich in einem beliebigen Verhältnis auf die beiden Elektronen des Paares verteilen; es hängt allerdings vom Emissionswinkel ab. Aus Gl. (4.5) ist zu ersehen, daß die Paarbildung erst dann möglich wird, wenn die Energie des γ-Quants 1,02 MeV übersteigt.

Die Häufigkeit, mit der die besprochenen Prozesse eintreten, hängt von der Kernladungszahl des bestrahlten Materials ab. Näherungsweise gilt folgender Zusammenhang:

Photoeffekt $\sim Z^4$
Compton-Effekt $\sim Z$
Paarbildung $\sim Z^2$

Außerdem hängt die Häufigkeit der verschiedenen Absorptionsprozesse stark von der Quantenenergie ab, doch wollen wir darauf nicht näher

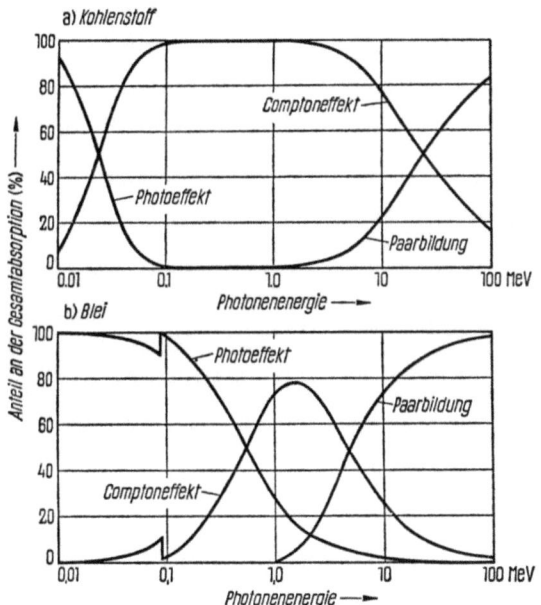

Abb. 17. Relative Häufigkeit für Photo-, Compton- und Paarbildungseffekt in Kohlenstoff und Blei. (White, 1951)

eingehen. Interessant ist jedoch, die relative Häufigkeit von Photo-, Compton- und Paar-Effekt bei verschiedenen Photonenenergien zu vergleichen (Abb. 17). Für Substanzen mit niedriger Ordnungszahl, wie Kohlenstoff und biologisches Material überhaupt, ist charakteristisch, daß in einem breiten Gebiet zwischen weicher Röntgenstrahlung und harter γ-Strahlung (ca. 50 keV – 20 MeV) die Energie der Primärquanten vorzugsweise über den Compton-Effekt übertragen wird. Beim Blei dominieren infolge seiner hohen Kernladungszahl Photoeffekt und Paarbildung, wobei ferner das Auftreten einer K-Kante zu bemerken ist.

Halbwertschicht: Da Quantenstrahlungen exponentiell mit der Eindringtiefe geschwächt werden, ist es nicht möglich, für Röntgen- oder γ-Strahlen eine endliche Reichweite anzugeben. Als Maß für ihr Durchdringungsvermögen kann man jedoch die sog. Halbwertschicht ansehen. Man versteht darunter diejenige Materialschichtdicke, die die Intensität der Strahlung auf die Hälfte herabsetzt. Sie beträgt z. B. für ^{60}Co-γ-Strahlung in Wasser oder Protein 11—12 cm, in Blei dagegen nur etwa 4 mm.

4.2. Neutronen

Neutronen entstehen in hoher Dichte in Kernreaktoren und ferner bei einer Vielzahl von Kernumwandlungen, die z. B. durch Beschuß von leichten Kernen mit Protonen, Deuteronen oder α-Teilchen ausgelöst werden können. Auch γ-Strahlen hoher Energie können über den Kernphotoeffekt Neutronen auslösen, doch hat diese Methode für biologische Experimente keine Bedeutung. Man ist heute in der Lage, Neutronen mit Energien zwischen 10^{-2} und 10^8 eV zu erzeugen. Unser Interesse richtet sich in diesem Zusammenhang ausschließlich auf die biologisch wichtigen Wechselwirkungen zwischen Neutronen und Materie. Von besonderer Bedeutung ist die Tatsache, daß diese Wechselwirkung primär nur mit Atomkernen, also nicht mit den Atomelektronen erfolgt.

a) Streuung: Bei leichten Kernen und nicht zu kleinen Energien ist der elastische Stoß zwischen Neutronen und Atomkernen die häufigste Art der Wechselwirkung. Die Energie, die an den Rückstoßkern übertragen wird, berechnet sich wie beim Stoß zwischen zwei elastischen Kugeln aus Energie- und Impulserhaltungssatz zu:

$$E = \frac{4\,(m_n/M)}{(1+m_n/M)^2} \cdot E_n \cdot \cos^2 \Theta . \qquad (4.6)$$

Dabei bedeuten m_n und E_n bzw. M und E Masse und Energie des einfallenden Neutrons bzw. des rückgestoßenen Kerns; Θ bezeichnet den Winkel zwischen der Einfallsrichtung des Neutrons und der Richtung des Rückstoßkernes. Wie Gl. (4.6) zeigt, ist die maximal übertragbare Energie um so kleiner, je größer die Masse des gestoßenen Kerns ist. Bei

Streuung an Wasserstoff wird pro Stoß im Mittel die Hälfte der Neutronenenergie übertragen, beim Stoß mit einem Bleikern im Mittel nur etwa 1%. Deshalb verwendet man zum Abschirmen von Neutronenquellen auch kein Blei, sondern wasserstoffhaltiges Material, wie z. B. Paraffin.

Die in biologischem Material vorhandenen Elemente haben unterschiedliche Wirkungsquerschnitte für die Streuung von Neutronen. Dies zeigt Abb. 18, wo die Energieübertragung von Neutronen verschiedener

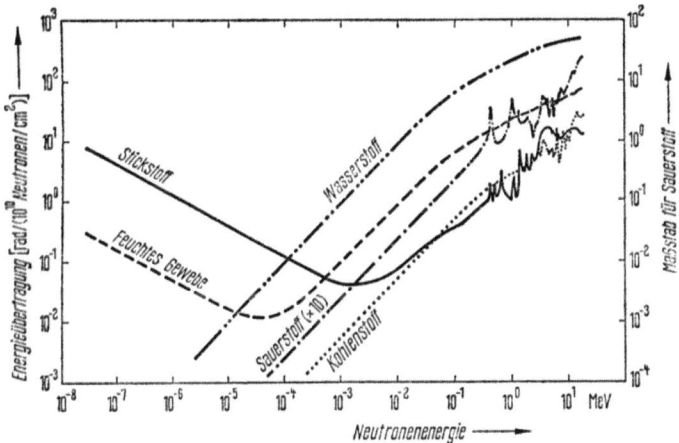

Abb. 18. Energieübertragung von Neutronen an Wasserstoff, Kohlenstoff, Stickstoff, Sauerstoff und feuchtes Gewebe. (Bach u. Caswell, 1968)

Energie an Wasserstoff, Kohlenstoff, Stickstoff und Sauerstoff sowie an feuchtes Gewebe dargestellt ist. Wie man sieht, wird pro einfallendem Neutron besonders viel Energie an Wasserstoffkerne abgegeben, einmal weil sie einen großen Wirkungsquerschnitt für die Streuung von Neutronen besitzen, zum anderen, weil nach Gl. (4.6) infolge des günstigen Massenverhältnisses pro Stoß wesentlich mehr Energie übertragen wird als bei einem Stoß mit einem schwereren Kern. Da überdies Wasserstoff in biologischem Material besonders häufig ist, werden 85—95% der Energie der einfallenden Neutronen an Wasserstoffkerne (sog. Rückstoßprotonen) übertragen und nur ein kleiner Teil an schwerere Kerne.

b) Absorption: Neutronen können noch auf eine zweite Art mit den Atomkernen in Wechselwirkung treten. Das Neutron wird dabei von einem Kern eingefangen, wobei als kurzlebige Zwischenstufe ein hochangeregter Kern, ein sog. Compound-Kern, entstehen kann, der bei leichten Kernen unter Emission von γ-Quanten, bei mittleren und schweren Kernen jedoch auch unter Emission von Protonen oder α-Teilchen, in den energetisch stabilen Grundzustand übergeht. Die Wahrscheinlichkeit für eine solche Einfangreaktion verringert sich mit anwachsender Neutronenenergie E_n gemäß der Fermi-Formel:

$$\sigma_{(n,\gamma)} \sim 1/\sqrt{E_n} \sim 1/v_n. \tag{4.7}$$

Wie Tabelle 2 zeigt, sind selbst für thermische Neutronen die Streuquerschnitte im allgemeinen größer als die Wirkungsquerschnitte für eine Einfangreaktion. Da die letzteren mit wachsender Energie auch noch stark abnehmen, so werden fast alle Neutronen im bestrahlten

Tabelle 2. *Wirkungsquerschnitte für die Streuung bzw. Absorption von thermischen Neutronen in einigen biologisch wichtigen Elementen. Die Häufigkeit der verschiedenen Isotope entspricht ihrem natürlichen Vorkommen.* (Hughes u. Harvey, 1955)

Element	Streuquerschnitt [barn]	Absorptionsquerschnitt [barn]
H	38	0,33 (n,γ)
C	4,8	0,0032 (n,γ)
N	10	1,75 (n,p)
		0,13 (n,γ)
O	4,2	0,0002 (n,γ)

1 barn = 10^{-24} cm²

Material zunächst durch Stöße auf thermische oder epithermische Energien abgebremst, ehe sie eingefangen werden. Von den in biologischem Material vorkommenden Elementen haben Wasserstoff und Stickstoff nennenswerte Einfangquerschnitte. Es finden dabei folgende Reaktionen statt:

$$^{1}\text{H}\,(n,\gamma)\,^{2}\text{D} + 2{,}2 \text{ MeV-}\gamma\text{-Strahlung} \tag{4.8}$$

$$^{14}\text{N}\,(n,p)\,^{14}\text{C} + 660 \text{ keV-Protonen}. \tag{4.9}$$

Die biologische Wirkung der Neutronen beruht jedoch nur zu einem geringen Prozentsatz auf den beiden gerade besprochenen Primärprozessen des Stoßes und der Absorption. Der überwiegende Teil der durch Neutronen verursachten Strahlenschäden rührt von der Wirksamkeit der Rückstoßkerne sowie der beim Neutroneneinfang (z. B. nach Gln. 4.8 und 4.9) entstehenden Sekundärstrahlen her.

4.3. Geladene Teilchen

Das Studium der Wechselwirkung geladener Teilchen mit Materie hat nicht nur den Sinn, die Wirkung energiereicher Elektronen und Ionen, wie man sie in Beschleunigern erzeugt, zu verstehen. Vielmehr handelt es sich dabei um ein fundamentales Vorhaben, denn, wie wir gesehen haben, beruht die Wirkung der γ- und Neutronenstrahlung nicht auf ihren Primärwechselwirkungen, sondern auf der Wirksamkeit der Sekundärstrahlungen, also hauptsächlich der Elektronen und Rückstoßprotonen. Die Gesetzmäßigkeiten der Wechselwirkung geladener Teilchen gelten damit für ionisierende Strahlen allgemein, wenn wir von den gesondert zu besprechenden elastischen Kernstößen langsamer Ionen absehen.

Geladene Teilchen wirken mit ihrem elektrischen Feld auf die Elektronen der in der Nähe der Teilchenbahn gelegenen Moleküle ein. Die Verhältnisse bei dieser Wechselwirkung können wir uns mit Hilfe von Abb. 19 klarmachen. Sie zeigt ein geladenes Teilchen, das in einem be-

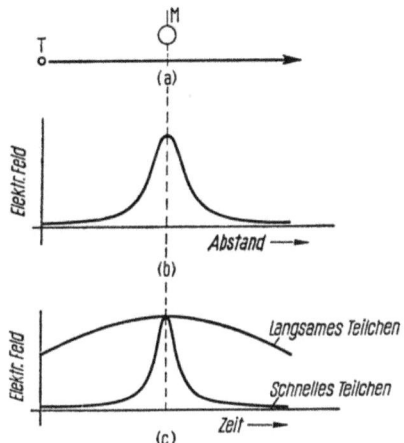

Abb. 19 a—c. Schematische Darstellung der Wechselwirkung zwischen einem geladenen Teilchen und einem Molekül. a Das Teilchen T fliegt in einem bestimmten Abstand am Molekül M vorbei. b. Die Größe des elektrischen Feldes am Ort des Moleküls als Funktion des Abstandes (geschwindigkeitsunabhängig). c Das gleiche Feld als Funktion der Zeit (geschwindigkeitsabhängig)

stimmten Abstand an einem Molekül vorbeifliegt (a). Dabei wächst das Feld am Ort des Moleküls an und damit auch die auf das Molekül ausgeübte Kraft. Sie verringert sich wieder, wenn das Teilchen sich entfernt (b). Trägt man das Feld dagegen als Funktion der Einwirkungszeit auf, so erkennt man, daß ein langsames Teilchen wesentlich länger auf das Molekül einwirkt, d. h. einen größeren Impuls an das Molekül überträgt als ein schnelles.

An diesem einfachen Bild können wir die wichtigsten Eigenschaften der Energieübertragung eines geladenen Teilchens bereits erkennen: 1. Die Störung durch das vorbeifliegende Teilchen ist um so größer, je langsamer es sich bewegt. 2. Die Energieübertragung vergrößert sich mit der Teilchenladung. 3. Die Masse des Teilchens hat keinen Einfluß auf die übertragene Energie (höchstens indirekt über die Geschwindigkeit, falls die Energie des Teilchens vorgegeben ist).

Quantitativ wird *der differentielle Energieverlust* eines geladenen Teilchens, d. h. die Energieabgabe pro Wegstrecke, durch die Bethe-Bloch-Formel beschrieben:

$$-\frac{dE}{dx} = \frac{4\pi e^2 (ze)^2}{m v^2} n Z \left[\ln \frac{2 m v^2}{I} - \ln(1-\beta^2) - \beta^2\right]. \quad (4.10)$$

Dabei bedeuten m die Elektronen-Ruhemasse, v und ze die Geschwindigkeit und Ladung des Teilchens, n, Z und I die Zahl der Atome pro cm³, die effektive Kernladungszahl und das mittlere Ionisationspotential des bestrahlten Materials; ferner ist $\beta = v/c$ (c = Lichtgeschwindigkeit). Der Ausdruck in der eckigen Klammer gilt streng nur für schwere Teilchen. Für Elektronen sieht er etwas komplizierter aus.

Die Bethe-Bloch-Gleichung (4.10) erfüllt offenbar die Voraussagen 1 und 2, denn der Energieverlust ist sowohl zu $1/v^2$ als auch zu $(ze)^2$ proportional. Ferner besteht auch die vorausgesagte Unabhängigkeit von der Teilchenmasse (Forderung 3). Der Energieverlust ist weiterhin proportional zu $n \cdot Z$, der mittleren Anzahl der Elektronen pro cm³. Wie Tabelle 3 zeigt, hat dieses Produkt für verschiedene biologisch wichtige Medien in etwa den gleichen Wert.

Tabelle 3. *Zahl der Elektronen pro Gramm für einige biologisch wichtige Medien.* (Nach Jaeger, 1959)

Material	Elektronen/g
Luft	$3{,}03 \cdot 10^{23}$
Wasser	$3{,}34 \cdot 10^{23}$
Feuchtes Gewebe	$3{,}31 \cdot 10^{23}$
Muskel	$3{,}36 \cdot 10^{23}$
Knochen	$3{,}00 \cdot 10^{23}$
Fett	$3{,}48 \cdot 10^{23}$
Virus-Protein	$3{,}22 \cdot 10^{23}$

Das mittlere Ionisierungspotential I ist ein Maß für die Ablösearbeit der Elektronen aus den verschiedenen Energiezuständen multipliziert mit der Häufigkeit dieses Ereignisses. Näherungsweise bestimmt sich der Wert von I aus der Beziehung

$$I = 13{,}5 \cdot Z \; (eV). \quad (4.11)$$

Wir wollen nun aus der fundamentalen Bethe-Bloch-Gleichung einige Folgerungen ziehen. Wenn man ihr in ihrer obigen Form uneingeschränkt vertraut, dann bahnt sich bei kleinen Teilchengeschwindigkeiten eine Katastrophe an: die Energieabgabe wird beliebig groß. Das rührt daher, daß wir die Teilchenladung ze als konstant betrachtet haben, was aber in Wirklichkeit nicht zutrifft. Ein Beispiel: Ein α-Teilchen ist beim Durchgang durch Materie nicht stets zweifach positiv geladen. Denn es kann ein Elektron einfangen und setzt dann seine Bahn als einfach geladenes und schwächer ionisierendes Helium-Ion fort. Dieser Einfang ist um so wahrscheinlicher, je langsamer sich das Teilchen bewegt. Bei sehr kleinen Geschwindigkeiten geht das einfach geladene Helium-Ion schließlich unter Aufnahme eines weiteren Elektrons in ein Helium-Atom über. Damit nimmt seine Ionisationsfähigkeit weiter ab. Es muß also in die Bethe-Bloch-Formel eine geschwindigkeitsabhängige Teilchenladung eingesetzt werden, die sich aus der folgenden, von Barkas (1963) mitgeteilten Beziehung berechnen läßt:

$$z^* = z\left[1 - \exp(-125\,\beta\,z^{-2/3})\right]. \tag{4.12}$$

Für kleine Geschwindigkeiten ($\beta = v/c \to 0$) geht $z^* \to 0$, und zwar derart, daß insgesamt auch dE/dx verschwindet. Da dE/dx andererseits bei höheren Energien mit $1/v^2$ abnimmt, muß der Energieverlust im Bereich kleiner Teilchenenergien durch ein Maximum geben. Dieses sog. „Bragg-Maximum" ist auf Abb. 20 zu sehen, wo der differentielle

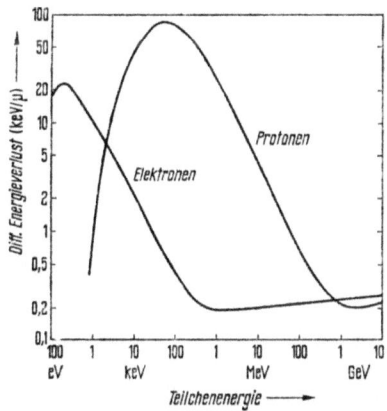

Abb. 20. Differentieller Energieverlust dE/dx von Elektronen und Protonen verschiedener Energie in Wasser. (Nach Lewis, 1954; Neufeld u. Snyder, 1961)

Energieverlust von Elektronen und Protonen als Funktion ihrer Energie dargestellt ist. Für Elektronen liegt dieses Maximum bei etwa 200 eV, für Protonen zwischen 60 und 100 keV. Der Wiederanstieg der Energieabgabe bei höheren Energien ist ein relativistischer Effekt, der durch die beiden letzten Glieder in der Bethe-Bloch-Gleichung beschrieben wird.

Man kann das Bragg-Maximum auch dadurch erhalten, daß man Absorber verschiedener Dicke in den Strahlengang bringt und die differentielle Ionisierungsdichte mit einer dünnen Ionisationskammer mißt. Mit zunehmender Absorberdicke verringert sich die Energie der Teilchen, wodurch sich ihre Energieabgabe erhöht. Nach Überschreiten des Bragg-Maximums geht diese schnell nach Null (vgl. Abb. 21).

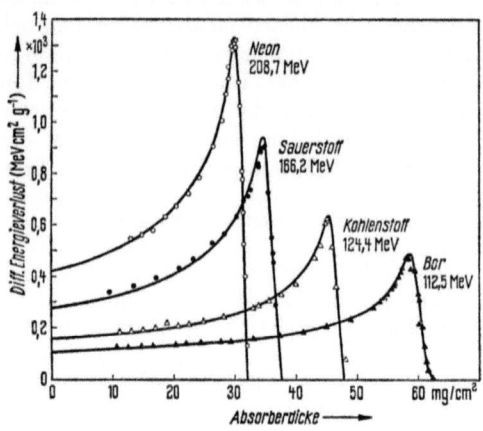

Abb. 21. Bragg-Kurven einiger schwerer Ionen in Gewebe-äquivalentem Material. (Brustad, 1961)

Tabelle 4. *Zusammenstellung der LET-Werte für einige Strahlenarten*
$(\varrho = 1 \text{ g/cm}^3)$

Strahlenart	LET [keV/µ]
8 MeV-γ-Strahlung	0,2
^{60}Co-γ-Strahlung	0,3
200 keV-Röntgenstrahlen	2,5
340 MeV-Protonen	0,3
2 MeV-Protonen	17
27 MeV-α-Teilchen	25
5 MeV-α-Teilchen	90
3,4 MeV-α-Teilchen	130
100 MeV-Kohlenstoff-Ionen	160
160 MeV-Neon-Ionen	450
330 MeV-Argon-Ionen	1300

Der lineare Energie-Transfer (LET): Der Differentialquotient dE/dx in Gl. (4.10) hat wegen seiner zentralen Bedeutung zur Charakterisierung verschiedener Strahlenarten eine besondere Bezeichnung. Man spricht vom sog. linearen Energie-Transfer (abgekürzt: LET), den wir im folgenden in mathematischen Ausdrücken stets mit dem Buchstaben L bezeichnen wollen. Seine Einheit ist keV/µ. Aus ihm kann durch Division durch die Dichte ϱ des bestrahlten Materials eine Größe L/ϱ hergeleitet werden, die dann von der Dichte unabhängig ist und selbst meist ebenfalls kurz LET, gelegentlich aber auch Massenbremsvermögen genannt wird. Die hierfür gebräuchliche Einheit ist MeV·cm²·g⁻¹. Sie ist für $\varrho = 1$ um einen Faktor 10 größer als der in keV/μ angegebene Zahlenwert. In Tabelle 4 sind die LET-Werte für einige Strahlenarten aufgeführt. Die geringste überhaupt mögliche Energieabgabe ist 0,2 keV/μ, was sich aus Abb. 20 ohne Schwierigkeit entnehmen läßt. Wie Tab. 4 weiter zeigt, variieren die LET-Werte für die verschiedenen Strahlenarten um mehrere Größenordnungen. Es ist zu erwarten, daß Strahlenarten mit so unterschiedlichen physikalischen Eigenschaften sich auch im Hinblick auf ihre biologischen Wirkungen unterscheiden. Wir werden auf diesen Punkt noch zu sprechen kommen (vgl. Kap. 5).

Reichweite: Wie Abb. 21 zeigt, nimmt die Ionisierungsdichte geladener Teilchen nach Durchqueren eines Absorbers bestimmter Dicke ziemlich schnell ab und verschwindet, wenn die Teilchen in den Absorbermaterial zur Ruhe gekommen sind. Diese Reichweiten sind für schwere geladene Teilchen recht gut definiert. Sie hängen von Ladung und Energie des einfallenden Teilchens ab und können für mittlere und hohe Energien durch Integration der Bethe-Bloch-Formel ermittelt werden. Auf Abb. 22 sind die Energie-Reichweite-Kurven für Elektronen, Protonen und α-Teilchen in Wasser angegeben. Da biologisches Material pro Gramm etwa die gleiche Zahl von Elektronen enthält wie Wasser (vgl. Tab. 3), gelten diese Kurven auch für Nucleoprotein und Gewebe, wobei allerdings noch die unterschiedliche Dichte der einzelnen Materialien zu berücksichtigen ist. Bei kleinen Teilchenenergien kann die Theorie keine exakten Abbremsquerschnitte und somit auch keine verläßlichen Reichweiten liefern. Man ist dann auf Messungen an Folien

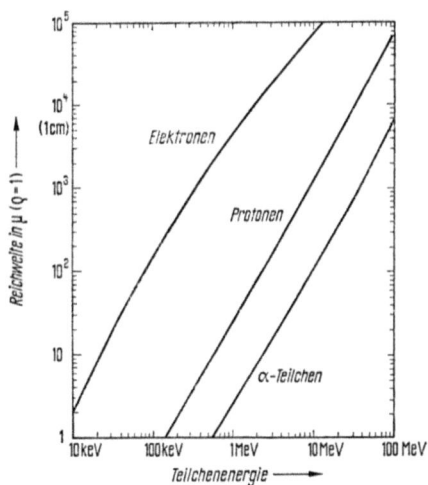

Abb. 22. Reichweite von Elektronen, Protonen und α-Teilchen verschiedener Energie in organischem Material der Dichte $\varrho = 1$ g/cm³. (Nach Bacq u. Alexander, 1961)

angewiesen, was aber bei sehr kleinen Energien einige technische Schwierigkeiten mit sich bringt. Messungen an Gasen haben den Nachteil, daß ihre Ergebnisse nur mit großem Vorbehalt auf kondensierte Materie übertragen werden können. Es hat deshalb einige Versuche gegeben, die Reichweite langsamer Elektronen und Protonen in dünnen Schichten von Enzymen direkt zu bestimmen, auf die wir aber hier nicht näher eingehen können (vgl. Davis, 1954; Person et al., 1963).

Elastische Kernstöße: Obwohl die Elektronen-Wechselwirkung der häufigste und wichtigste Mechanismus der Energieübertragung bei geladenen Teilchen ist, so gibt es doch auch eine Wechselwirkung mit dem Atomkern, den sog. elastischen Kernstoß. Bei diesem Prozeß lassen sich ähnliche Überlegungen anstellen wie für die Elektronen-Wechselwirkung. Das geladene Teilchen wirkt dabei mit seinem Colombfeld auf das Colombfeld des gestoßenen Kerns ein. Wenn dabei genügend Impuls übertragen wird, kann das betreffende Atom aus seinem Molekülverband entfernt werden. Da hierbei aber wesentlich größere Massen als im Falle einer Ionisation zu bewegen sind, muß das einfallende Teilchen genügend langsam sein und sehr nahe an einem Kern vorüberfliegen, um einen Kernstoß auszulösen. Deshalb ist im Bereich höherer Energien die Wahrscheinlichkeit für Kernstöße um etwa 3 Größenordnungen kleiner als die für Wechselwirkung mit den Elektronen. Da der Wirkungsquerschnitt für elastische Kernstöße auch unterhalb des Bragg-Maximums mit abnehmender Teilchenenergie noch ansteigt, während sich die Ionisierungswahrscheinlichkeit stark verringert, wird bei kleinen Teilchengeschwindigkeiten über Kernstöße mehr Energie übertragen als durch Elektronen-Wechselwirkung. Für Protonen liegt diese Energiegrenze bei 1,5 keV (Neufeld u. Snyder, 1961). Für weitere Einzelheiten bezüglich dieses Primärprozesses verweisen wir auf einen Übersichtsartikel von Jung u. Zimmer (1966).

4.4. Übertragene Energiebeträge

Wir wollen nun den Energieübertragungsprozeß vom Standpunkt des Atoms bzw. Moleküls aus betrachten und fragen, welche „Energiepakete" von einem geladenen Teilchen an ein Molekül übertragen werden. Dieser Aspekt ist für das Zustandekommen biologischer Veränderungen wesentlich wichtiger als der bis jetzt besprochene. Zur Beantwortung der folgenden Fragen kann die Bethe-Theorie allerdings nur einen geringen Beitrag leisten, denn ihre Stärke beruht ja gerade darauf, diese Probleme durch die Verwendung von „Summenregeln" elegant zu umgehen.

Oszillatorstärken: Um einer allzu mechanistischen Vorstellung von der Strahlenwirkung entgegenzuwirken, wollen wir an dieser Stelle den Begriff der Oszillatorstärke einführen, der eine realistische Beschreibung der Energieabsorption auf molekularer Ebene erlaubt. Wir wollen uns hierbei weitgehend der von Platzman (1962) gewählten Darstellung anschließen. Betrachten wir als einfachsten Fall das Wasserstoffatom. Durch Energieübertragung kann man das Atomelektron in diskrete Zustände höherer Energie überführen; beim Übergang in den Grundzustand wird diese Energie in Form von Licht bestimmter Frequenzen wieder frei. Schon bei einem kleinen Molekül sind diese Verhältnisse wesentlich komplizierter. Denn zur Anregung der Elektronen in Zustände höherer Energie kann noch die Oszillation und Rotation einzelner Gruppen des Moleküls kommen. Damit sich ein so kompliziertes Gebilde überhaupt mathematisch behandeln läßt, spricht man nicht mehr von der Anregung von bestimmten Elektronen-, Schwingungs- oder Rotationsniveaus, sondern ganz allgemein von der Anregung des Oszillators s der Energie $E_s = h\nu_s$. Zur Charakterisierung der verschiedenen Oszillatoren reicht jedoch die Angabe ihrer Energie nicht aus; man muß zusätzlich wissen, mit welcher Wahrscheinlichkeit jeder einzelne Oszillator angeregt wird. Diese Zahl f_s nennt man die *Dipol-Oszillatorstärke* des Oszillators mit der Frequenz ν_s. Um diese Wahrscheinlichkeit zu normieren, setzt man ihre Summe gleich der Gesamtzahl der in einem Molekül vorhandenen Elektronen:

$$\sum_s f_s = Z . \tag{4.13}$$

Aus der Definition der Oszillatorstärke geht hervor, daß der makroskopische optische Absorptionskoeffizient μ bei der Wellenlänge eines bestimmten Anregungszustandes proportional zur Oszillatorstärke dieses Zustandes ist: $\mu_s \sim f_s$. An Stellen kontinuierlicher Frequenzverteilung, an denen die Oszillatorstärke durch $df/d\nu$ beschrieben wird, gilt

$$\mu(\nu) \sim df/d\nu . \tag{4.14}$$

Bestrahlt man mit einer Lichtquelle, die in jedem Frequenzintervall vom sichtbaren Licht bis hin zu den Röntgenstrahlen die gleiche Anzahl von Photonen liefert („weißes Licht"), dann ist die Zahl der zum Zustand s angeregten Moleküle proportional zur Oszillatorstärke dieses Zustandes:

$$N_s = \text{const} \cdot f_s . \tag{4.15}$$

Energieübertragung bei Einwirkung geladener Teilchen: Es ist nun zu klären, welche Oszillatoren bei Einwirkung schneller geladener Teilchen angeregt werden. Betrachten wir dazu ein geladenes Teilchen, das in einem gewissen Abstand an einem Molekül vorüberfliegt. Die Kraft, die auf die Elektronen dieses Moleküls einwirkt (vgl. auch Abb. 19), kann in zwei Komponenten zerlegt werden: eine parallel zur Bewegungsrichtung des Teilchens, die longitudinale Komponente, eine senkrecht dazu, die transversale Komponente (Abb. 23). Jede dieser Komponenten kann durch Fourier-Zerlegung in eine Summe von rein harmonischen Zeitfunktionen der Form

$$E_{\text{trans}} = \sum k_i \cdot \cos(2\pi \nu_i t) \tag{4.16}$$

aufgespalten werden. Die Intensität der longitudinalen Komponente ist so gering, daß wir sie vernachlässigen können. Die transversale Komponente dagegen hat von kleinen Frequenzen bis fast zur Maximal-

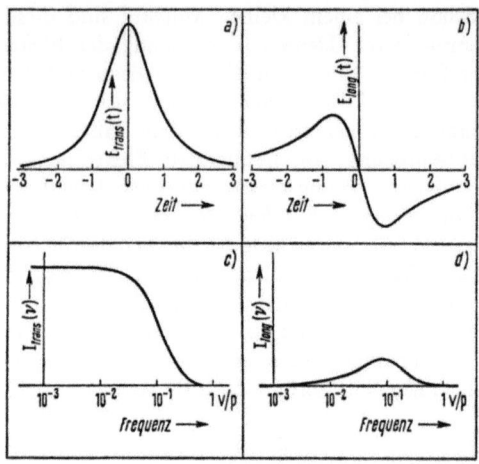

Abb. 23 a—d. Einwirkung eines schnellen geladenen Teilchens auf ein Molekül (Geschwindigkeit: v; Stoßparameter: p). a u. b: Zeitliche Änderung des elektrischen Feldes parallel zur Flugrichtung des Teilchens (longitudinale Komponente) bzw. senkrecht dazu (transversale Komponente). c u. d: Spektrum der virtuellen Photonen, resultierend aus der Fourier-Zerlegung des Feldverlaufes in a u. b. $I(v)$ ist die spektrale Intensität der Photonen, die beim Vorbeifliegen des Teilchens am Ort des Moleküls durch die Einheitsfläche hindurchtreten. (Nach Platzman, 1962)

frequenz annähernd konstante Intensität (Abb. 23, c); d. h. jedes Frequenzintervall enthält die gleiche Energie dieser sog. „virtuellen Photonen":

$$I(v) = \text{const.} \tag{4.17}$$

Die Anzahl der Photonen pro Frequenzintervall ergibt sich daraus durch Division mit der Photonenenergie:

$$n(v) = \text{const}/h\,v\,. \tag{4.18}$$

Das heißt, *der Durchgang eines geladenen Teilchens durch Materie entspricht in seiner Wirkung dem Durchgang weißen Lichts, dessen Frequenzverteilung proportional zu $1/h\,v$ ist.*

Greifen wir nochmals zurück auf Gl. (4.15). Bei konstanter Frequenzverteilung war N_s proportional zur Oszillatorstärke. Wenn die Frequenz des einfallenden Lichtes nun nach $1/h\,v_s = 1/E_s$ verteilt ist, so ergibt sich die Zahl der Moleküle, die beim Durchgang eines schnellen geladenen Teilchens zum Zustand s angeregt werden, zu

$$N_s \sim f_s/E_s\,. \tag{4.19}$$

Bei kontinuierlicher Verteilung der Oszillatorstärke gilt analog:

$$N(E) \sim (df/dE)/E. \qquad (4.20)$$

Diese Gleichungen nennt man die „optische Näherung". Ihre Anwendbarkeit und Grenzen wurden von Platzman (1967) diskutiert. Die Oszillatorstärke f_s ist ungefähr proportional zur Gesamtzahl der Elektronen in derjenigen Schale, von der die Anregungen ausgehen und wird folglich nach den äußeren Elektronenschalen hin größer. E_s ist etwa proportional zum Quadrat der auf den Übergang wirkenden effektiven Kernladungszahl, und verringert sich nach äußeren Bahnen hin infolge der Abschirmung des Kernfeldes durch die Elektronen der inneren Bahnen. Das heißt, *der häufigste Primärprozeß beim Durchgang eines geladenen Teilchens durch Materie besteht in der Anregung und Ionisation der Valenzelektronen.*

Oszillatorstärke mehratomiger Moleküle: Aus der Quantentheorie kann die Oszillatorstärke nur für das Wasserstoffatom exakt berechnet werden, während man bei mehratomigen Molekülen die verschiedensten experimentellen Daten, wie optische Absorption, inelastische Elektronenstreuung, Lichtdispersion, Dielektrizitätskonstante usw., zusammenfassen muß, um eine annähernd genaue Vorstellung vom Verlauf der Oszillatorstärke zu erhalten. Aber auch das ist nur an relativ einfachen Molekülen im Gaszustand möglich. Abb. 24 zeigt in diesem

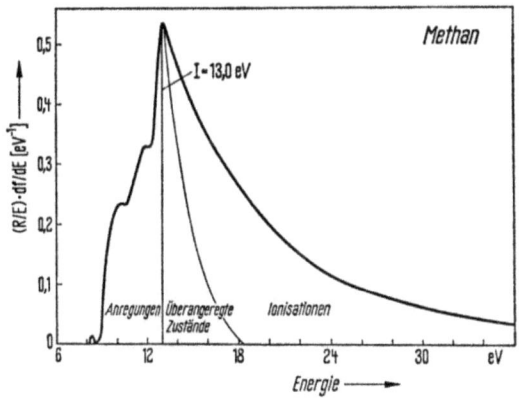

Abb. 24. Anregungsspektrum von Methan. (Platzman, 1962)

Zusammenhang das Anregungsspektrum $R \cdot (df/dE)/E$ (vgl. Gl. 4.20) von Methan, das von Platzman (1962) nach der oben beschriebenen Methode konstruiert wurde. Die Rydberg-Konstante R ist nur aus Dimensionsgründen hinzugefügt worden. Es zeigt sich, daß die mit großer Wahrscheinlichkeit angeregten Zustände bei relativ hohen Energien liegen und daß ein wesentlicher Anteil des gesamten Anregungsspektrums oberhalb des Ionisationspotentials liegt. Der winzige Peak ganz links ist das ultraviolette Absorptionsspektrum, mit dessen Untersuchung sich die Photochemie des Methans beschäftigt. Aber nicht alle Zustände mit Energien oberhalb des Ionisationspotentials führen in jedem Fall zur Ionisierung des Moleküls. Die sog. „überangeregten Zustände" dissipieren ihre Energie durch innere Umlagerung oder durch Aufspaltung des Moleküls in zwei Radikale (Dissoziation), während die mit „Ionisation" bezeichneten Zustände in jedem Fall zur Abspaltung eines Elektrons führen.

Es wäre nun äußerst interessant, die Verteilung der Oszillatorstärke von biologisch wichtigen Makromolekülen zu kennen, denn damit ließe sich sofort die Verteilung und die Häufigkeit der übertragenen Energiepakete angeben. Die Bestimmung dieser Werte ist durch die Theorie nicht möglich und durch das Experiment so schwierig, daß sie bis jetzt noch nicht versucht worden ist. Im letzten Abschnitt dieses Kapitels werden wir allerdings noch einige Befunde kennenlernen, die qualitative Hinweise auf den Verlauf des Anregungsspektrums von Biomolekülen ermöglichen. Allgemein kann man folgendes sagen: Für die meisten organischen Moleküle liegt der größte Teil der Oszillatorstärke 10 bis 30 eV über dem Grundzustand. Außerdem enthalten alle Moleküle auch einige Oszillatoren mit größeren Wellenlängen, doch sind die zugehörigen Oszillatorstärken nur klein. Wenn das Molekül Mehrfachbindungen enthält, werden diese tiefer liegenden Zustände mit größerer Wahrscheinlichkeit angeregt, was sich durch Absorption im nahen Ultraviolett oder im Sichtbaren bemerkbar macht. Diese Tendenz wird noch verstärkt, wenn konjugierte Doppelbindungen im Molekül vorkommen. Aber selbst in diesen Spezialfällen liegt immer noch der größte Teil der Oszillatorstärke bei Energien oberhalb des Ionisationspotentials. Bei größeren Molekülen ist zu erwarten, daß der Anteil der überangeregten Zustände anwächst; denn die Ionisationsenergie, d. h. die Ablösearbeit für das am wenigsten gebundene Elektron ist meist gering, während der Hauptteil der Oszillatorstärke bei 20 eV oder noch darüber liegt.

Das Anregungsspektrum ist weitgehend unabhängig von der Art und der Geschwindigkeit des einfallenden Teilchens. Es werden also immer die gleichen Zustände mit jeweils der gleichen Häufigkeit angeregt, so daß man durch Verwendung verschiedener Strahlenarten keinen Einfluß nehmen kann auf Größe und relative Häufigkeit der übertragenen Energiebeträge. Das heißt, auf *molekularem Niveau haben alle Arten von ionisierenden Strahlen qualitativ gleiche Wirkung.*

Eine Ausnahme stellt die Verwendung von besonders kurzwelligem UV-Licht, sog. Vakuum-Ultraviolett, dar. Diese Technik, die wegen experimenteller Schwierigkeiten bisher nur relativ selten bei strahlenbiologischen Versuchen angewandt wurde, erlaubt die Übertragung definierter Energiebeträge an das bestrahlte Material und damit die Anregung ganz bestimmter Niveaus auch oberhalb des Ionisationspotentials. Wir werden in Kap. 6.1 auf diese Art von Experimenten noch zu sprechen kommen.

4.5. Energieverteilung der Sekundärelektronen

Mit den bisher gewonnenen Erfahrungen können wir nun die Energieverteilung der von geladenen Teilchen ausgelösten Sekundärelektronen diskutieren. Hierbei ist es zweckmäßig, folgendes zu berücksichtigen: Ein geladenes Teilchen kann durch zwei verschiedene Mechanismen Sekundärelektronen aus einem Atom oder Molekül freisetzen, und zwar durch Stoß- und Streif-Wechselwirkung.

Stoß-Wechselwirkung (knock-on collisions): Diese Art der Wechselwirkung kann theoretisch mit guter Genauigkeit durch die klassische Elektrodynamik beschrieben werden. Sie tritt ein, wenn die Geschwindigkeit des einfallenden Teilchens um ein Vielfaches höher ist als die Geschwindigkeit der Atomelektronen und wenn das Teilchen genügend nahe an einem Elektron vorüberfliegt. Die Wechselwirkungszeit ist in diesem Fall so kurz, daß die Atomelektronen als ruhend angesehen werden können. Der übertragene Impuls ist meist groß, so daß man die Ablösearbeit der Elektronen vernachlässigen kann. Die emittierten Elektronen werden nach dem Rutherfordschen Gesetz gestreut und ihre Energieverteilung nimmt mit $1/E^2$ ab. Die Wahrscheinlichkeit für die Stoß-Wechselwirkung hängt nur von der Elektronendichte, nicht aber von der chemischen Zusammensetzung des bestrahlten Materials ab.

Streif-Wechselwirkung (glancing collisions): Im Gegensatz dazu hängt die Häufigkeit für die Streif-Wechselwirkung von der Verteilung der Oszillatorstärke und damit auch von der chemischen Zusammensetzung des bestrahlten Materials ab. Bei diesem Prozeß ist nicht mehr erforderlich, daß das ionisierende Teilchen sehr nahe am Atom vorbeifliegt; denn es kann durch sein elektrostatisches Feld auch über größere Entfernungen auf Atome oder Moleküle einwirken. Diese Entfernung, „Stoßparameter" oder „Wirkungsradius" genannt, kann in Gasen bis zu 1000 Å betragen (Fano, 1954), während in kondensierter Materie sog. kollektive Anregungen auftreten, die sich über ein Volumen von $(100 \text{ Å})^3$ und mehr erstrecken können (Fano, 1961). Bei Streif-Wechselwirkung darf ferner im Gegensatz zu den Stoß-Wechselwirkungen die Bahnbewegung der Atom-Elektronen nicht mehr vernachlässigt werden. Außerdem kann ein geladenes Teilchen das Molekül polarisieren, was eine Rückwirkung auf die Bindungsfestigkeit der Elektronen hat. Aus diesem Grund reicht die einfache Mechanik der elektrostatischen Kräfte zur Beschreibung der Streif-Wechselwirkung nicht aus, und die theoretische Behandlung von größeren Atomen oder gar Molekülen gestaltet sich sehr schwierig. Die Streif-Wechselwirkung ist in typischen Fällen etwa 8—10mal häufiger als Stoß-Wechselwirkung (Fano, 1952).

Wir wollen nun die *Energieverteilung der Sekundärelektronen* betrachten, die durch 100 keV-Elektronen über die beiden beschriebenen Ionisationsprozesse freigesetzt werden. Wegen der oben genannten

Schwierigkeiten wurden die Kurven auf Abb. 25 für Wasserstoffatome berechnet. Wir sind uns durchaus darüber in klaren, daß atomarer Wasserstoff nicht allzu viele Ähnlichkeiten mit den komplexen, in biologischen Objekten vorkommenden Makromolekülen besitzt. Wir führen dieses Beispiel nur an, um einige Gesetzmäßigkeiten rein qualitativ

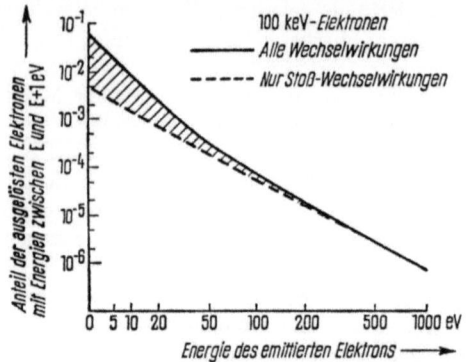

Abb. 25. Energieverteilung der durch 100 keV-Elektronen ausgelösten Sekundärelektronen, berechnet für Streif-Ionisationen (glancing collisions) und Stoß-Ionisationen (knock-on collisions) an Wasserstoffatomen. (Lewis, 1954)

daraus abzuleiten. Besonders häufig sind Sekundärelektronen mit der kinetischen Energie „Null". Mit zunehmender Energie nimmt die Häufigkeit der entsprechenden Sekundärelektronen stark ab, zunächst mit etwa $1/E^3$, bei höheren Energie mit etwa $1/E^2$. Die meisten der mit kleinen Energien emittierten Elektronen stammen aus hochangeregten Zuständen des Moleküls (Streif-Wechselwirkung) und nur etwa jedes zehnte aus direkten Stoß-Wechselwirkungen zwischen den einfallenden Teilchen und den Atomelektronen. Mit zunehmender kinetischer Energie der ausgelösten Elektronen vergrößert sich erwartungsgemäß der Anteil derjenigen, die durch Stoß-Ionisation freigesetzt werden.

Wesentlich ausgeglichener wird das Verhältnis zwischen nieder- und höher-energetischen Sekundärelektronen, wenn man nicht ihre Zahl vergleicht, sondern ihren Anteil an der Gesamtenergie des Primärteilchen (Abb. 26). In Wasser werden bei der Abbremsung eines Elektrons von 500 auf 400 keV etwa 17% der insgesamt abgegebenen Energie zur Anregung der Wassermoleküle verbraucht; 35% der Energie wird an Sekundärelektronen mit kinetischen Energien unter 100 eV übertragen. Verschwindend klein ist der in Röntgenstrahlung umgewandelte Energieanteil. Dagegen gehen 19% der Gesamtenergie durch Emission von K-Elektronen aus dem Sauerstoff verloren. Da der letztere Prozeß jedoch einen größeren Energiebetrag erfordert, ist die Zahl der durch K-Ionisation geschädigten Moleküle verschwindend klein gegenüber den durch Ionisation der Valenzelektronen veränderten Molekülen.

Primärionisation: Etwa 70% der Energie des Primärteilchens wird an Sekundärelektronen übertragen, die ihrerseits genügend Energie besitzen, um weitere Ionisationen zu erzeugen (Abb. 26, nichtschraffiertes

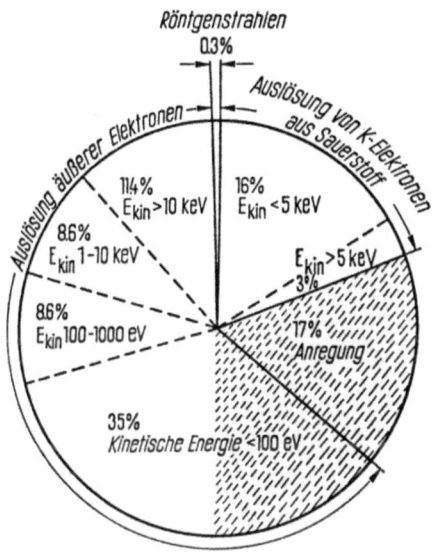

Abb. 26. Aufteilung der Energie eines 500 keV-Elektrons bei Abbremsung in Wasser auf 400 keV. Die nicht schraffierte Fläche repräsentiert den Energieanteil, der an solche Sekundärelektronen übertragen wird, die noch genügend Energie für weitere Ionisationen besitzen. (Lewis, 1954)

Gebiet). Betrachten wir hiervon die Sekundärelektronen niedriger Energie, so werden die von ihnen hervorgerufenen Ionisationen in unmittelbarer Nachbarschaft des sie selbst erzeugenden Ionisationsereignisses lokalisiert sein. Es entstehen also innerhalb eines relativ kleinen Volumens mehrere Ionenpaare (positives Ion plus Elektron), die alle von ein und derselben primären Wechselwirkung des einfallenden Teilchens hervorgerufen werden. Einen solchen Ionenhaufen (englisch: cluster) bezeichnet man deshalb als Primärionisation. Da nun Sekundärelektronen hoher Energie seltener sind, so nimmt die Wahrscheinlichkeit für das Auftreten von Ionenhaufen mit mehreren Ionenpaaren rasch ab. Die Verteilung von Ionenpaaren in Ionenhaufen, wie man sie bei Nebelkammeraufnahmen findet, zeigt Tab. 5.

δ-Strahlen: Wie aus Abb. 26 hervorgeht, treten unter den Sekundärelektronen auch solche mit größeren kinetischen Energien auf. Diese energiereicheren Elektronen erscheinen auf Nebelkammer-Aufnahmen nicht mehr als Ionenhaufen, sie machen sich vielmehr infolge ihrer größeren Reichweite als kurze Spuren bemerkbar, die von der Spur des Primärteilchens abzweigen. Solche Sekundärelektronen nennt man δ-Strahlen, wenn ihre Energie 100 eV übersteigt (Lea, 1946; Pollard et al., 1955). Gelegentlich wird die Grenze auch bei 1 keV gezogen (vgl. Bacq u. Alexander, 1961); doch das ist weitgehend eine Frage der Definition.

Tabelle 5. *Häufigkeitsverteilung der Ionenpaare pro Primärionisation bestimmt aus Nebelkammeraufnahmen.* (Ore u. Larsen, 1964)

Ionenpaare	Häufigkeit (%)
1	63,3
2	20,4
3	9,2
4	4,1
5	2,0
6	1,0

Elektronen können theoretisch ihre gesamte Primärenergie an δ-Strahlen abgeben. Bei schwereren Primärteilchen der Masse M wird die maximal übertragbare Energie durch Energie- und Impulserhaltungssatz auf $4 \cdot m_e/M$ begrenzt. Ein Proton von 1 MeV vermag z. B. höchstens 2 keV an ein Elektron zu übertragen. Die Häufigkeit und Energieverteilung der von verschiedenen Strahlenarten ausgelösten Sekundärelektronen sind von Lea (1946) in zahlreichen Tabellen zusammengestellt worden. Ein energiereiches δ-Teilchen kann in ungünstigen Fällen einen großen Teil der Energie des Primärteilchens aus einer bestimmten biologischen Struktur, in der das primäre Absorptionsereignis stattfand, hinaustransportieren, was bei der Bestimmung des biologischen Treffbereichs zu unangenehmen Komplikationen führt (vgl. Kap. 5).

Beim Bestrahlen mit schnellen Elektronen (LET = 0,2 keV/μ) kann man nicht verhindern, daß Sekundärelektronen der verschiedensten Energien entstehen, auch solche zwischen 100 und 500 eV, deren Energietransfer um zwei Größenordnungen über dem der Primärteilchen liegt (vgl. Abb. 20). Umgekehrt wird ein nicht unbeträchtlicher Teil der Energie von dicht-ionisierenden Primärteilchen durch δ-Strahlen übertragen, so daß man im allgemeinen beim Bestrahlen biologischer Objekte keine einheitliche Energieabgabe angeben kann. Das zeigt auch zugleich, wie problematisch der im vorangegangenen Abschnitt eingeführte Begriff des linearen Energietransfer (LET) ist. Diese Problematik wird besonders deutlich, wenn man die Reichweiten des Primärteilchens mit der Summe der Reichweiten der von diesem ausgelösten Sekundärelektronen vergleicht. Bei 400 keV-Elektronen beträgt die gesamte Reichweite der δ-Strahlen knapp 3% der Reichweite der primären Elektronen, während bei einem α-Teilchen von 1 MeV die δ-Strahlen die 2,5fache Reichweite des Primärteilchens besitzen (Lea, 1946).

4.6. Energieaufwand pro Primärionisation

Von besonderem Interesse für die Strahlenbiologie und speziell für die Treffbereichstheorie (vgl. Kap. 5) ist der Energiebetrag, der *im Mittel* bei einer primären Wechselwirkung an die Materie übertragen wird. Dieser Wert hat im Laufe der Zeit einen starken „Kurssturz" erfahren. Durch Auswertung von Nebelkammer-Aufnahmen kamen Pollard u. Mitarb. (1955) zu einem Energieaufwand pro Ionenhaufen von 110 eV. Aus den neueren Analysen der Ionenhäufigkeit pro Primärionisation von Ore und Larsen (vgl. Tab. 5) läßt sich mit einem Energieaufwand pro Ionenpaar von 33 eV errechnen, daß pro Primärionisation eine Energie von 54 eV aufzuwenden ist. Es gibt aber berechtigte Zweifel daran, ob man die an Gasen erhaltenen Befunde auf kondensierte Materie übertragen darf. Denn Festkörper haben durch das Auftreten von kollektiven Anregungen (Fano, 1961) eine andere Verteilung der Oszillatorstärke als Gase.

Damit kommt der direkten Messung des Energieverlustes pro Primär-Wechselwirkung in kondensierter Materie besondere Bedeutung zu. Rauth u. Simpson (1964) schickten 20 keV-Elektronen durch dünne Folien aus Formvar und bestimmten aus den inelastischen Streudaten die Häufigkeit der verschiedenen Energieverluste. Bei Folien von beispielsweise 130 Å Dicke ist die Wahrscheinlichkeit für mehr als ein Energieverlust-Ereignis pro Teilchendurchgang sehr gering, so daß die auf Abb. 27 dargestellte unterbrochene Kurve direkt als Maß für die Häufigkeitsverteilung der verschiedenen Energieverluste angesehen werden kann. Bemerkenswert ist, daß nur in seltenen Fällen weniger

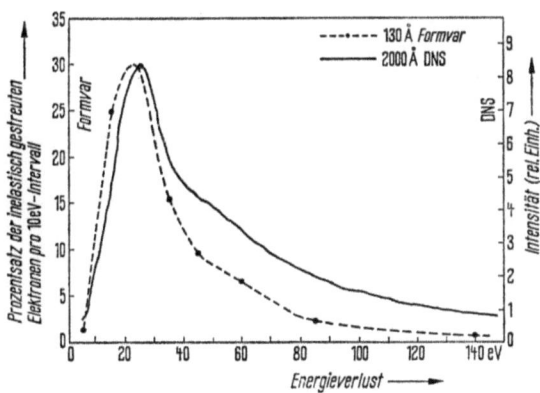

Abb. 27. Verteilung der Energieverluste von Elektronen beim Durchgang durch dünne Folien aus organischem Material. – – •– – Durchgang von 20 keV-Elektronen durch eine *Formvar*-Folie von 130 Å Dicke (Rauth und Simpson 1964); ─── Durchgang von 150 keV-Elektronen durch einen 2000 Å dicken DNS-Film; Streuwinkel: 51,5". (Johnson u. Rymer, 1967)

als 10 eV pro Primär-Wechselwirkung abgegeben werden. Am häufigsten wird eine Energie von 22 eV übertragen, während der Durchschnittswert für ein Energieverlust-Ereignis 60 eV beträgt. Es liegt nahe, diese Energieverteilung mit der Häufigkeit von Ionenpaaren in Ionenhaufen bei Gasen zu vergleichen, was unter anderem für die Argumentation bei der „Bahnsegmentmethode" von Bedeutung sein wird (vgl. Kap. 5.3). Obwohl die Energieverteilung der Abb. 27 primär keine Auskunft über die Häufigkeit von Ionenpaaren gibt, so handelt es sich doch bei der Energieverteilung einerseits und der Häufigkeitsverteilung andererseits um komplementäre Aspekte, die dadurch verknüpft werden können, daß man der Entstehung eines Ionenpaares eine bestimmte mittlere Energie zuordnet. Es ist dann in diesem Sinne äquivalent zu sagen, ein bestimmter molekularer Schaden erfordere die Erzeugung einer Primärionisation mit beispielsweise 2 Ionenpaaren, oder einfach, er sei an die Abgabe der entsprechenden Energie gebunden. In jedem Fall nimmt die Wahrscheinlichkeit für ein solches Ereignis mit zunehmender Energie bzw. Ionenzahl ab (Abb. 27 bzw. Tab. 5). Aus diesem Grunde sind wir berechtigt, den Mittelwert der Energieverlust-Ereignisse von 60 eV im wesentlichen mit der mittleren, pro Primärionisation aufzuwendenden Energie zu identifizieren.

Abb. 27 zeigt weiterhin, daß das Spektrum der Energieverluste in DNS mit der an Formvar erhaltenen Verteilung durchaus vergleichbar ist. Allerdings kann DNS nur schwer in so dünnen Schichten erhalten werden wie Formvar, so daß gelegentlich mehr als ein Energieverlust-Ereignis pro Teilchendurchgang erfolgt. Das macht sich durch eine weniger rasche Abnahme der Häufigkeit oberhalb von 40 eV bemerkbar. Wenn man auf diese Mehrfachereignisse korrigiert und außerdem noch den Beitrag der Stoß-Wechselwirkungen abzieht, dann vermittelt die Kurve eine grobe Vorstellung vom Verlauf des Anregungsspektrums (Oszillatorstärke dividiert durch die Energie des betreffenden Zustandes) der DNS. Dieses Unterfangen bereitet aber nach den Ausführungen von Kap. 4.3 so große Schwierigkeiten, daß man dabei über eine qualitative Aussage nicht hinauskommt.

Damit sind die Primärprozesse sowohl von der Seite des wechselwirkenden Teilchens, als auch von der Seite des geschädigten Moleküls aus behandelt. Es hat sich gezeigt, daß der erste Gesichtspunkt experimentell und theoretisch besser zugänglich ist, als der zweite. Die größere Bedeutung für die Belange der Strahlenbiologie hat jedoch ohne Zweifel der zweite Aspekt. Deshalb wird eine Weiterentwicklung der Strahlenphysik wahrscheinlich keine große Bedeutung für das Verständnis biologischer Strahlenwirkungen erlangen. Dagegen ist unsere Information bezüglich der Übertragung der Energie auf die bestrahlten Moleküle noch reichlich lückenhaft und eine Ausweitung und Vertiefung dieses Gebietes für die Strahlenbiologie äußerst notwendig und wünschenswert.

Literatur

Bach, R. L., u. R. S. Caswell: Radiat. Res. 35, 1 (1968).
Bacq, Z. M., and P. Alexander: Fundamentals of radiobiology. New York: Pergamon Press 1961.
Barkas, H.: Nuclear research emulsions, Vol. 1. New York: Academic Press 1963.
Brustad, T.: Radiat. Res. 15, 139 (1961).
Davis, M.: Phys. Rev. 94, 243 (1954).
Fano, U.: In: Symposium on radiobiology. Ed. J. J. Nickson. New York: John Wiley & Sons 1952, p. 13.
— In: Radiation biology I, 1. Ed. A. Hollaender. New York: McGraw-Hill 1954, p. 1.
— In: Comparative effects of radiation. Eds. M. Burton, J. S. Kirby-Smith, and J. L. Magee. New York: John Wiley & Sons 1961, p. 14.
Hughes, D. J., and J. A. Harvey: Brookhaven nat. Lab. Rept. 325, (1955).
Jaeger, R. G.: Dosimetrie und Strahlenschutz. Stuttgart: Thieme 1959.
Johnson, C. D., and T. B. Rymer: Nature 213, 1045 (1967).
Jung, H., and K. G. Zimmer: In: Current topics in radiation research, Vol. II. Eds. M. Ebert and A. Howard. Amsterdam: North-Holland Publ. Co. 1966, p. 69.
Lea, D. E.: Actions of radiations on living cells. Cambridge: University Press 1946.
Lewis, M.: Zitiert bei Fano (1954).
Neufeld, J., and W. S. Snyder: In: Selected topics in radiation dosimetry. Vienna: Internat. Atomic Energy Agency 1961, p. 35.
Ore, A., and A. Larsen: Radiat. Res. 21, 331 (1964).
Person, S., F. Hutchinson, and D. Marvin: Radiat. Res. 18, 397 (1963).
Platzman, R. L.: Vortex 23, 372 (1962).
— In: Radiation research. Ed. G. Silini. Amsterdam: North-Holland Publ. Co. 1967, p. 20.
Pollard, E. C., W. R. Guild, F. Hutchinson, and R. B. Setlow: Progr. Biophysics 5, 72 (1955).
Rauth, A. M., and J. A. Simpson: Radiat. Res. 22, 643 (1964).
Spencer, L. V., u. F. Stinson: Zitiert bei Fano (1954).
White, G. R.: Zitiert bei Fano (1954).

5. Kapitel: Theorie des Treffbereichs und des Wirkungsquerschnitts

Nachdem in der letzten Vorlesung von den wichtigsten Primärprozessen der Energieabsorption die Rede war, und ferner in den vorangegangenen Kapiteln leistungsfähige Formalismen zur Beschreibung von Dosis-Wirkungs-Beziehungen entwickelt wurden, besteht jetzt die unumgängliche Aufgabe, eine Synthese zwischen formaler Beschreibung und physikalischer Realität zu schaffen. Wir legen auf die konsequente und exakte Darstellung dieses Kapitels besonderen Wert, denn die hier gewonnenen Erkenntnisse erweisen sich als bedeutende Hilfsmittel zum tieferen Verständnis und zur besseren Beurteilung vieler strahlenbiologischer Phänomene (z. B. Temperatur- und Sauerstoff-Effekt). Die Überlegungen dieses Kapitels erfordern zunächst eine präzise Definition des Treffers, die wir bei der Abhandlung der Treffertheorie noch nicht zu geben vermochten.

5.1. Konkretisierung des Begriffs „Treffer"

Den Grundgedanken der Treffbereichstheorie kann man folgendermaßen formulieren: Man versucht auf Grund physikalischer Überlegungen die Zahl der Treffer pro Volumeneinheit zu ermitteln, um daraus das Volumen des Treffbereichs und damit die Größe einer strahlenempfindlichen Substruktur biologischer Objekte abzuleiten. Nach den Erfahrungen der Treffertheorie ist dies jedoch im allgemeinen Fall ein schwieriges, wenn nicht sogar ausweisloses Unterfangen. Deshalb wollen wir uns an dieser Stelle auf Eintreffervorgänge beschränken. Dies ist im Grunde keine ernsthafte Einschränkung, denn es scheint gerade im Bereich der molekularen Strahlenbiologie mit Ausnahme der Bestrahlung in verdünnten wäßrigen Lösungen kaum einen Fall zu geben, bei dem eine Dosis-Effekt-Kurve mit einer Schulter unbedingt als Mehrtrefferkurve interpretiert werden müßte; in den meisten Fällen ergeben sich ohnehin exponentielle Dosis-Effekt-Kurven, besonders bei der Verwendung von Korpuskelstrahlung. Aus dieser Beobachtung muß man schließen, daß es beim Treffer im Falle der ionisierenden Strahlung auf die einmalige Abgabe einer bestimmten, je nach Art des Objektes und des Strahlenschadens unterschiedlichen Mindestenergie ankommt. Man wird daher sagen, der Testeffekt tritt ein, wenn beim Durchgang eines ionisierenden Teilchens, z. B. eines (Sekundär-)Elektrons, durch das empfindliche Volumen auf einmal eine bestimmte Mindestenergie abgegeben wird. Dies klingt sehr einfach und einleuchtend. Jedoch kommt es bei der Ermittlung des Treffbereiches wesentlich auf die Wahrscheinlichkeit für die Abgabe dieser Mindestenergie an, deren Berechnung unter Zugrundelegung der Energieverteilung beispielsweise nach Rauth u. Simpson (Abb. 27) ein komplexes mathematisches Problem darstellt. Im Gegensatz hierzu kann beim UV-Licht die Absorption eines Quants als Treffer angesehen werden. Dabei wird man jedoch die Treffbereichsvorstellungen nicht ohne weiteres verifizieren können, da die biologisch wichtigen Absorptionsprozesse Resonanzcharakter haben, d. h. in hohem Maße von der Wellenlänge abhängen.

5.2. Treffbereichstheorie

Ehe wir auf die strengeren Betrachtungen zur Treffbereichstheorie eingehen, soll zuvor ein nach der Treffertheorie naheliegendes Verfahren zur Bestimmung von Treffbereichen skizziert werden. Der historischen Entwicklung folgend wollen wir diese Rechnungen zunächst mit Hilfe des mittleren Energieaufwands pro Primärionisation vornehmen. Er beträgt nach den Messungen von Rauth u. Simpson (1964) 60 eV (vgl. Abb. 27). Für die folgenden stark vereinfachenden Rechnungen wollen wir annehmen, daß ein Treffer gleichbedeutend mit der Absorption einer Energie von 60 eV ist. Aus der Treffertheorie wissen wir, daß bei Eintrefferkurven der formale Treffbereich v gleich der reziproken D_{37}, d. h. der Strahlenempfindlichkeit, ist. Die Aufgabe besteht nun darin, die heute übliche Dosiseinheit „rad" in die treffertheoretische Dosis (Treffer pro cm³ bzw. g) umzurechnen, um auf diese Weise den Treffbereich zu gewinnen. Es gilt zunächst:

$$1 \text{ rad} = 100 \text{ erg/g} = 6{,}24 \cdot 10^{13} \text{ eV/g} . \qquad (5.1)$$

Mit 60 eV als mittlerer Trefferenergie folgt hieraus:

$$1 \text{ rad} = \frac{6{,}24 \cdot 10^{13}}{60} = 1{,}04 \cdot 10^{12} \text{ Treffer/g} . \qquad (5.2)$$

Damit gilt für die Masse des Treffbereichs:

$$M = \frac{1}{D_{37}} \cdot \frac{1}{1{,}04 \cdot 10^{12}} = 0{,}96 \cdot 10^{-12}/D_{37} . \qquad (5.3)$$

Dabei hat M die Dimension g, wenn die D_{37} in rad gemessen wird. Nach Division durch die Dichte ϱ ergibt sich der Treffbereich selbst:

$$v = \frac{M}{\varrho} = \frac{0{,}96 \cdot 10^{-12}}{\varrho \cdot D_{37}} \quad [\text{cm}^3]. \qquad (5.4)$$

Schließlich kann man aus (5.3) durch Multiplikation mit der Loschmidtschen Zahl $6{,}022 \cdot 10^{23}$ das Molekulargewicht des Treffbereichs berechnen:

$$MG_T = 5{,}8 \cdot 10^{11}/D_{37} \quad [\text{Dalton}] . \qquad (5.5)$$

Nach dieser Gleichung wurden für zahlreiche Enzyme aus der D_{37} die MG_T-Werte berechnet und mit den aus physiko-chemischen Messungen erhaltenen Molekulargewichten verglichen. Die in Abb. 28 mit einer

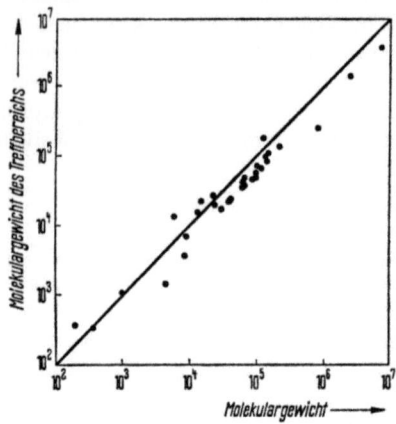

Abb. 28. Vergleich des Molekulargewichtes verschiedener Enzyme mit dem nach Gl. (5.5) aus ihrer Strahlenempfindlichkeit berechneten Molekulargewicht des Treffbereichs. (Nach Pollard, 1959)

Neigung von 45° eingezeichnete Gerade ist zu erwarten, wenn die MG_T-Werte mit den wahren Molekulargewichten übereinstimmen. Obgleich die Abweichung der Meßpunkte von der eingezeichneten Geraden in vielen Fällen wesentlich größer ist als der experimentelle Fehler, so ergibt sich auf Abb. 28 doch eine erstaunlich gute Übereinstimmung über mehrere Größenordnungen hinweg. Erstaunlich deshalb, weil diese Korrelation aussagt, daß ein Molekül um so strahlenempfindlicher ist, je größer es ist. Stark vereinfachend könnte man hieraus schließen, daß die Abgabe von 50 bis 100 eV an ein Enzym-Molekül in jedem Falle zur Inaktivierung führt. Ein Schönheitsfehler der der Abb. 28 zugrundeliegenden experimentellen Befunde ist, daß ausgerechnet bei Zimmertemperatur die beste Übereinstimmung gefunden wird, obwohl nichts für die Auszeichnung dieser Temperatur spricht. Bei tiefen Temperaturen, bei denen man im Prinzip den die Treffbereichstheorie verfälschenden indirekten Effekt weitgehend ausgeschaltet hat (vgl. Kap. 7), ergeben sich im allgemeinen kleinere Werte. Daraus, sowie aus der Vielzahl der Fälle, bei denen dem „treffertheoretischen" Molekulargewicht MG_T keine reale Bedeutung zukommt, resultiert, daß die vor allem früher gehegte Hoffnung, ionisierende Strahlen könnten zur Molekulargewichtsbestimmung von Makromolekülen dienen, die nicht in reiner Präparation darstellbar sind, nicht erfüllbar ist.

5.3. Theorie des Wirkungsquerschnitts

Wir wollen nun zur strengeren und allgemeineren Fassung der Treffbereichstheorie übergehen, wobei wir, wie angekündigt, zwar an der im Abschnitt 5.1 gegebenen Trefferdefinition festhalten, aber berücksichtigen, daß die Wahrscheinlichkeit, mit der die Treffer-Mindestenergie an das biologische Objekt abgegeben wird, gemäß der Energieverteilung von Rauth u. Simpson (Abb. 27) rasch mit der Energie abnimmt. Da sich die Energieabgabe pro Wegstrecke des ionisierenden Teilchens und damit auch die Wahrscheinlichkeit für die Abgabe der zum Testeffekt notwendigen Mindestenergie innerhalb des bestrahlten Objektes mit dem LET der Strahlung ändert, so beschreibt die Treffbereichstheorie in ihrer allgemeinen Fassung die Abhängigkeit des Treffbereiches vom LET.

Im Grunde genommen beziehen sich unsere Überlegungen und insbesondere auch der Begriff des LET auf Korpuskularstrahlung, d. h. auf energiereiche Ionen oder Elektronen. Damit ist das Auftreten von Treffern im Treffbereich v mit dem Durchgang geladener Teilchen durch einen formalen Querschnitt zu korrelieren, den wir im folgenden als Wirkungsquerschnitt σ bezeichnen wollen. Bei parallel einfallender Korpuskularstrahlung kann man anstelle der Dosis die sog. Teilchenfluenz F angeben; das ist die Gesamtzahl der Teilchen, die bei der Dosis D durch die Einheitsfläche hindurchgetreten ist. Damit ist eine Eintrefferkurve auf zwei verschiedene Weisen darstellbar:

$$\begin{aligned} N/N_0 &= e^{-vD} \quad \text{mit} \quad v = 1/D_{37} \\ N/N_0 &= e^{-\sigma F} \quad \text{mit} \quad \sigma = 1/F_{37} \, . \end{aligned} \quad (5.6)$$

Dosis und Fluenz sind dabei auf folgende Weise verknüpft:

$$D = F \cdot L / \varrho \quad (5.7)$$

(L bezeichnet den linearen Energietransfer).

Daraus ergibt sich die folgende Beziehung zwischen Treffbereich ($v = 1/D_{37}$) und dem Wirkungsquerschnitt:

$$1/D_{37} = (\varrho/L) \cdot \sigma(L) \, . \quad (5.8)$$

Durch diese Gleichung ist die Theorie des Treffbereichs auf die Theorie des Wirkungsquerschnitts zurückgeführt, deren Entwicklung uns im folgenden beschäftigen wird. Rein qualitativ kann man sich die Abhängigkeit des Wirkungsquerschnitts σ vom LET folgendermaßen veranschaulichen: Beim Durchgang eines dünn ionisierenden Teilchens wird an das biologische Objekt im allgemeinen nur selten die für einen Treffer erforderliche Mindestenergie abgegeben. Jedoch wird die Häufigkeit hierfür mit dem LET anwachsen, bis schließlich jeder Teilchendurchgang den Testeffekt auslöst. Nach dieser „klassischen" Anschauung sollte der Wirkungsquerschnitt mit zunehmendem LET gegen den geometrischen Querschnitt des bestrahlten Objektes bzw. einer besonders strahlenempfindlichen Substruktur konvergieren. Daß diese Vorstellung im Prinzip gerechtfertigt ist, d. h. daß sich der Wirkungsquerschnitt überhaupt wie ein geometrischer Querschnitt verhält, wollen wir an einem sehr schönen Beispiel zeigen. Die stäbchenförmigen Tabak-Mosaik-Viren (TMV) können durch geeignete Maßnahmen parallel ausgerichtet werden. Werden solche orientierte Präparate mit parallel einfallenden 4 MeV-Deuteronen bestrahlt und die Inaktivierungsquerschnitte über der Orientierung der Stäbchen zur Strahlrichtung aufgetragen, so ergeben sich die in Abb. 29 dargestellten Verhältnisse.

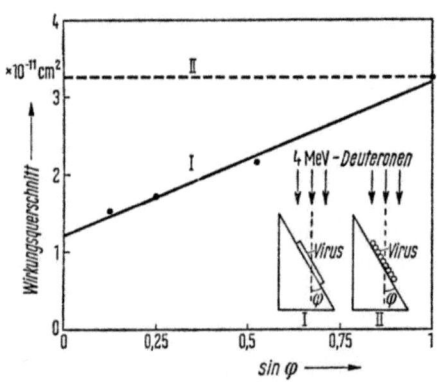

Abb. 29. Wirkungsquerschnitt für die Inaktivierung orientierter Präparate von Tabak-Mosaik-Virus durch 4 MeV-Deuteronen in Abhängigkeit von ihrer Anordnung zur Strahlrichtung. I: Der Drehwinkel φ ist gleich dem Winkel zwischen Strahlrichtung und Stäbchenachse. II: Die Stäbchenachse ist stets senkrecht zur Strahlrichtung. (Nach Pollard u. Whitmore, 1955)

Wenn der Drehwinkel φ gleich dem Winkel zwischen der Strahlrichtung und der Stäbchenachse ist (Fall I), dann steigt die Inaktivierungswahrscheinlichkeit linear mit sin φ an. Dreht man aber die parallelen Stäbchen in der Weise, daß die Strahlrichtung stets senkrecht auf der Stäbchenachse steht (Fall II), so bleibt der Wirkungsquerschnitt, wie man es auch erwartet, konstant und ist gleich dem Maximalwert von Fall I.

a) Die Bahnsegmentmethode

Wir wollen nun darangehen, die LET-Abhängigkeit des Wirkungsquerschnitts nach den genannten Vorstellungen zu berechnen. Die Methode, die wir dabei anwenden, ist die auf Howard-Flanders (1958) zurückgehende „Bahnsegmentmethode". Um zunächst die Konvergenz des Wirkungsquerschnitts gegen den geometrischen Querschnitt σ_g auszudrücken, stellen wir ihn folgendermaßen dar:

$$\sigma(L) = \psi(L) \cdot \sigma_g, \quad \text{mit:} \quad \psi(0) = 0; \quad \psi(\infty) = 1. \tag{5.9}$$

$\psi(L)$ bezeichnet man gewöhnlich als Wirkungswahrscheinlichkeit. Die Berechnung der Funktion $\sigma(L)$ bzw. $\psi(L)$ gestaltet sich bei strenger Durchführung recht kompliziert. Dies liegt letztlich an der Treffer-Definition, bei der wir nicht nur die Diskretheit der Energieverlustereignisse, sondern auch deren Energieverteilung (vgl. Abb. 27) berücksichtigen müssen. Wir wollen uns deshalb auf eine grobe Näherung beschränken, indem wir die Treffer-Mindestenergie $E_{\min}$ als ganzzahliges Vielfaches eines mittleren Verlustereignisses $\overline{E}$ ansetzen:

$$E_{\min} = n \cdot \overline{E}. \tag{5.10}$$

$\overline{E}$ können wir bei gegebenem LET durch die mittlere Anzahl $\bar{y}$ der Energieverlust-Ereignisse pro Teilchendurchgang ausdrücken:

$$\overline{E} = \frac{L \cdot d}{\bar{y}}. \tag{5.11}$$

Die Größe d hat hier die Dimension einer Länge und wird nach Howard-Flanders (1958) Bahnsegment genannt. Es wird im allgemeinen mit dem mittleren Durchmesser des geometrischen Trefferbereichs vergleichbar sein. Die Häufigkeit für die Energieverluste $\overline{E}$ soll weiter einer Poisson-Verteilung gehorchen; d. h. für die Wahrscheinlichkeit P für genau y derartiger Ereignisse soll gelten:

$$P(y) = \frac{\bar{y}^y\, e^{-\bar{y}}}{y!}. \tag{5.12}$$

Auf Grund analoger Überlegungen, wie wir sie bei der Herleitung der Mehrtrefferkurven durchgeführt haben, erhält man nun die Wahrscheinlichkeit, daß mindesten n Verlustereignisse pro Teilchenpassage erfolgt sind, d. h. die Wirkungswahrscheinlichkeit, durch den Ausdruck:

$$\psi(L) = 1 - e^{-\bar{y}} \sum_{k=0}^{n-1} \frac{\bar{y}^k}{k!}. \tag{5.13}$$

Die Gleichungen (5.10), (5.11) und (5.13) stellen, wie schon angedeutet, nur eine grobe Näherung unseres Problems dar. Wir haben nämlich nicht berücksichtigt, daß die Energieverlust-Ereignisse in Form von Primärionisationen erfolgen, die ihrerseits aus einem oder mehreren Ionenpaaren abnehmender Häufigkeit bestehen (vgl. Tab. 5). Wir müßten also diese Häufigkeitsverteilung mit einbeziehen oder aber gleich mit der Energieverteilung z. B. nach Abb. 27 rechnen, was aber mathematisch nicht ganz einfach zu behandeln ist (Harder, 1964). Die Kurven (5.13) gehen in Abhängigkeit von $\bar{y}$ (und damit vom LET) asymptotisch gegen 1. In doppelt logarithmischer Auftragung verlaufen sie in ihrem Anfangsteil um so steiler, je größer n ist. Diese Tendenz bleibt natürlich bei Berücksichtigung der Energieverteilung erhalten. Man überzeugt sich hiervon leicht, wenn man die Abb. 30 betrachtet, wo die

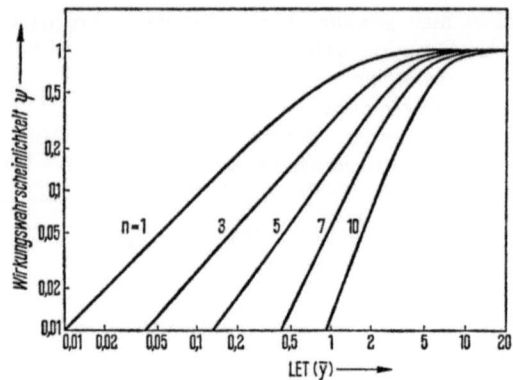

Abb. 30. Wirkungswahrscheinlichkeit ψ als Funktion des linearen Energietransfers (LET) für eine Energieverteilung ähnlich der Häufigkeitsverteilung der Ionenpaare pro Ionenhaufen in Gasen; n ist die Mindestzahl von Ionenpaaren, die zur Auslösung des Testeffektes erforderlich sind. (Harder, 1964)

Größe ψ für verschiedene Werte von n über dem LET ($\bar{y}$) aufgetragen ist. Hier liegt eine Verteilung zugrunde, die der Verteilung von Einzelionen pro Ionenhaufen bei Gasen entspricht, wobei jedoch ältere Daten als die in Tab. 5 wiedergegebenen verwendet wurden (HARDER, 1964). Die Kurve für $n=1$ hat anfänglich die Steigung 1, was dem Fall entspricht, daß ψ rein exponentiell gegen 1 geht (vgl. Zimmer, 1960). Wächst die erforderliche Trefferenergie und somit auch n an, so nimmt die Kurvensteilheit zu.

Denkt man sich (5.13) in (5.8) eingesetzt, und stellt die resultierenden Empfindlichkeitskurven grafisch dar, so ergibt sich Abb. 31 a. Der Vergleich mit Abb. 31 b, wo noch die Energieverteilung von Rauth u. Simpson berücksichtigt wurde, zeigt, daß bereits der in Gl. (5.13) steckende einfache Ansatz das Wesentlichste liefert, nämlich Kurven mit und ohne Maximum.

Abb. 32 demonstriert, daß die Grundvorstellung der Bahnsegmentmethode auch in der Praxis zutrifft. Es handelt sich dabei um die Inaktivierung haploider Hefezellen durch geladene Teilchen mit verschiedenem LET. Es zeigt sich, daß der Wirkungsquerschnitt zunächst stärker als linear mit dem LET anwächst, um dann in den geometrischen Querschnitt der Kernregion überzugehen (a). Dies hat zur Folge, daß tatsächlich eine Empfindlichkeitskurve erhalten wird (b), die durch ein Maximum geht, um schließlich hyperbolisch mit dem LET abzufallen („Overkill"). Das Maximum drückt aus, daß beim zugehörigen LET-

Wert (hier etwa $1{,}3 \cdot 10^3$ MeV cm^2 g^{-1}) pro Teilchendurchgang im Mittel genau die Trefferenergie abgegeben wird. Durch diese schöne Übereinstimmung von Theorie und Praxis sah man sich ermutigt, aus der Auftragung der Strahlenempfindlichkeit über dem LET die Zahl der erforderlichen Verlustereignisse sowie auch die Größe des Bahnsegmentes zu berechnen. Abb. 33 zeigt den Versuch, theoretische Kurven an experimentelle Punkte anzupassen. Für die Inaktivierung trockener Bakteriensporen resultiert hieraus eine benötigte Zahl von mindestens 8 Ionen pro Bahnsegment von 30 Å und pro Teilchendurchgang. Bei der Inaktivierung von T1-Phagen erhält man hingegen die beste Übereinstimmung für mindestens 2 Ionenpaare längs 12 Å. Im allgemeinen wird nun die Größe des Bahnsegmentes mehr oder weniger stark durch modifizierende Faktoren der Strahlenwirkung, unter anderem auch durch Schadensreparatur, beeinflußt werden. Dies dürfte besonders für die komplexeren Objekte zutreffen, bei denen das Bahnsegment daher wohl kaum eine reale Bedeutung besitzt. Hingegen

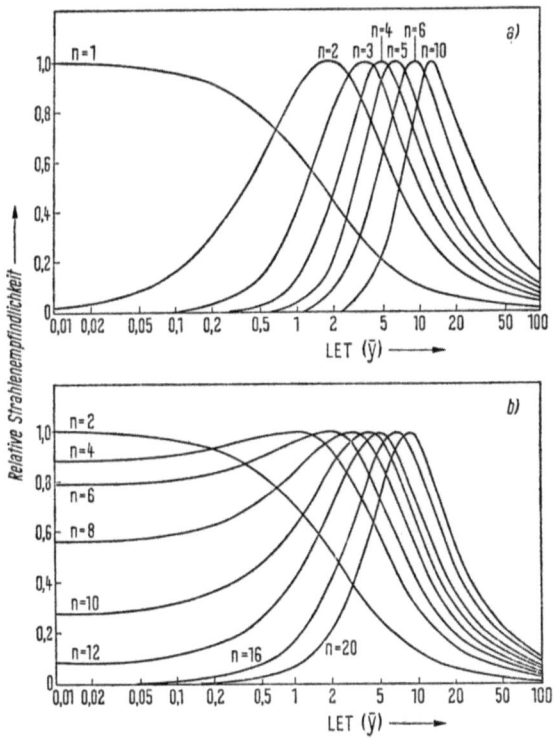

Abb. 31 a u. b. Relative Strahlenempfindlichkeit ($1/D_{37}$, auf 1 normiert) als Funktion des linearen Energietransfers (LET). a Berechnet nach Gln. (5.8) und (5.13). b Berechnet unter Berücksichtigung der Häufigkeitsverteilung der Energieverluste nach Rauth u. Simpson gemäß Abb. 27. (Nach Harder, 1964)

könnte man dies bei den biologisch relativ einfachen T1-Phagen eher erwarten. Da hier, wie man heute weiß, die DNS die primär strahlenempfindliche Struktur ist, könnte das Bahnsegment von 12 Å mit dem mittleren Durchmesser der DNS-Doppelhelix verglichen werden, der etwa 17 Å beträgt. Ist allein schon die Übereinstimmung dieser Werte bemerkenswert, so kommt noch hinzu, daß über den Durchmesser mindestens 2 Ionenpaare pro Teilchendurchgang erzeugt werden müssen, damit der Phage inaktiviert wird. Es liegt damit nahe anzunehmen, daß pro Teilchenpassage in beiden DNS-Strängen je eine Ionisierung erfolgen muß. Damit hätten wir einen ersten Hinweis darauf, daß das inaktivierende Ereignis ein Doppelstrangschaden der DNS ist. Tatsächlich sind die Doppelstrangbrüche besonders wichtige Letal-Ereignisse für die T-Phagen, worauf wir noch an anderer Stelle zu sprechen kommen (vgl. Kap. 12.3).

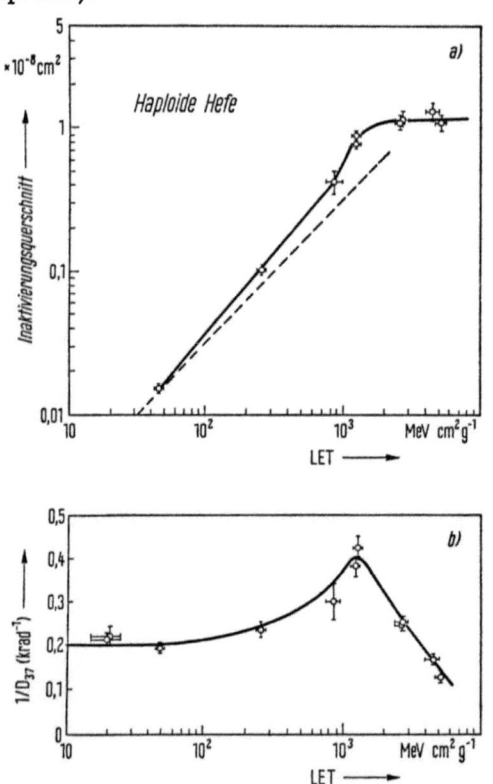

Abb. 32. a Wirkungsquerschnitt für die Inaktivierung haploider Hefe als Funktion des linearen Energietransfers (LET) der verwendeten Korpuskelstrahlung. — — — zu erwartender Kurvenverlauf bei linearer LET-Abhängigkeit. b Strahlenempfindlichkeit ($1/D_{37}$) als Funktion des LET für Experiment a. (Nach Sayeg et al., 1959)

Die Leistungsfähigkeit der Bahnsegmentmethode, die im wesentlichen eine Konsequenz der Tatsache ist, daß wir den Treffer nicht als mittleren, sondern als Mindest-Energieverlust betrachten, wird weiter unterstrichen, wenn man daneben einmal das treffertheoretische Molekulargewicht betrachtet, das man nach Gl. (5.5) aus der γ-Inaktivierung der T1-Phagen erhält. Nach Tab. 16 (vgl. Kap. 12.3) beträgt dies rund ein Dreißigstel des wahren Wertes. Die Bahnsegmentmethode, aus der zwar nicht direkt der Treffbereich, sondern primär der Durchmesser der empfindlichen Struktur zu berechnen ist, erweist sich damit als brauchbar, allerdings nur unter gewissen Einschränkungen, denen wir uns nun zuwenden müssen.

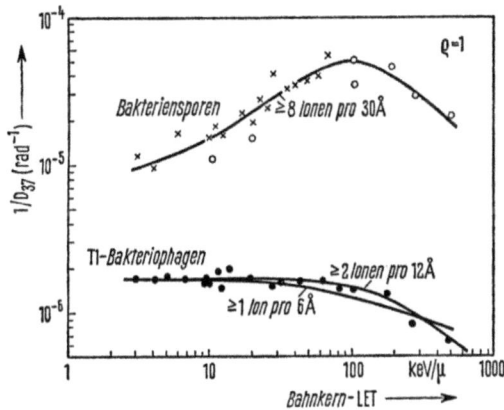

Abb. 33. Strahlenempfindlichkeit ($1/D_{37}$) von Sporen von Bacillus megaterium und T1-Bakteriophagen als Funktion des linearen Energietransfers (LET) und Anpassung der experimentellen Punkte an die nach der Bahnsegmentmethode zu erwartenden Kurven. (Nach Howard-Flanders, 1958)

Der Hauptfehler, den wir bisher stillschweigend begangen haben, betrifft den allzu sorglosen Umgang mit dem LET, der in der Bethe-Blochschen Definition (Gl. 4.10) eine Idealkonstruktion ist. Wir haben die Bahnspur bislang praktisch als unendlich dünn vorausgesetzt und Primärionisationen nur längs der Teilchenbahn zugelassen. In Wirklichkeit werden aber mit zunehmendem LET δ-Elektronen bevorzugt transversal zur Bahn des Primärteilchens emittiert, weshalb die effektive Teilchenspur beträchtlich an „Dicke" gewinnt. Obwohl der Begriff des LET noch andere Idealisierungen enthält, so ist doch die Vernachlässigung der transversalen Energieabgabe am schwerwiegendsten und führt besonders bei kleinen Objekten zu einem Versagen der Treffbereichstheorie in ihrer bisherigen Form. So beobachtet man, daß bei kleinen Objekten wie Enzym-Molekülen und Phagen der Wirkungsquerschnitt nicht gegen einen konstanten Wert konvergiert, sondern scheinbar beliebig hohe Werte annimmt (Abb. 34). Man hat nun versucht, den Einfluß der δ-Strahlen durch Einführen des sog. Bahnkern-LET (vgl. Abszisse von Abb. 33) zu eliminieren (s. Harder, 1964). Dieses Verfahren, auch δ-Strahlenkorrektur genannt, ist vom Standpunkt der exakten Forschung aus nicht begrüßenswert, da es insofern einer gewissen Willkür unterworfen ist, als sich der Korrekturumfang im all-

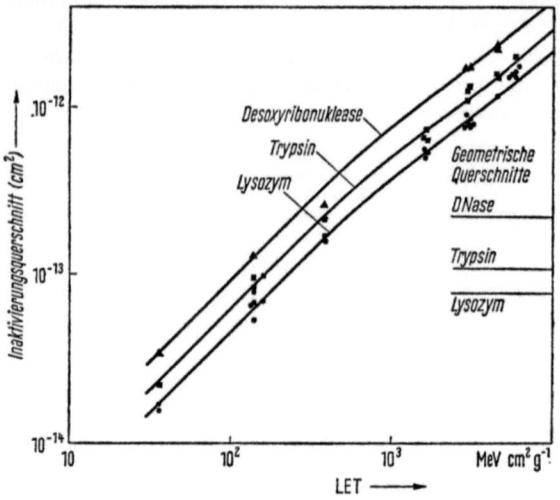

Abb. 34. Inaktivierungsquerschnitte von Desoxyribonuclease, Trypsin und Lysozym als Funktion des linearen Energietransfers (LET) und Vergleich mit den geometrischen Querschnitten der Enzym-Moleküle. (Nach Brustad, 1961)

gemeinen nach der tatsächlichen Objektgröße zu richten hat. Wir wollen auf dieses Verfahren deshalb auch nicht näher eingehen (ausführliche Darstellung auch bei Lea 1946), sondern einen neuen theoretischen Ansatz diskutieren, der konsequent die transversale Ausdehnung der effektiven Teilchenspur berücksichtigt.

b) Die Theorie von Butts und Katz

Dieser Theorie (Butts u. Katz, 1967) liegen folgende Gedanken und Voraussetzungen zugrunde:

1. Die Reaktion der biologischen Objekte auf γ-Strahlung repräsentiert bereits ihr Verhalten gegenüber einer statistischen Dosis-Verteilung von δ-Strahlen.

2. Die δ-Dosis, D_δ, die transversal zur Bahn eines schweren Ions verabreicht wird, kann auf koaxialen Zylinderflächen (Kreisringen) vom Bahnabstand x und infinitesimaler Dicke dx als statistisch verteilt behandelt werden.

3. Da bei kleinen Objekten die Reichweite der δ-Strahlen groß gegen deren mittleren Durchmesser sein kann, werden die Objekte von

vornherein als punktförmig angenommen. Indirekt geht aber die Objektgröße in die D_{37} für γ-Strahlen (D_{37}^γ) ein, auf die man sich nach Punkt (1) ja bezieht.

4. Nach Gl. (5.6) ist der Wirkungsquerschnitt σ gleich der Wahrscheinlichkeit pro Teilchen, beim Durchgang durch die Einheitsfläche den Testeffekt auszulösen. Nach Definition der Wahrscheinlichkeit ist daher σ auch gleich dem Quotienten aus der Anzahl der pro Teilchendurchgang getroffenen Objekte und der Zahl der pro Flächeneinheit insgesamt vorhandenen Objekte.

Diesen Voraussetzungen genügt der folgende Ansatz:

$$\sigma = 2\pi \int_0^\infty x\, dx\, (1 - e^{-D_\delta(x)/D_{37}^\gamma}) \qquad (5.14)$$

Es werden also alle Objekte auf einem Kreisring infinitesimaler Dicke mit der zugehörigen Inaktivierungswahrscheinlichkeit (Klammerausdruck) multipliziert und über alle Ringe integriert. Das eigentliche Problem reduziert sich damit auf die Berechnung von $D_\delta(x)$, also der Dosis der δ-Strahlen im Abstand x von der Bahnspur des Primärteilchens. Ohne auf Einzelheiten einzugehen, sei das Prinzip des Verfahrens rasch skizziert. Man geht zunächst von der Energieverteilung der δ-Strahlen als Funktion der Daten des auslösenden Primärteilchens aus. Da in Gl. (5.14) der Abstand x eingeht, muß man die Energieverteilung in eine Reichweiteverteilung umrechnen. Bedenkt man dann noch, daß es auf Grund der Stoßgesetze eine obere Energiegrenze für die δ-Strahlen gibt, so braucht man das Integral in Gl. (5.14) nur bis zu einer endlichen Reichweite a erstrecken. Es ergibt sich schließlich:

$$\sigma = 2\pi \int_0^a x\, dx \left\{ 1 - \exp\left[-\frac{b\, z^{*2}}{2\pi x \beta^2 D_{37}^\gamma} \left(\frac{1}{x} - \frac{1}{a} \right) \right] \right\} \qquad (5.15)$$

Mit:
$b = 1{,}36 \cdot 10^{-7}$ erg/cm

$a = 1{,}246 \cdot \dfrac{m\, c^2\, \beta^2}{1 - \beta^2}$

$\beta = v/c$

v = Teilchengeschwindigkeit

c = Lichtgeschwindigkeit

m = Elektronenmasse

z^* = effektive Teilchenladung nach Gl. (4.12)

Wir wollen hier auf eine ausführliche Diskussion der Gl. (5.15) verzichten. Besonders bemerkenswert ist, daß der LET nicht vorkommt, sondern vielmehr Ladung und Geschwindigkeit getrennt eingehen. Damit ist automatisch berücksichtigt, daß der LET als Funktion dieser beiden Parameter keine eindeutige Größe ist. Es kann also durchaus sein, daß sich bei zwar gleichem LET zweier Teilchensorten je nach deren Ladung und Geschwindigkeit verschiedene Werte für σ ergeben. Von diesem Verhalten kann man sich sehr schön anhand der Abb. 35 überzeugen, wo die aus Gl. (5.15) resultierenden σ-Kurvenfamilien für verschiedene Werte der Ionenladung z und der D_{37}^{γ} dargestellt sind. Der LET ist hierbei aus Energieverlust-Tabellen für Protonen berechnet. Wir sehen zunächst, daß im Bereich kleiner LET-Werte σ propor-

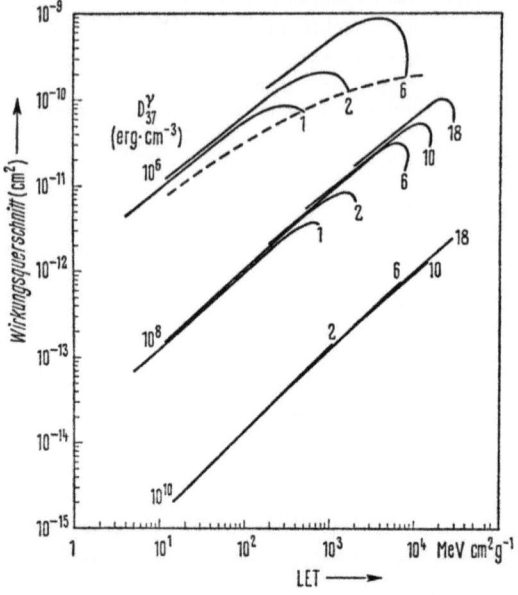

Abb. 35. Wirkungsquerschnitt als Funktion des linearen Energietransfers (LET), berechnet nach Gl. (5.15) für verschiedene Werte von D_{37}^{γ} (1 erg cm^{-3} = 10^{-2} rad für $\varrho = 1$ g cm^{-3}). Die LET-Skala bezieht sich dabei auf Protonen. Die Ziffern an den einzelnen Kurven bezeichnen die Ladung der einfallenden Teilchen. (Nach Butts u. Katz, 1967)

tional zum LET und unabhängig von z ist. Das LET-Gebiet, über das sich diese Eigenschaften erstrecken, ist um so größer, je unempfindlicher das Objekt ist, d. h. je größer die D_{37}^{γ} ist. Umgekehrt beobachtet man bei hohen LET-Werten und besonders bei den empfindlichen Objekten eine ausgeprägte Abhängigkeit des Wirkungsquerschnitts von der Teilchengeschwindigkeit in dem Sinne, daß der Wirkungsquerschnitt plötzlich steil abfällt. Zur Erklärung dieses Effektes erinnern wir uns, daß für ein vorgegebenes Teilchen der LET bei einer bestimmten Geschwindigkeit (Energie) das Bragg-Maximum durchläuft, das für Protonen etwas weniger als 10^3 MeV cm^{2}g^{-1} (= 100 keV/μ) beträgt (vgl. Abb. 20). Dementsprechend enden die σ-Kurven für Protonen ($z=1$) in Abb. 35 unterhalb 10^3 MeV cm^{2}g^{-1}. Der Abfall des Wirkungsquerschnitts in diesem Gebiet kommt dadurch zustande, daß sich die Reichweite der δ-Strahlen (a in Gl. (5.15)) und damit der effektive Durchmesser der Teilchenspur im niederenergetischen Gebiet bis in die Nähe der Objektdimension verringert, so daß die Zahl der pro Teilchendurchgang inaktivierten Objekte und damit σ abnimmt. Ähnliche Überlegungen gelten für höhere Teilchenladungen. Gelänge es, bei der Aufnahme der σ-LET-Kurven zu jeder Objektgröße den LET über große Bereiche so zu wählen, daß die maximale Reichweite der δ-Strahlen den Objektdurchmesser nicht übertreffen würde, so würde σ gegen den geometrischen Querschnitt konvergieren und die Bahnsegmentmethode ihre Gültigkeit behalten. Die Chancen, diese Bedingung zu erfüllen, sind offenbar im Bragg-Maximum, d. h. an den Endpunkten der zu einem bestimmten D_{37}^{ν}-Wert gehörenden Kurvenzweige einer Familie von Abb. 35 am größten, und zwar besonders bei den „großen" Objekten der obersten Familie. Denkt man sich die Endpunkte ihrer Verzweigungen verbunden, so resultiert eine σ-Kurve, die deutlich gegen einen Grenzwert konvergiert (Abb. 35, unterbrochene Kurve). Gehen wir zu kleineren Objekten, also zu größeren Werten von D_{37}^{ν} über, so ist der effektive Bahnquerschnitt im allgemeinen immer größer als der Objektquerschnitt. Es ergibt sich dann keine Konvergenz mehr, wenn wir die Endpunkte der Kurvenzweige einer Familie verbinden.

In der Praxis verwendet man für die einzelnen LET-Werte Ionen verschiedener Ladung und Geschwindigkeit. Das Abbiegen der Kurvenzweige in Abb. 35 wird dadurch im allgemeinen verschleiert und äußert sich höchstens in mehr oder weniger großen Unstetigkeiten im Verlauf der gemessenen σ-Kurven. Dies sehen wir sehr schön auf Abb. 36, wo

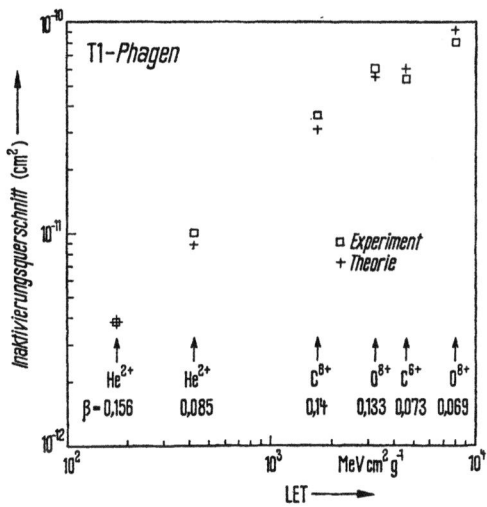

Abb. 36. Wirkungsquerschnitte für die Inaktivierung von T1-Bakteriophagen als Funktion des linearen Energietransfers (LET) der verwendeten Ionen. □ Experimentelle Werte (Fluke et al., 1960). + Berechnete Werte nach Gl. (5.15) mit $D_{37}^{\nu} = 570$ krad und $\beta = v/c$

wir Inaktivierungsquerschnitte für T1-Phagen aufgetragen haben, wie sie sich einmal aus dem Experiment und andererseits aus Gl. (5.15) ergeben, wenn man die Daten der benutzten Ionen und die gemessene D_{37}^{γ} von $5{,}7 \cdot 10^5$ rad einsetzt. Abgesehen von der guten Übereinstimmung von Theorie und Experiment erkennt man, daß Gl. (5.15) selbst die Stufe im Wirkungsquerschnitt richtig beschreibt, die sich beim Übergang von schnellen Sauerstoff-Ionen ($\beta = 0{,}133$) zu langsamen Kohlenstoff-Ionen ($\beta = 0{,}073$) ergibt. Obwohl der LET in diesem Intervall ansteigt, bleibt der Wirkungsquerschnitt praktisch konstant. Streng genommen verliert damit die Auftragung des Wirkungsquerschnittes über dem LET völlig ihren Sinn und ihre Aussagefähigkeit, da man bei gegebenem LET durch Manipulation der Ladungs- und Geschwindigkeitsverhältnisse beliebige Werte für σ erhalten kann. Die Auftragung der Strahlenempfindlichkeit über dem LET nach der Theorie von Butts und Katz führt zu Kurven ohne Maximum und zeigt ebenfalls ein vieldeutiges Verhalten ähnlich den σ-Kurven.

Wir haben damit gezeigt, daß die Bahnsegmentmethode, die streng nur für unendliche dünne Teilchenbahn, d. h. primär für große Objekte gültig ist, beim Übergang zu kleineren molekularen „Treffbereichen" durch eine Theorie zu ersetzen ist, die die Radialverteilung der δ-Strahlen-Dosis berücksichtigt. Wir überzeugten uns anhand der Abb. 35, daß ein kontinuierlicher Übergang zwischen den beiden Beschreibungen besteht und daß für kleine Objekte der LET kein eindeutiges und damit sinnvolles Maß für die Energieübertragung ist.

5.4. Die relative biologische Effektivität

Zum Schluß wollen wir nun noch auf eine Anwendung der Treffbereichstheorie eingehen, die uns nach dieser Vorbereitung von selbst zufällt: Die Einführung der „relativen biologischen Effektivität" verschiedener Strahlenarten. Man ist in der Strahlenbiologie häufig an der Beurteilung der Wirksamkeit einer Strahlenart relativ zu einer Vergleichsstrahlung interessiert. Der unterschiedlichen Effektivität trägt man dabei durch einen Faktor R Rechnung, der die „relative biologische Wirksamkeit" oder „relative biologische Effektivität" (RBE) charakterisiert. R ist sinnvollerweise als Verhältnis derjenigen Dosen der zu vergleichenden Strahlungen definiert, die unter gleichen Bedingungen das gleiche Ausmaß einer biologischen Wirkung hervorbringen:

$$R = \left[\frac{D^{\gamma}}{D}\right]_{\text{gleicher Effekt}}. \qquad (5.16)$$

Als Vergleichsstrahlung wird häufig γ-Strahlung benutzt, deren Dosis im Zähler auftaucht. Diese Definition ist natürlich zwangsläufig idealisiert (sie gilt z. B. nicht beim Vorliegen einer Intensitätsabhängigkeit), aber insofern brauchbar, als die Bestimmung der RBE aus der Dosis-Effekt-Kurve möglich ist. Freilich muß man verlangen, daß die Größe R

selbst dosisunabhängig ist, d. h., daß die zu vergleichenden Strahlenarten die gleiche Inaktivierungskinetik aufweisen. Das schränkt die sinnvolle Anwendbarkeit der Definition stark ein. Besonders einfach sind exponentielle Dosis-Effekt-Kurven zu behandeln, für die gilt:

$$R = D_{37}^{\gamma} / D_{37} \ . \tag{5.17}$$

Wenn die Teststrahlung aus geladenen Teilchen besteht, kann die D_{37} nach Gl. (5.8) ausgedrückt werden:

$$R = \frac{\varrho \cdot D_{37}^{\gamma}}{L} \sigma(L) \ . \tag{5.18}$$

Das heißt, die relative biologische Wirksamkeit hängt vom LET der Teststrahlung ab, und zwar qualitativ in genau derselben Weise wie der formale Treffbereich. Mit anderen Worten: je nach der LET-Abhängigkeit von σ ist R entweder zunächst konstant gleich Eins (z. B. nach der Theorie von Butts u. Katz), und verringert sich bei hohen LET-Werten, oder aber R durchläuft ein Maximum mit einem Wert größer als Eins, um dann ebenfalls abzufallen. Natürlich wird R für verschiedene Testeffekte im allgemeinen nicht gleich sein. Für die Belange des Strahlenschutzes wird deshalb die strenge Größe R durch den sog. „Gefährdungsfaktor" oder „Qualitätsfaktor" ersetzt, wobei die Gefährdung auf verschiedenen Reaktionen des Körpers beruht. Die Qualitätsfaktoren sind aus diesem Grunde, im Gegensatz zu R, nicht direkt experimentell meßbar, sondern stellen gewissermaßen Erfahrungswerte dar.

Literatur

Brustad, T.: Radiat. Res. 15, 139 (1961).
Butts, J. J., and R. Katz: Radiat. Res. 30, 855 (1967).
Fluke, D. J., T. Brustad, and A. C. Birge: Radiat. Res. 13, 788 (1960).
Harder, D.: Biophysik 1, 225 (1964).
Howard-Flanders, P.: In: Advances in biological and medical physics, Vol. VI. Eds. C. A. Tobias and J. H. Lawrence. New York: Academic Press 1958, p. 553.
Lea, D. E.: Actions of radiations on living cells. Cambridge: University Press 1946.
Pollard, E. C.: Rev. Mod. Phys. 31, 273 (1959).
—, and G. F. Whitmore: Science 122, 335 (1955).
Rauth, A. M., and J. A. Simpson: Radiat. Res. 22, 643 (1964).
Sayeg, J. A., A. C. Birge, C. A. Beam, and C. A. Tobias: Radiat. Res. 10, 449 (1959).
Zimmer, K. G.: Studien zur quantitativen Strahlenbiologie. Mainz: Verlag der Akademie der Wissenschaften und der Literatur 1960.

6. Kapitel: Direkte und indirekte Strahlenwirkung

In den vorangegangenen Kapiteln haben wir versucht, durch formale physikalisch-mathematische Argumentation aus den Dosis-Effekt-Kurven und aus der LET-Abhängigkeit der Strahlenempfindlichkeit Rückschlüsse auf die Art des Schädigungsereignisses zu ziehen. Dabei gingen wir von der Annahme aus, daß es einen wohldefinierten Treffbereich wirklich gibt. Im Prinzip ist diese Annahme gerechtfertigt, denn die in der formalen Treffertheorie gegebene Definition von einem Bereich, in dem eine Trefferserie zum Testeffekt führt, ist an sich so allgemein gehalten, daß man erst dann ernstlich in Konflikt gerät, wenn man den Treffbereich mit einer empfindlichen biologischen Struktur identifizieren will. Da dies aber der Leitgedanke der Treffbereichstheorie ist, müssen wir jetzt prüfen, in welchem Umfang man überhaupt erwarten kann, aus der Dosis-Effekt-Kurve reale Treffbereiche zu erhalten. Die wichtigste Forderung, die man hierbei stellen muß, die auch den bisherigen Überlegungen stillschweigend zugrunde lag, besteht darin, daß zur Schädigung einer biologischen Struktur nur solche Strahlenenergie in Frage kommt, die auch innerhalb dieser Struktur absorbiert wurde. Der Treffbereichsgedanke läßt also eine Schädigung „von außen", die weit eher die Regel als eine Ausnahme darstellt, gar nicht zu. Will man an ihm festhalten, so muß der Anteil der von außen zugeführten Strahlenenergie ermittelt werden. Die hierauf basierende biologische Wirkung bezeichnet man als *indirekten Effekt*. Im Gegensatz hierzu liegt *direkte Wirkung* vor, wenn Energieabsorption und Wirkung in derselben biologischen Struktur stattfinden. Eine solche Einteilung hat jedoch nur auf molekularem Niveau einen Sinn, da hier am ehesten die Aussicht besteht, zwischen beiden Effekten zu unterscheiden: Direkte Strahlenwirkung liegt dann vor, wenn die Absorption von Strahlenenergie in demselben Molekül stattfindet, in dem auch die Schädigung auftritt. Bei der indirekten Wirkung sollen dagegen die Energieabsorption und die Wirkung dieser Energie in verschiedenen Molekülen erfolgen. Diese Definition ist wesentlich schärfer als die früher gebräuchliche, wonach die Strahlenwirkung beim Bestrahlen trockener Systeme als direkt betrachtet wurde, während indirekte Wirkung nur in wäßrigen Lösungen auftreten sollte. Wir wissen heute, daß selbst durch Bestrahlung reinster trockener Proben im Hochvakuum ein Beitrag der indirekten Wirkung zur beobachteten Schädigung nicht verhindert werden kann. Ganz allgemein zählt zum indirekten Effekt der Angriff strahlenerzeugter diffusibler Radikale aus der Umgebung des betrachteten Moleküls, aber auch die intermolekulare Energieleitung (vgl. Abb. 2), während die intramolekulare Energieleitung zweifelsfrei zur direkten Strahlenwirkung zu rechnen ist.

6.1. Der direkte Effekt

Wie wir in Kap. 4 gesehen haben, erfolgt die Absorption ionisierender Strahlung in der Materie über eine Reihe verschiedener Primärprozesse, wie Anregungen, Ionisationen, elastische Kernstöße usf. Da die direkten Strahlenwirkungen Folgen dieser Primärprozesse sind, ist es angebracht, an dieser Stelle auf die biologische Wirksamkeit der einzelnen Absorptionsprozesse einzugehen. Zum getrennten Studium von *Anregungen* und *Ionisationen* sind die üblichen Arten ionisierender Strahlen ungeeignet, da bei ihnen stets beide Primärprozesse gemeinsam auftreten (vgl. Kap. 4.4). Dagegen kann sehr kurzwelliges UV-Licht, sog. Vakuum-Ultraviolett, zur Untersuchung von Anregungen, Ionisationen sowie des Übergangsgebietes zwischen Anregungen und Ionisationen herangezogen werden. Ein Beispiel für die Wirksamkeit von Vakuum-Ultraviolett verschiedener Wellenlängen zeigt Abb. 37a, auf der die Wirkungsquerschnitte für die Inaktivierung von infektiöser DNS des Phagen ΦX 174 (vgl. Kap. 11.2) als Funktion der Energie der eingestrahlten UV-Quanten dargestellt ist. Außerdem ist die Wahrscheinlichkeit für die Emission von Elektronen aus DNS pro einfallendem UV-Quant aufgetragen. Die in beiden Experimenten erhaltenen Meßwerte wurden bei 584 Å (entspr. 21,2 eV) gleich Eins gesetzt. Oberhalb von 10 eV stimmen beide Kurven überein, woraus zu schließen ist, daß die Inaktivierung vorwiegend durch Ionisation erfolgt. Mit abnehmender Quantenenergie verringern sich beide Wirkungen, bis unterhalb von 7,1 eV keine Elektronenemission mehr nachzuweisen ist. Die in diesem Energiebereich noch auftretende Inaktivierung rührt offensichtlich von Anregungen her.

Ähnliche Resultate liefert die Zerstörung der Immunreaktion von Rinderserumalbumin durch Elektronen verschiedener Energie (Abb. 37b). Ihre Wirksamkeit nimmt erst oberhalb von 10 eV ein nennenswertes Ausmaß an und steigt nach höheren Energien hin im gleichen Maße wie die Ionisierungswahrscheinlichkeit an. Aus diesen Experimenten kann man schließen, daß Energiebeträge unter 10 eV im allgemeinen nur eine geringe strahlenbiologische Bedeutung besitzen, d. h. daß zumindest die Anregung tieferliegender Zustände nur selten zu biologischen Konsequenzen führt.

Die Kurve auf Abb. 37c zeigt schließlich den Wirkungsquerschnitt für die Inaktivierung von Ribonuclease durch Protonen verschiedener Energie. Oberhalb von 10 keV hat die Inaktivierungskurve den gleichen Verlauf wie die Ionisierungskurve der Protonen (vgl. Abb. 20). Sie geht jedoch mit abnehmender Protonenenergie nicht gegen Null, sondern steigt im Bereich kleiner Protonenenergien stark an. Dieser Anstieg rührt von der Wirkung *elastischer Kernstöße* her, deren Häufigkeit mit abnehmender Energie ansteigt (vgl. Kap. 4.3). Der Wirkungsquerschnitt für die Inaktivierung durch elastische Kernstöße erreicht dabei etwa die gleiche Größe wie bei der Inaktivierung durch Protonen maximaler Ionisierungsdichte (Bragg-Maximum: 60—100 keV; vgl. Abb. 20). In ähnlicher Weise wie die RNase wird auch DNS durch Kernstöße inaktiviert (Jung u. Kürzinger, 1969). Ein charakteristisches Merkmal der Wirkungen elastischer Kernstöße ist, daß sie weder durch Schutzstoffe noch durch tiefe Temperaturen zu beeinflussen sind (Jung, 1966).

Diese Beispiele mögen zur Illustration der Wirksamkeit der verschiedenen direkten Strahleneffekte genügen. Sie zeigen, daß durch das Auftreten einer Ionisation oder eines Kernstoßes in einem Makromolekül dessen Inaktivierung mit großer Wahrscheinlichkeit herbeigeführt wird, während den Anregungen nur eine geringere biologische Wirksamkeit zukommt.

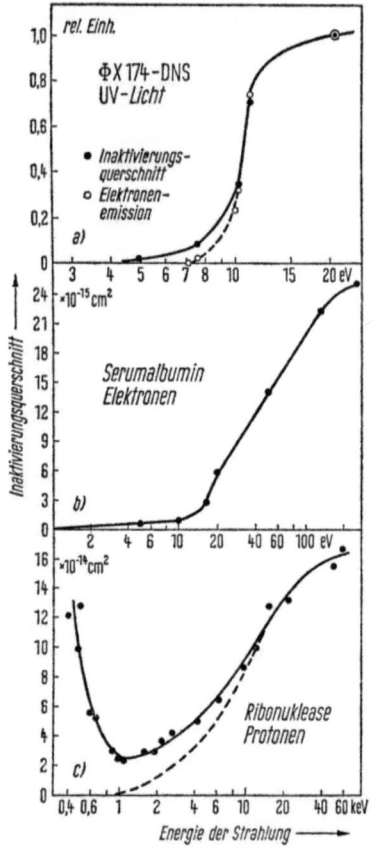

Abb. 37 a—c. Zur biologischen Wirksamkeit der verschiedenen Primärprozesse der Energieabsorption. a Gegenüberstellung von Inaktivierungsquerschnitt infektiöser ΦX 174-DNS und Elektronenemission aus einer dicken Schicht von Kalbsthymus-DNS bei Bestrahlung mit Vakuum-Ultraviolett verschiedener Quantenenergie (Berger, 1969). b Inaktivierungsquerschnitt von Rinderserumalbumin bei verschiedenen Elektronenenergien (Hutchinson, 1960). c Wirkungsquerschnitt für die Inaktivierung von Ribonuclease durch Protonen verschiedener Energie (Jung, 1965)

6.2. Indirekter Effekt in Lösung

Die Trennung zwischen indirekten Effekten in Lösung und im Trockenen wird vorwiegend aus historischen Gründen vollzogen, in zweiter Linie aber auch, um eine bessere Aufgliederung der vielfältigen Befunde und Phänomene zu ermöglichen. Historischen Charakter hat diese Trennung insofern, als man früher annahm, einen indirekten Effekt gäbe es nur in Lösung, was sich als unzutreffend herausgestellt hat. Wie wir heute wissen, wird der indirekte Effekt sowohl in Lösung wie auch im Trockenen überwiegend durch den Angriff kleiner, bei der Bestrahlung freiwerdender diffusibler Radikale hervorgerufen. Damit ist die Frage nach dem indirekten Effekt im wesentlichen gleichbedeutend mit der Untersuchung der Erzeugung dieser Radikale durch Bestrahlung und ihrer Reaktion mit biologisch wichtigen Makromolekülen.

a) Die Radiolyse des Wassers und die Primärreaktionen der Bestrahlungsprodukte

Durch die Einwirkung von Strahlen können in den verschiedensten Lösungsmitteln reaktionsfähige Species erzeugt werden. Doch wollen wir in diesem Rahmen nur auf das Wasser näher eingehen, dem durch seine Anwesenheit in praktisch allen biologischen Systemen eine Sonderstellung zukommt. Die zahlreichen Reaktionsmöglichkeiten der anderen Stoffe können in der strahlenchemischen Fachliteratur nachgeschlagen werden (z. B. Spinks u. Woods, 1964).

Da die Radiolyse des Wassers ein keineswegs triviales Problem darstellt, sei hier in aller Kürze auf diesen Punkt eingegangen. Durch die Absorption von Strahlungsenergie werden primär Wassermoleküle ionisiert (Ionisationspotential 12,56 eV):

$$H_2O \rightarrow H_2O^+ + e^-. \tag{6.1}$$

Das dabei entstehende positive Ion kann nach folgender Gleichung OH-Radikale liefern:

$$H_2O^+ \rightarrow H^+ + O\dot{H} \tag{6.2}$$

Schließlich führt die Reaktion der Elektronen mit den Wassermolekülen zur Erzeugung von H-Radikalen (Wasserstoffatomen):

$$e^- + H_2O \rightarrow OH^- + \dot{H}. \tag{6.3}$$

Außer nach diesen stark vereinfachten Reaktionen können die Radikale $\dot{H}$ und $O\dot{H}$ direkt durch Elektronenanregung (ca. 7 eV) und Dissoziation eines Wassermoleküls entstehen:

$$H_2O \rightarrow H_2O^* \rightarrow H + OH. \tag{6.4}$$

Von besonderem biologischem Interesse sind ferner die nach Gl. (6.1) freigesetzten Elektronen, die einen Teil der benachbarten Wassermoleküle polarisieren können und sich dadurch als sog. hydratisierte Elektronen (e^-_{aq}) stabilisieren. In dieser langlebigen „Modifikation" vermögen sie über längere Distanzen zu diffundieren und dadurch effektiv mit gelösten Biomolekülen zu reagieren. Die biologisch bedeutsamen Radiolyseprodukte $\dot{H}$, $O\dot{H}$ und e^-_{aq} faßt man pauschal unter dem Begriff *Wasserradikale* zusammen.

Obwohl man auf Grund der obigen Reaktionen eine pH-Abhängigkeit der *Ausbeute an Wasserradikalen* erwarten kann, fällt sie nur bei großen oder kleinen pH-Werten ins Gewicht. Im Bereich zwischen pH 3 und pH 10 gilt für die G-Werte, d. h. die Zahl der pro 100 eV absorbierter Strahlenenergie erzeugten Species in guter Näherung (Buxton, 1966):

$$G_{e_{aq}^-} = 2{,}3; \quad G\dot{H} = 0{,}6 \quad \text{und} \quad G_{O\dot{H}} = 2{,}3.$$

Neben diesen Wasserradikalen liefert die Radiolyse des Wassers noch molekulare Sekundärprodukte, die durch Rekombination von $\dot{H}$ und $\dot{OH}$ entstehen, nämlich H_2, H_2O und H_2O_2. Obwohl sie für die Inaktivierung der gelösten Stoffe im allgemeinen bedeutungslos sind, so hat ihre Entstehung doch eine Konsequenz: Im Fall von Strahlung mit hohem LET entstehen die Wasserradikale in einer so hohen lokalen Konzentration, daß ihre Rekombination und damit die Bildung von H_2, H_2O und H_2O_2 auf Kosten der radikalischen Produkte begünstigt wird. Diese Zunahme der Ausbeute an H_2 und H_2O_2 mit dem LET und die dadurch bedingte Abnahme des indirekten Effekts wird in der Praxis auch beobachtet. So fanden schon Zimmer u. Bouman (1944), daß die Zersetzung von gelöstem Tyrosin durch Röntgenstrahlen mit höherer Effektivität erfolgt als durch α-Teilchen.

Die Radikale $\dot{H}$ und $\dot{OH}$ können reduzierend oder oxidierend auf Biomoleküle (MH) einwirken. Die typischen Primärreaktionen bestehen dabei in einer Radikal-Anlagerung oder in der Abstraktion von Wasserstoff:

$$MH + \dot{H} \rightarrow M\dot{H}_2 \tag{6.5}$$
$$MH + \dot{OH} \rightarrow MHO\dot{H} \tag{6.6}$$
$$MH + \dot{H} \rightarrow \dot{M} + H_2 \tag{6.7}$$
$$MH + \dot{OH} \rightarrow \dot{M} + H_2O \tag{6.8}$$

Die bei diesen Reaktionen entstehenden Makroradikale $\dot{M}$, $M\dot{H}_2$ und $MHO\dot{H}$ können anschließend durch intramolekulare Umlagerungen und verschiedene Arten der Weiterreaktion in einen Zustand irreversibler Schädigung übergehen.

b) Kinetik der indirekten Strahlenwirkung

Wir wollen uns nun überlegen, nach welcher Kinetik die durch Bestrahlung erzeugten Wasserradikale mit gelösten Stoffen reagieren können. Dazu wollen wir annehmen, daß die Zahl der erzeugten Radikale proportional zur Dosis ist und daß sich die Radikale gegenseitig nicht beeinflussen, d. h. nicht untereinander reagieren. Dann sind zunächst zwei Fälle denkbar:

1. Die Wasserradikale können nur einmal mit einem gelösten Molekül reagieren. Dabei wird dieses so verändert, daß ein zweiter Angriff

nicht mehr möglich ist. Unter dieser Voraussetzung ist zu erwarten, daß die Zahl der veränderten Moleküle linear mit der Dosis ansteigt. Für die „Überlebensrate" wird somit gelten (vgl. Abb. 38):

$$N/N_0 = 1 - kD. \tag{6.9}$$

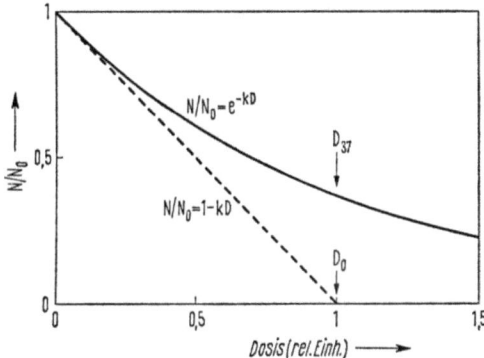

Abb. 38. Inaktivierungskinetiken bei Bestrahlung in verdünnter wäßriger Lösung

Eine solche Kinetik wird in praxi bei kleinen Molekülen häufig beobachtet, z. B. bei der Oxidation von gelöstem $FeSO_4$ durch strahlenerzeugte OH-Radikale. Die dabei ablaufende Reaktion

$$Fe^{2+} + O\dot{H} \rightarrow Fe^{3+} + OH^- \tag{6.10}$$

hat für die Dosimetrie besondere Bedeutung erlangt (Fricke-Dosimetrie). Extrapoliert man die im linearen Maßstab dargestellte Dosis-Effekt-Kurve nach $N/N_0 = 0$, so erhält man als Abszissenschnittpunkt die Dosis D_0, das ist die Dosis, bei der alle gelösten Moleküle umgewandelt worden sind. Nach unserer Voraussetzung, wonach ein Molekül nur einmal mit einem Radikal reagieren kann, ist bei der Dosis D_0 die Zahl der reagierenden Wasserradikale gleich der Zahl der gelösten Moleküle, woraus man leicht den Energieaufwand für eine Umwandlung ermitteln kann.

2. Als zweiten Fall wollen wir annehmen, daß die strahlenerzeugten Radikale rein statistisch mit den gelösten Molekülen reagieren, und zwar soll die Reaktion mit den veränderten Molekülen mit der gleichen Wahrscheinlichkeit erfolgen wie mit den unveränderten. Es ist einleuchtend, daß dieser Fall für die meisten Biomoleküle zutrifft, da diese relativ großen Moleküle durch die Reaktion mit einem Wasserradikal nicht so stark verändert werden, daß die Möglichkeit für den Angriff eines zweiten oder dritten Radikals nicht mehr gegeben ist. Hier gelten die bereits in Kap. 2 angestellten Überlegungen der Treffertheorie. Wenn der Testeffekt durch ein einziges wirksames Ereignis hervor-

gerufen wird, dann erhält man eine exponentielle Dosis-Effekt-Kurve, die durch den Ausdruck

$$N/N_0 = e^{-kD} \qquad (6.11)$$

beschrieben wird (Abb. 38). Der Faktor k, der hier wie üblich die Bedeutung der reziproken D_{37} besitzt, gibt natürlich nicht die Größe des biologischen Treffbereichs wieder. Dies ist schon deshalb nicht der Fall, weil er, wie wir gleich noch zeigen werden, von der Konzentration abhängt. Da bei der D_{37} die Zahl der erfolgten Angriffe gleich der Zahl der vorhandenen Moleküle ist (vgl. Kap. 2), so verwendet man bei der hier diskutierten Inaktivierungskinetik die 37%-Dosis zur Berechnung des Energieaufwands pro inaktivierendem Ereignis. Exponentielle Inaktivierungskurven beobachtet man in der Regel bei der Bestrahlung von Enzymen und einzelsträngiger DNS.

Gelegentlich treten in bestrahlten Lösungen aber auch Schulterkurven auf, wie z. B. bei der Inaktivierung von T7-Phagen (Abb. 92). Ob man eine solche Kurve erhält, hängt sehr von der Beschaffenheit des getesteten Strahlenschadens ab und weist darauf hin, daß ein bestimmter Schadenstyp auch „mehrtrefferartig" oder, besser gesagt, durch Akkumulation von „subletalen" Einzelschäden hervorgebracht werden kann.

c) Die Ausbeute an geschädigten Biomolekülen

Wir wollen uns zunächst anhand der Abb. 39 einen Eindruck von der Größe des indirekten Effekts in Lösung verschaffen. Hier sind die Dosis-Effekt-Kurven für die Inaktivierung von Ribonuclease mit γ-Strahlung sowohl im trockenen Zustand als auch in Lösung (5 mg/ml) aufgetragen. An den D_{37}-Werten von 0,4 bzw. 42 Mrad sieht man, daß

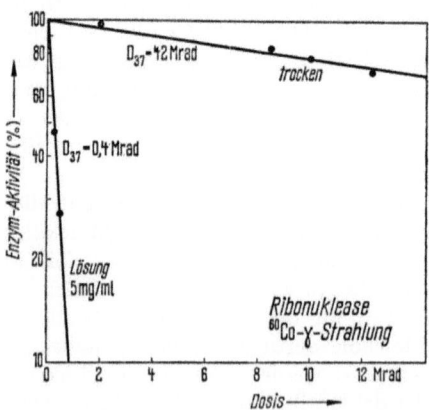

Abb. 39. Inaktivierung von Ribonuclease durch ^{60}Co-γ-Strahlung im Trockenen und in wäßriger Lösung. (Günther u. Jung, 1967; Jung u. Schüßler, 1966)

die RN-ase in dieser verdünnten Lösung ca. 100mal empfindlicher ist als im Trockenen. Das zeigt, daß bei der genannten Konzentration etwa 99% der RN-ase-Moleküle durch den Angriff von Wasserradikalen inaktiviert werden und nur 1% dadurch, daß Strahlungsenergie unmittelbar in den gelösten Makromolekülen absorbiert wird. Das heißt, *in verdünnten wäßrigen Lösungen überwiegt die indirekte Strahlenwirkung*.

Die erhöhte Empfindlichkeit in Lösung kann man formal durch einen 100mal größeren Treffbereich erklären und darunter denjenigen Bereich um ein RN-ase-Molekül verstehen, aus dem absorbierte Strahlenenergie mit Hilfe der Wasserradikale auf das RN-ase-Molekül übertragen wird. Die hohe Empfindlichkeit der RN-ase in Lösung liegt nun aber keineswegs darin begründet, daß die einzelnen Moleküle durch wesentlich geringere Energiebeträge inaktiviert werden als im Trockenen. Um dies zu zeigen, wollen wir einmal den *G*-Wert berechnen, d. h. die Zahl der Moleküle, die pro 100 eV absorbierter Strahlenenergie inaktiviert werden. Nach dieser Definition des *G*-Wertes können wir offenbar auch schreiben:

$$G = Z_M / Z_T \, . \tag{6.12}$$

Dabei ist Z_M die Zahl der bestrahlten Moleküle pro Gramm, Z_T die Zahl der bei der Dosis D_{37} (oder D_0, je nach Inaktivierungskinetik) pro Gramm abgegebenen „Einheiten" von 100 eV. In trockenen Systemen erhält man Z_M einfach aus der Loschmidtschen Zahl dividiert durch das Molekulargewicht MG des Biomoleküls:

$$Z_M = 6{,}022 \cdot 10^{23} / MG \, . \tag{6.13}$$

Andererseits folgt für Z_T in Anlehnung an Gl. (5.1) sofort

$$Z_T = 6{,}24 \cdot 10^{11} \cdot D_{37} \, . \tag{6.14}$$

Hierbei ist die D_{37} in rad einzusetzen. Damit ergibt sich der *G*-Wert für trocken bestrahlte Moleküle zu

$$G_{\text{trocken}} = Z_M / Z_T = 9{,}65 \cdot 10^{11} / (D_{37} \cdot MG) \, . \tag{6.15}$$

Für den Fall einer verdünnten Lösung erhält man Z_M erst nach Multiplikation von Gl. (6.13) mit dem Gewichtsanteil des gelösten Stoffes, d. h. mit der Konzentration C. Der *G*-Wert für bestrahlte Lösungen wird also nach folgender Formel berechnet:

$$G_{\text{Lösung}} = 9{,}65 \cdot 10^{11} \cdot C / (D_{37} \cdot MG) \, . \tag{6.16}$$

Setzen wir die Daten der Abb. 39 (trocken: $D_{37} = 42$ Mrad; Lösung: 0,4 Mrad, $C = 0{,}005$; $MG = 13\,680$) in die Gln. (6.15) und (6.16) ein, dann erhalten wir für unser RN-ase-Beispiel:

$$G_{\text{trocken}} = 1{,}68 \, ; \quad G_{\text{Lösung}} = 0{,}89 \, . \tag{6.17}$$

Die beiden G-Werte sind trotz sehr verschiedener Werte der D_{37} von gleicher Größenordnung, und die Inaktivierung im Trockenen ist sogar noch wirkungsvoller als diejenige in Lösung.

d) Konzentrationsabhängigkeit

Das obige Beispiel legt die Vermutung nahe, daß der G-Wert für eine bestimmte Substanz weitgehend unabhängig von der Konzentration ist. Wie zunächst Abb. 40 a zeigt, nimmt die D_{37} für die Inaktivierung von Trypsin im Bereich mittlerer Konzentrationen linear mit der Konzentration zu, was auch bei anderen Biomolekülen beobachtet wird. Dieses Verhalten, daß bei der Verdünnung einer Lösung von Makromolekülen (z. B. 1:10) ihre Strahlenempfindlichkeit im gleichen Verhältnis (z. B. um einen Faktor 10) ansteigt, bezeichnet man als *Verdünnungseffekt*. Er stellt ein wichtiges Kriterium für die indirekte Strahlenwirkung dar. Trägt man nun nicht die D_{37}, sondern die zum G-Wert proportionale Größe C/D_{37} über der Konzentration C auf, dann erhält man für mittlere Konzentrationen eine horizontale Gerade (Abb. 40 b); d. h. die für die Inaktivierung eines Moleküls aufzu-

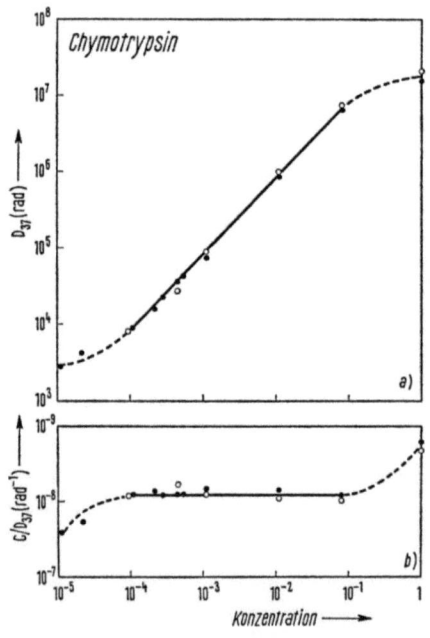

Abb. 40. a 37%-Dosis (D_{37}) für die Inaktivierung von α-Chymotrypsin in wäßriger Lösung durch 15 MeV-Elektronen als Funktion der Konzentration C; b C/D_{37} als Funktion der Konzentration; ● Esterase-Aktivität; ○ Protease-Aktivität. (Nach Butler et al., 1960)

wendende Energie hängt nicht von der Konzentration ab. Dieses Verhalten, sowie das Vorliegen eines Verdünnungseffektes überhaupt, kann man nur verstehen, wenn man annimmt, daß pro Dosiseinheit eine bestimmte Anzahl von Wasserradikalen erzeugt werden, die ihrerseits eine bestimmte Zahl von Biomolekülen inaktivieren. Es ist klar, daß in sehr verdünnten Lösungen die Wasserradikale größere Entfernungen zurücklegen müssen, ehe sie mit einem gelösten Makromolekül reagieren können. Bei extremem Verdünnungsgrad kann daher ein Teil der Radikale kombinieren oder mit Verunreinigungen abreagieren und geht damit für die Auslösung des Testeffekts verloren, so daß die Ausbeute bei kleinen Konzentrationen absinkt (Abb. 40 b). Andererseits hat die Abschätzung (6.17) gezeigt, daß die Inaktivierung im Trockenen etwas wirksamer ist als in Lösung. Deshalb darf man schließen, daß mit zunehmender Konzentration mehr und mehr Moleküle durch direkte Strahlenabsorption verändert werden, wodurch die Ausbeute im Bereich hoher Konzentrationen ansteigt (Abb. 40 b).

Nach dem bisher Gesagten ist deutlich geworden, daß die *Absolutzahl* der in Lösung inaktivierten Moleküle eine Funktion der Dosis ist:

$$\text{Lösung:} \quad N^+ = f(D). \tag{6.18}$$

Im Bereich mittlerer Konzentrationen ist N^+ proportional zur Dosis (vgl. Abb. 40). Im Gegensatz dazu ist in trockenen, also vorzugsweise „direkten" Systemen, wie wir in Kap. 2 gesehen haben, der *relative* Anteil der inaktivierten Einheiten (N^+/N_0) eine Funktion der Dosis:

$$\text{trocken:} \quad N^+/N_0 = f(D). \tag{6.19}$$

Wenn man also Makromoleküle im Trockenen bzw. in wäßriger Lösung mit einer bestimmten Dosis D bestrahlt, so erhält man verschiedene Konzentrationsabhängigkeiten, je nachdem, ob man N^+ oder N^+/N_0 aufträgt (Abb. 41). Wie aus den Gln. (6.18) und (6.19) hervorgeht, er-

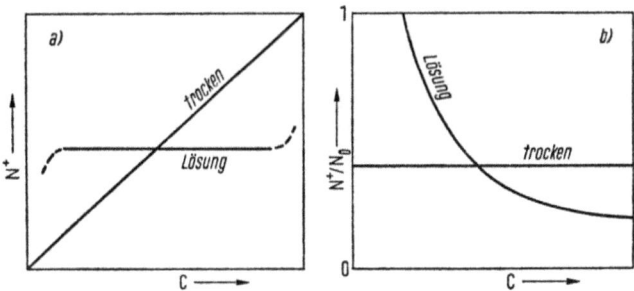

Abb. 41. a Zahl der pro Dosiseinheit veränderten Moleküle (N^+) in Abhängigkeit von der Konzentration bzw. Menge des bestrahlten Materials. b Relativer Anteil der pro Dosiseinheit veränderten Moleküle (N^+/N_0) in Abhängigkeit von der Konzentration bzw. Menge des bestrahlten Materials. (Nach Bacq u. Alexander, 1961)

gibt sich in Lösung für N^+ und im Trockenen für N^+/N_0 eine Unabhängigkeit von der Konzentration bzw. von der Menge des bestrahlten Materials N_0 (Abb. 41, a und b, horizontale Geraden). Wenn man andererseits die beiden obigen Gleichungen umformt, so ergibt sich:

Lösung: $\quad N^+/N_0 = f(D)/N_0 \quad$ (6.20)

trocken: $\quad N^+ = N_0 \cdot f(D)$. $\quad$ (6.21)

Das heißt, bei gegebener Dosis nimmt in Lösung N^+/N_0 mit $1/N_0$ ab, während im Trockenen die Zahl der inaktivierten Moleküle N^+ proportional zur Menge der insgesamt bestrahlten Moleküle N_0 ist (Abb. 41).

6.3. Indirekter Effekt in Zellen

Es ist interessant, einmal zu fragen, wie groß denn der Beitrag des indirekten Effekts in Zellen ist. Wir wollen uns dabei auf denjenigen indirekten Effekt beschränken, der durch den Angriff der Radikale des intracellulären Wassers hervorgerufen wird. Zum Studium der Verhältnisse im Zellinnern eignet sich besonders gut der Aktivitätstest von Enzymen oder die Verwendung der aus bestrahlten Zellen extrahierten DNS zu Transformationsexperimenten (vgl. Kap. 11.3). Hutchinson et al. (1957) bestrahlten Hefezellen verschiedenen Feuchtigkeitsgehaltes und regisrierten Dosis-Effekt-Kurven für die Aktivität verschiedener Enzyme. Es stellte sich dabei heraus, daß beispielsweise die Invertase in trockenen Zellen etwa halb so strahlenempfindlich ist wie in feuchten Zellen. Daraus, sowie aus der Tatsache, daß die Empfindlichkeit in trockenen Zellen mit derjenigen des gereinigten trockenen Enzyms übereinstimmt, wurde geschlossen, daß der Beitrag des indirekten Effekts in feuchten Zellen etwa mit dem des direkten Effekts vergleichbar ist. Bei anderen Zellen ergab der Invertase-Test überhaupt keine Abhängigkeit vom Feuchtigkeitsgehalt (Pauly et al., 1966). Transformierende DNS, die aus bestrahlten vegetativen Zellen von Bacillus subtilis extrahiert wurde, zeigte eine 4mal größere Empfindlichkeit gegenüber γ-Strahlung und schnellen Elektronen als die aus bestrahlten trockenen Sporen isolierte DNS (Tanooka u. Hutchinson, 1965; vgl. Abb. 80).

Natürlich kann man auch die Strahlenempfindlichkeit der Zelle selbst als Funktion des Feuchtigkeitsgehaltes testen. Dies zeigt Abb. 42 für den Fall der Inaktivierung von Coli-Bakterien. Je nach Trocknungsgrad erhält man D_{37}-Werte zwischen 3,6 und 12,4 krad (Bhattacharjee, 1961). In entsprechender Weise kann man auch die Empfindlichkeit von vegetativen Zellen und trockenen Sporen der gleichen Bakterienart vergleichen; im Falle von B. subtilis wird die Koloniebildungsfähigkeit von Zellen viermal schneller zerstört als die von Sporen (Tanooka u. Hutchinson, 1965), was mit dem oben genannten Empfindlichkeitsunterschied der aus beiden Species extrahierten transformierenden DNS übereinstimmt.

Die Reihe dieser Beispiele ließe sich noch beliebig fortsetzen. Sie führen alle etwa zu dem gleichen Resultat, nämlich, daß intracellulär direkter und indirekter Effekt ungefähr gleich groß sind, wobei es natürlich im einzelnen eine Rolle spielen kann, welche Zellfunktion getestet wird.

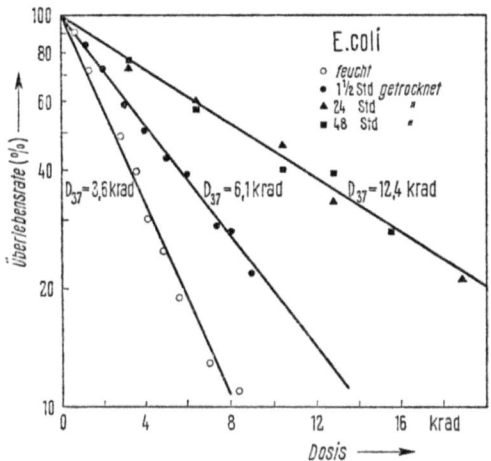

Abb. 42. Inaktivierung von Coli-Bakterien bei verschiedenen Trocknungsgraden (Bhattacharjee, 1961)

6.4. Indirekter Effekt im Trockenen

Unsere Argumentation bezüglich des Verhältnisses von direktem zu indirektem Effekt in Zellen ist insofern stark vereinfacht und im Grunde sogar unkorrekt, als wir bis jetzt stillschweigend annahmen, die in trockenen Zellen beobachtete Strahlenwirkung sei ausschließlich direkter Natur. Tatsächlich gibt es eine indirekte Strahlenwirkung jedoch nicht nur in Lösung, sondern auch bei der Bestrahlung in trockenem Zustand. Dabei kann der Begriff „trocken", der bei den Mikroorganismen eine recht verschwommene Bedeutung hat, in seinem strengsten Sinn verwendet werden; aber auch dann noch, z. B. bei der Bestrahlung hochgereinigter trockener Enzyme im Vakuum, wird ein indirekter Effekt beobachtet. Allerdings kann man hier nicht die elementaren Kriterien des letzten Abschnittes, wie z. B. den Verdünnungseffekt, anwenden.

Entstehung von atomarem Wasserstoff: Als wichtigster indirekter Wirkungsmechanismus im Trockenen dürfte, wie bereits erwähnt, der Angriff von atomarem Wasserstoff in Frage kommen, der bei der Bestrahlung organischer Verbindungen (MH) entsteht:

$$MH \rightarrow \dot{M} + \dot{H}. \tag{6.22}$$

Daß Wasserstoffatome bei der Bestrahlung von trockener DNS entstehen, wurde unter anderem von Müller u. Dertinger (1968) nachgewiesen: Die bei 77 °K erzeugten H-Atome machen sich im ESR-Spektrum durch zwei charakteristische Linien mit einem Abstand von 506 Oe bemerkbar (Abb. 43).

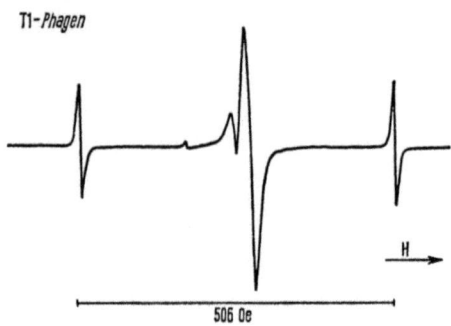

Abb. 43. Dublett des atomaren Wasserstoffs (506 Oe Kopplung) im ESR-Spektrum bestrahlter T1-Bakteriophagen bei 130° K. (Müller u. Dertinger, 1968)

Einen weiteren Hinweis auf die Entstehung atomaren Wasserstoffs in trockenen Systemen kann man darin sehen, daß die bei der Bestrahlung von Kohlenwasserstoffen (z. B. Swallow, 1960), Aminosäuren (Sommermeyer et al., 1967) Proteinen (ten Bosch u. Braams, 1963) und Nucleinsäure-Bausteinen (Heitkamp et al., 1968) entstehenden Gase zum überwiegenden Teil aus molekularem Wasserstoff bestehen, der seine Entstehung primär der Erzeugung von Wasserstoffatomen verdankt. Daneben findet man auch noch eine Reihe verschiedener Molekülbruchstücke, deren Häufigkeit jedoch mit wachsendem Molekulargewicht abnimmt.

Reaktion des atomaren Wasserstoffs: Die durch Bestrahlung freigesetzten Wasserstoffatome reagieren mit den ungeschädigten Molekülen hauptsächlich durch Anlagerung an eine Doppelbindung oder durch Abstraktion von Wasserstoff [Gln. (6.5) und (6.7)]. Die dabei primär entstehenden radikalischen Produkte lassen sich mit Hilfe der ESR-Spektroskopie identifizieren (z. B. in DNS-Bausteinen; vgl. Tab. 12). Die gleichen Produkte erhält man in vielen Fällen auch, wenn man atomaren Wasserstoff aus einer Gasentladung auf trockene pulverisierte biologische Substanzen einwirken läßt (z. B. Heller u. Cole, 1965).

Neben diesem physiko-chemischen Nachweis ist es auch möglich, direkt die schädigende Wirkung der nach Gl. (6.22) entstehenden Wasserstoffatome am biologischen Objekt zu untersuchen. Jung u. Kürzinger (1968) verwendeten dabei zur Erzeugung von atomarem Wasserstoff eine Anordnung, die einige Ähnlichkeit mit einem Plattenkondensator hat (Abb. 44). Den zu inaktivierenden Proben steht dabei eine

Folie aus Polyäthylenterephthalat gegenüber, aus der ein 2 MeV-Protonenstrahl die Wasserstoffatome freisetzt, die nun ihrerseits zu den Proben diffundieren und mit ihnen reagieren. Es zeigt sich, daß z. B. RN-ase, DNS des Phagen ΦX 174 (Abb. 44), aber auch ganze T1-Phagen dabei nach einer exponentiellen Kinetik inaktiviert werden. Die Temperaturabhängigkeit dieser Reaktion werden wir im nächsten Kapitel noch kennenlernen.

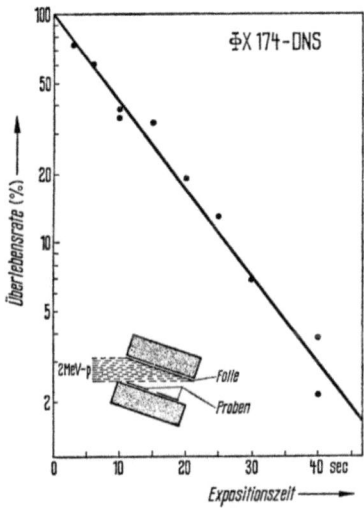

Abb. 44. Inaktivierung von infektiöser ΦX 174-DNS durch atomaren Wasserstoff, erzeugt durch Bestrahlung einer Folie aus Polyäthylenterephthalat mit 2 MeV-Protonen. (Jung u. Kürzinger, 1968)

Die Größe des indirekten Effekts im Trockenen läßt sich nur schwer abschätzen, da weder über die Erzeugung noch über die Reaktionen von Wasserstoffatomen in biologischem Material quantitative Daten existieren. Immerhin ist es möglich, mit Hilfe des Temperatur-Effektes, der das wichtigste Kriterium des indirekten Effektes im Trockenen darstellt (vgl. Kap. 7), eine Vorstellung über seine Größe zu vermitteln. Wenn wir annehmen, daß die temperaturabhängige Komponente des Inaktivierungsquerschnitts (vgl. Abb. 51) den indirekten Effekt widerspiegelt, während der von der Temperatur unabhängige Anteil von der direkten Strahlenwirkung herrührt, dann sind bei Zimmertemperatur die Beiträge von direktem und indirektem Effekt in etwa vergleichbar.

Intermolekulare Energieleitung: Der Angriff strahlenerzeugter Wasserstoffatome ist zweifellos der wichtigste und überwiegende Mechanismus, mit dessen Hilfe im Trockenen Strahlenenergie von außen auf ein ungeschädigtes Biomolekül übertragen werden kann. Jedoch sind andere Mechanismen der indirekten Strahlenwirkung nicht auszuschließen. In diesem Zusammenhang wird seit langem das Phänomen der intermolekularen Energieleitung diskutiert. Diese Art der Energieübertragung findet z. B. in Plastikszintillatoren statt. Dabei wird die ionisierende Strahlung im Hauptbestandteil des Szintillators (meist Polystyrol) absorbiert und ein Teil der Energie auf mengenmäßig geringe Zusätze (z. B. Terphenyl) übertragen, die dadurch zur Lumineszenz angeregt werden. Auch in der belebten Natur (beispielsweise in Algen) ist der Prozeß der intermolekularen Energieübertragung zur Ausnutzung der in geeigneten Farbstoffmolekülen absorbierten Lichtenergie in vielfältiger Weise realisiert, wobei die Quantenausbeuten in den meisten Fällen wesentlich größer sind als bei den Szintillatoren. Allerdings ist bis jetzt nicht nachgewiesen worden, ob dieser Prozeß auch bei der Bestrahlung von hochgereinigten Präparationen von biologisch wichtigen Makromolekülen eine Rolle spielt. Allerdings wird die intermolekulare Energieleitung seit längerem an bestrahlten molekularen Mischungen beispielsweise aus Proteinen und kleinen schwefelhaltigen Molekülen untersucht. Man beobachtet hier in Abhängigkeit von der Temperatur Veränderungen der ESR-Spektren solcher Mischungen, die auf eine Übertragung der Radikalstellen auf die beigemengten schwefelhaltigen Moleküle schließen lassen (z. B. Gordy u. Miyagawa, 1960; Henriksen et al., 1963). Jedoch ist nicht sicher, ob dieser Spintransfer nicht über diffusible Radikale verläuft und ob man deshalb hier nicht ebensogut mit der im Rahmen der Schutzstoffwirkung noch zu diskutierenden Hypothese der Wasserstoff-Donation [Gl. (6.25)] argumentieren kann. Eine ausführliche Darstellung der hier angeschnittenen Probleme findet der interessierte Leser bei Phillips (1966).

Abschließend sei als Ergänzung zum indirekten Effekt noch der Grenzfall der *gefrorenen Lösungen* betrachtet. Wie Abb. 56 zeigt, macht die Strahlenempfindlichkeit von gelöstem Trypsin am Gefrierpunkt einen Sprung, und zwar ist die Empfindlichkeit im Eis zweifellos dadurch herabgesetzt, daß die Diffusion der strahlenerzeugten Wasserradikale erheblich verringert ist. Allerdings variiert die Strahlenempfindlichkeit auch unterhalb des Gefrierpunktes mit der Temperatur und ist darüber hinaus stets größer als im Falle der Bestrahlung im Trockenen. Das zeigt deutlich, daß auch im Eis der indirekte Effekt keineswegs völlig verschwindet, wenn auch nicht ganz geklärt ist, auf welchen Prozessen er beruht. Schließlich sei noch darauf hingewiesen, daß alles, was bisher über den direkten und indirekten Effekt gesagt wurde, durch die Kapitel 7 und 8, also durch Temperatur- und Sauerstoff-Effekt, ergänzt und abgerundet wird.

6.5. Schutz- und Sensibilisierungsstoffe

Die Erforschung der Wirkungsmechanismen von Schutz- und Sensibilisierungsstoffen zählt zu den wichtigsten Aufgaben der molekularen Strahlenbiologie. Während die Bedeutung von Strahlenschutzstoffen kaum eines Kommentars bedarf, so ergibt sich die Notwendigkeit der

Untersuchung von Sensibilisierungsstoffen z. B. aus ihrer Anwendung zur selektiven Sensibilisierung von Tumoren in der Strahlentherapie. Die Wirkung derartiger die Strahlenempfindlichkeit modifizierender Stoffe ist keineswegs eindeutig und einheitlich, und man ist deshalb trotz zahlreicher Experimente nicht über das Anfangsstadium des Verständnisses hinaus gediehen. Wir wollen daher in diesem Abschnitt nicht auf die verwirrende Vielfalt der experimentellen Befunde eingehen, sondern uns darauf beschränken, prinzipielle Vorstellungen von der Wirkung dieser Stoffe zu vermitteln. Wir tun dabei gut daran, mit den Begriffen Schutz und Sensibilisierung behutsam umzugehen. Beispielsweise muß man bei der Sensibilisierung berücksichtigen, daß es sich dabei sowohl um die Blockierung eines natürlicherweise wirksamen Schutzvorganges, aber auch um eine echte Sensibilierung, etwa durch intermolekulare Energieleitung oder durch die zusätzliche Erzeugung von diffusiblen Radikalen handeln kann, d. h. allgemein um eine Erhöhung des indirekten Effektes. So wird z. B. Trypsin empfindlicher, wenn es im Trockenen in Gegenwart von Dextran, Ribose oder Lactose bestrahlt wird (Tobias et al., 1960). Aber auch bei der Einwirkung von sichtbarem und ultraviolettem Licht beobachtet man eine Sensibilisierung durch die sog. „photodynamischen Wirkstoffe", über die ein Artikel von Spikes u. Straight (1967) nähere Information gibt. Wegen der Schwierigkeiten, allgemeine Gesetzmäßigkeiten für die Wirkung der Sensibilisierungsstoffe aufzustellen, wollen wir auf dieses an sich interessante Gebiet nicht näher eingehen. Wir werden uns daher im Folgenden darauf beschränken, die wichtigsten Aspekte der Schutzstoffwirkung darzustellen.

Auf molekularem Niveau unterscheidet man zweckmäßigerweise zwei Arten der Schutzwirkung: Konkurrenzschutz und Restitutionsschutz. Unter dem *Konkurrenzschutz* („competitive protection") versteht man dabei die Fähigkeit geeigneter chemischer Verbindungen, mit den Biomolekülen um die Reaktion mit den diffusiblen Radikalen zu konkurrieren. Die Größe des hieraus resultierenden Schutzes hängt in erster Linie vom Konzentrationsverhältnis beider konkurrierender Molekülsorten, aber natürlich auch vom Verhältnis ihrer Reaktionskonstanten mit den Radikalen ab. Besonders wirksame Schutzstoffe in diesem Sinne sind die sog. Radikalfänger, auf die wir noch zu sprechen kommen. Charakteristisch für den Konkurrenzschutz ist, daß dadurch der Anteil der indirekten Strahlenwirkung verringert wird. Im Gegensatz hierzu ist beim *Restitutionsschutz,* dem zweiten wichtigen Schutzmechanismus, die Zahl der primär entstehenden Schäden sowohl mit als auch ohne Schutzstoff gleich groß. Der Schutzstoff macht jedoch einen Teil dieser Schäden wieder rückgängig, so daß als Nettoeffekt eine Schutzwirkung resultiert. Welcher Anteil eines im Experiment beobachteten Schutzeffektes auf Konkurrenz- bzw. Restitutionsschutz zurückzuführen ist, kann nicht generell angegeben, sondern muß in jedem Einzelfall für sich festgestellt werden.

a) Schutzwirkung im Trockenen

Unter den Schutzstoffen, die auch im Trockenen wirksam sind, nehmen Verbindungen, die eine Sulfhydrylgruppe (allgemeine Formel: RSH) oder eine Disulfidbindung enthalten (allgemeine Formel: R_1SSR_2) eine Sonderstellung ein. Von diesen Schutzstoffen sind bisher Cystein, Cystin, Cysteamin, Cystamin, Thioglykol und Glutathion besonders ausführlich untersucht worden. Als Beispiel für eine Schutzwirkung im Trockenen ist auf Abb. 45 der Schutzfaktor (das ist das Verhältnis der

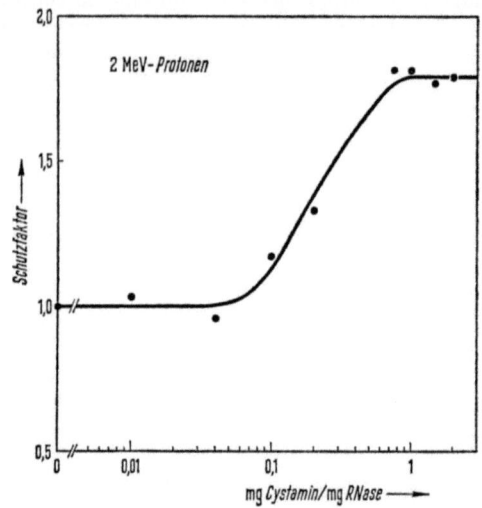

Abb. 45. Schutzfaktor (Quotient aus den D_{37}-Werten mit und ohne Schutzstoff) bei der Inaktivierung von Ribonuclease durch 2 MeV-Protonen in Abhängigkeit von der Konzentration des Schutzstoffes Cystamin (Jung, 1966)

37%-Dosen, die mit bzw. ohne Schutzstoff erhalten werden) für die Inaktivierung von Ribonuclease über der Konzentration des Schutzstoffes Cystamin aufgetragen. Der maximale Schutzfaktor beträgt 1,8 und wird bei einem Gewichtsverhältnis Cystamin zu RN-ase von etwa 0,8 erreicht. Qualitativ ähnliche Kurvenverläufe erhält man auch mit anderen Schutzstoffen und anderen Systemen.

Die Schutzwirkung im Trockenen kann sowohl auf einem Konkurrenzschutz als auch auf einem Restitutionsschutz beruhen. Die Möglichkeit eines Konkurrenzschutzes spiegelt sich in einer von Braams (1963) vorgeschlagenen Hypothese wider, wonach die in bestrahltem Material gemäß Gl. (6.22) entstehenden Wasserstoffatome mit dem Schutzstoff reagieren:

$$\dot{H} + RSH \rightarrow R\dot{S} + H_2 \qquad (6.23)$$
$$\dot{H} + R_1SSR_2 \rightarrow R_1SH + R_2\dot{S}. \qquad (6.24)$$

Dadurch wird die Schädigung weiterer Biomoleküle nach Gln. (6.5) und (6.7) verhindert. Um einen möglichen Restitutionsschutz im Trockenen Rechnung zu tragen, schlugen Alexander u. Charlesby (1955) sowie Howard-Flanders (1960) den Mechanismus einer Wasserstoff-Donation vor, nach dem ein geschädigtes Biomolekül $\dot{M}$ durch Übertragung eines Wasserstoffatoms vom SH-haltigen Schutzstoff restituiert wird:

$$\dot{M} + RSH \rightarrow MH + R\dot{S}. \qquad (6.25)$$

Ein Restitutionsschutz der Disulfid-Verbindungen dürfte in Abwesenheit eines reduzierenden Mediums allerdings nur schwer zu formulieren sein.

Eine Entscheidung zugunsten einer der beiden Vorstellungen ist noch nicht gefallen; denn möglicherweise spielen beide Hypothesen eine Rolle. Interessant an der Braamsschen Hypothese ist der maximal erreichbare Schutzfaktor von 2, wie er in der Praxis in vielen Fällen annähernd gemessen wird (z. B. Abb. 45). Er kommt dadurch zustande, daß nach Gl. (6.22) auf jedes erzeugte Radikal $\dot{M}$ ein freigesetztes H-Atom kommt, das seinerseits nach (6.5) oder (6.7) mit einem weiteren Molekül MH reagieren kann. Fängt man diese H-Radikale nach Gl. (6.23) oder (6.24) quantitativ weg, so halbiert sich die Ausbeute an $\dot{M}$, was einen Schutzfaktor von 2 ergibt. Dagegen ist nach Gl. (6.25) ein unbegrenzter Schutz möglich. Man kann jedoch auch in die Hypothese von Alexander, Charlesby u. Howard-Flanders leicht einen endlichen Schutzfaktor einbauen, wenn man berücksichtigt, daß ja auch die Reaktion (6.5) im Trockenen nachweislich stattfindet. Es genügt dann anzunehmen, daß nicht $M\dot{H}_2$, sondern nur $\dot{M}$ durch SH restituiert wird.

Die Gln. (6.23), (6.24) und (6.25) führen alle zur Bildung eines Schwefelradikals $R\dot{S}$. Radikale dieses Typs können mit Hilfe der ESR bequem nachgewiesen werden. Sie sind erkennbar an einem typischen breiten Ausläufer des ESR-Spektrums bei kleiner Feldstärke. Wir wollen die Bildung dieses Radikals an einem Beispiel verfolgen, das zugleich auch für die Reaktion (6.25) zu sprechen scheint. Werden Heringsspermien, die zu 65% aus DNS bestehen, im Vakuum bei 77 °K bestrahlt, so ergeben sich bei tiefen Temperaturen mit und ohne Cysteamin-Zumischung übereinstimmende ESR-Spektren (Abb. 46 a). Die Signale, die sofort nach Anwärmen auf Zimmertemperatur registriert wurden (b), unterscheiden sich davon nur wenig. Erst die Spektren, die man 6 Tage nach dem Aufwärmen bei Zimmertemperatur erhält (c), zeigen signifikante Unterschiede: es erscheint in der rechten Spalte das charakteristische Spektrum des Radikals $R\dot{S}$ (Pfeil!). Obwohl dieses Beispiel besonders wegen der ausgeprägten Temperatur- und Zeitabhängigkeit der Spinübertragung wohl eher auf einen Restitutionsmechanismus als auf einen Wegfang der H-Atome schließen läßt, die ja beim Anwärmen auf Zimmertemperatur in kürzester Zeit abreagiert haben müßten, so stellt dieser Befund natürlich noch keinen eindeutigen Beweis für die

Restitutions-Hypothese dar. Denn es darf nicht übersehen werden, daß der Prozeß der H-Donation bei trockenen Proben infolge der stark eingeschränkten Diffusion der beteiligten Partner nicht ohne weiteres verständlich ist.

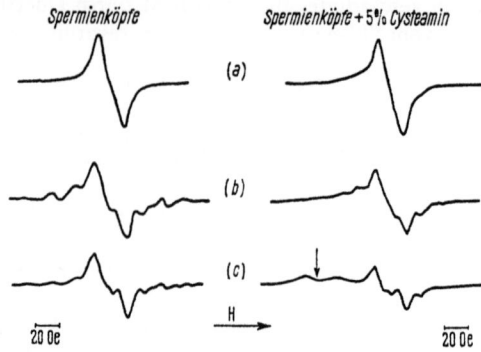

Abb. 46 a—c. ESR-Spektren von Heringsspermienköpfen mit und ohne Zusatz von Cysteamin nach Bestrahlung bei 77° K. a Messung bei 77° K. b Messung nach Anwärmen auf Zimmertemperatur. c Messung nach 6 Tagen Lagerung bei Zimmertemperatur. (Nach Ormerod u. Alexander, 1962)

b) Schutzwirkung in Lösung

Den elementarsten Konkurrenzschutz erhält man im Bereich der molekularen Strahlenbiologie, indem man z. B. Phagen in Lösung bestrahlt, die zwischen 1 und 5% Nährbouillon enthält (vgl. Abb. 92). Die darin enthaltenen hochmolekularen organischen Verbindungen reagieren sehr effektiv mit den verschiedenen strahlenerzeugten Wasserradikalen und schützen die Phagen weitgehend gegen deren Angriff. Daneben gibt es eine Reihe von chemischen Verbindungen, die *selektiv* bestimmte Wasserradikale wegfangen. So werden z. B. T1-Phagen bei Bestrahlung in Puffer durch Nitrationen geschützt, die sehr effektiv mit den hydratisierten Elektronen reagieren (Bachofer u. Pollinger, 1954):

$$NO_3^- + e^- + H^+ \rightarrow NO_2 + OH^-. \tag{6.26}$$

Als Beispiele zur Schutzwirkung eines charakteristischen OH-Fängers sei der Schutz von T1-Phagen durch Ortho- bzw. Para-aminobenzoesäure (PABA) erwähnt (Bachofer u. Hartwig, 1956), sowie der Schutz von infektiöser Phagen-DNS durch Zugabe von Kaliumjodid (Blok, 1967). Selektive H-Fänger gibt es praktisch nicht, doch reagieren die meisten Radikalfänger mehr oder weniger stark mit atomarem Wasserstoff, so z. B. der Sauerstoff, der zugleich auch ein guter Elektronenfänger ist:

$$O_2 + e^- \rightarrow O_2^- \tag{6.27}$$

$$O_2 + \dot{H} \rightarrow H\dot{O}_2. \tag{6.28}$$

Diese beiden Gleichungen stellen gewissermaßen die Ergänzung zur Radiolyse des Wassers bei Anwesenheit von Sauerstoff dar. Die beiden Radikale O_2^- und $H\dot{O}_2$ scheinen im allgemeinen unschädlich zu sein, so daß der Sauerstoff, falls die gelösten Moleküle besonders empfindlich gegenüber dem Angriff von H und e^- sind, schützend wirken kann. Allerdings sind die im allgemeinen beobachteten Schutzwirkungen gering, da die meisten Biomoleküle mit OH-Radikalen reagieren. Fängt man jedoch die OH-Radikale z. B. durch Zugabe von KJ weitgehend quantitativ weg, dann werden recht erhebliche Schutzfaktoren beobachtet: Blok (1967) fand z. B. beim Bestrahlen von infektiöser ΦX 174-DNS (vgl. Kap. 11.2) in KJ-haltiger Lösung unter Stickstoffatmosphäre eine 150mal höhere Strahlenempfindlichkeit als unter aeroben Versuchsbedingungen. Wie viele Radikalfänger, so ändert auch der Sauerstoff im Trockenen seine Wirkung fundamental und wirkt in den meisten Fällen sensibilisierend, was wir in Kapitel 8 noch ausführlich behandeln werden. Für weitere Einzelheiten zur Wirkungsweise der Radikalfänger verweisen wir auf den Übersichtsartikel von Nakken (1965).

Wie im Trockenen so sind auch in Lösung die Sulfhydrylverbindungen von besonderer Bedeutung. Diese im allgemeinen recht toxischen Verbindungen üben in vielen Fällen selbst in solchen Systemen noch einen Schutz aus, in denen bereits durch Radikalfänger ein maximaler Konkurrenzschutz erzielt wird. Ein Beispiel soll dies verdeutlichen. In Abb. 47 ist die Abhängigkeit der D_{37} für die Inaktivierung von T1-Phagen von der Konzentration des SH-haltigen Schutzstoffes Cysteamin aufgetragen. Wir ersehen daraus zunächst, daß Nährbouillon allein einen Konkurrenzschutz von einem Faktor 7 hervorruft. Mit zunehmen-

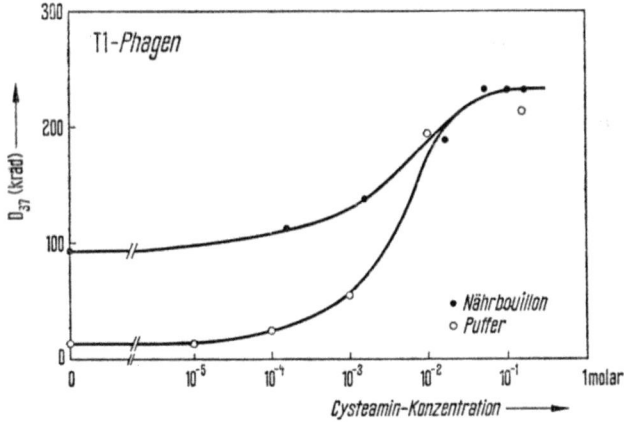

Abb. 47. 37%-Dosen (D_{37}) für die Inaktivierung von T1-Bakteriophagen in Nährbouillon bzw. Puffer in Abhängigkeit von der Konzentration des Schutzstoffes Cysteamin. (Hotz u. Müller, 1962)

der Konzentration übt jedoch das Cysteamin einen zusätzlichen Schutz aus, dessen Größe nicht davon abhängt, ob außerdem noch andere Radikalfänger (z. B. Bouillon) anwesend sind oder nicht.

Diese zusätzliche Schutzwirkung des Cysteamins in Systemen, in denen bereits maximaler Konkurrenzschutz herrscht, könnte man als einen Hinweis auf das Vorliegen eines Restitutionsschutzes nach Gl. (6.25) ansehen. Doch herrscht hierüber noch keine völlige Klarheit, obwohl ein Restitutionsschutz in Lösung eher möglich erscheint als im Trockenen. Daß eine Restitutionsreaktion nach Gl. (6.25) überhaupt energetisch möglich ist, geht aus der Tab. 6 hervor.

Tabelle 6. *Vergleich der Bindungsenergien von Wasserstoff in verschiedenen Verbindungen zur Diskussion eines Restitutionsschutzes nach dem Schema:*

$$H_2O \longrightarrow \dot{H} + \dot{O}H$$
$$\dot{O}H + MH \longrightarrow \dot{M} + H_2O$$
$$\dot{M} + RSH \longrightarrow R\dot{S} + MH$$

Bindung	Energie	
	[eV]	[kcal/Mol]
HO—H	5	118
N—H, C—H	4,1—4,4	95—100
RS—H	3,7	87— 89

Einen Hinweis darauf, daß SH-Verbindungen mit geschädigten Biomolekülen in Reaktion treten können, liefern die Befunde von Blok (1967). Er stellte fest, daß beim Bestrahlen von ΦX 174-DNS in wäßriger, Thioglykol enthaltender Lösung nicht nur der zu erwartende Schutzeffekt bezüglich der Inaktivierung eintritt, sondern daß zugleich die Mutationshäufigkeit ansteigt. Und zwar wurden bei $1,5 \cdot 10^{-3}$-molarer Schutzstoffkonzentration $2,1 \cdot 10^{-3}$ Mutationen pro Letalereignis gemessen, während die Mutationsrate in reiner Lösung kaum über der Nachweisgrenze lag. Dies liegt nun aber nicht an den hohen Dosen, die man infolge der guten Schutzwirkung des Thioglykols benötigt. Denn mit Desoxyguanylsäure konnte zwar der gleiche Schutzeffekt erzielt werden, die Zahl der Mutationen lag jedoch um einen Faktor 14 unter dem in Thioglykol gemessenen Wert. Da ferner Inaktivierungsrate und Mutationsauslösung in Gegenwart von Thioglykol proportional sind, kann geschlossen werden, daß der Schutzstoff mit den DNS-Radikalen reagiert. Die entstehenden chemischen Veränderungen sind aber nicht mehr letal, sondern führen lediglich zu einer Mutation. Vorsichtig könnten wir diesen Tatbestand auch ausdrücken, indem wir sagen, ein eventueller Restitutionsschutz führt nicht immer zur völligen Wiederherstellung des Originalzustandes. Dies ist nicht unplausibel, wenn man einmal bedenkt, daß durch die Strahlenwirkung an der DNS nicht nur Wasserstoff, sondern auch andere Gruppen abgespalten werden können. Wird an solchen Stellen durch den Mechanismus des Restitutionsschutzes Wasserstoff abgegeben, so resultiert dadurch eine Basenveränderung oder dgl., was eine Mutation bedingen kann.

Ein weiterer Hinweis auf die Existenz eines Restitutionsschutzes bei SH-haltigen Verbindungen scheint sich aus der Hypothese des Sauerstoff-Effektes zu ergeben, worauf wir in Kap. 8 noch eingehen werden. Die bisherige Diskussion hat jedoch aufgezeigt, daß nicht nur unser Wissen über Schutz- und Sensibilisierungsreaktionen, sondern auch die eng damit verknüpfte Kenntnis der Mechanismen der direkten und indirekten Strahlenwirkung noch völlig unzureichend ist. Viele systematische und gezielte Experimente werden noch durchgeführt werden müssen, ehe sich wenigstens eine widerspruchsfreie, wenn auch nicht in allen Einzelheiten klare Vorstellung von den molekularen Prozessen der Strahlenwirkung abzeichnen wird.

Literatur

Alexander, P., and A. Charlesby: In: Radiobiology symposium. Eds. Z. M. Bacq and P. Alexander. London: Butterworth 1955, p. 49.
Bachofer, C. S., and Q. L. Hartwig: Radiat. Res. **5**, 528 (1956).
—, and M. A. Pollinger: J. gen. Physiol. **37**, 663 (1954).
Bacq, Z. M., and P. Alexander: Fundamentals of radiobiology. Oxford: Pergamon Press 1961.
Berger, K. U.: Z. Naturforsch. 24 b, im Druck (1969).
Bhattacharjee, S. B.: Radiat. Res. **14**, 50 (1961).
Blok, J.: In: Radiation research. Ed. G. Silini. Amsterdam: North-Holland Publ. Co. 1967, p. 423.
ten Bosch, J. J., u. R. Braams: Zitiert bei Braams (1963).
Braams, R.: Nature 200, 752 (1963).
Butler, J. A. V., A. B. Robins, and J. Rotblat: Proc. roy. Soc. **256**, 1 (1960).
Buxton, G. V.: In: Radiation research. Ed. G. Silini. Amsterdam: North-Holland Publ. Co. 1966, p. 423.
Gordy, W., and I. Miyagawa: Radiat. Res. **12**, 211 (1960).
Günther, W., u. H. Jung: Z. Naturforsch. 22 b, 313 (1967).
Heitkamp, D., O. Merwitz u. H. Späth: Z. Naturforsch. 23 b, 403 (1968).
Heller, H. C., and T. Cole: Proc. nat. Acad. Sci. (Wash.) **54**, 1486 (1965).
Henriksen, T., T. Sanner, and A. Pihl: Radiat. Res. **18**, 163 (1963).
Hotz, G., u. A. Müller: Z. Naturforsch. 17 b, 34 (1962).
Howard-Flanders, P.: Nature 186, 485 (1960).
Hutchinson, F.: Radiat. Res. Suppl. **2**, 49 (1960).
—, A. Preston, and B. Vogel: Radiat. Res. **7**, 465 (1957).
Jung, H.: Z. Naturforsch. 20 b, 764 (1965).
— Z. Naturforsch. 21 b, 1165 (1966).
—, and K. Kürzinger: Radiat. Res. **36**, 369 (1968).
— — Z. Naturforsch. 24 b, 328 (1969).
—, u. H. Schüßler: Z. Naturforsch. 21 b, 224 (1966).
Müller, A., u. H. Dertinger: Z. Naturforsch. 23 b, 83 (1968).

Nakken, K. F.: In: Current topics in radiation research, Vol. I. Eds. M. Ebert and A. Howard. Amsterdam: North-Holland Publ. Co. 1965, p. 49.
Ormerod, M. G., and P. Alexander: Nature **193**, 290 (1962).
Pauly, H., H. Pfister u. B. Rajewsky: Biophysik **3**, 36 (1966).
Phillips, G. O. (Ed.): Energy transfer in radiation processes. Amsterdam: Elsevier Publishing Company 1966.
Sommermeyer, K., J. Stegle, u. G. H. Schnepel: Atompraxis **13**, 20 (1967).
Spikes, J. D., and R. Straight: Ann. Rev. Phys. Chem. **18**, 409 (1967).
Spinks, J. W. T., and R. J. Woods: An introduction to radiation chemistry. New York: John Wiley & Sons 1964.
Swallow, A. J.: Radiation chemistry of organic compounds. Oxford: Pergamon Press 1960.
Tanooka, H., and F. Hutchinson: Radiat. Res. **24**, 43 (1965).
Tobias, C. A., T. Brustad, and T. Manney: In: The initial effects of ionizing radiations on cells. Ed. R. J. C. Harris. London, New York: Academic Press 1960, p. 257.
Zimmer, K. G., u. J. Bouman: Physikal. Zschr. **45**, 298 (1944).

7. Kapitel: Der Temperatur-Effekt

In Kap. 5 benutzten wir zur Bestimmung der Treffbereichs-Molekulargewichte die bei Zimmertemperatur erhaltenen 37%-Dosen und verglichen die so erhaltenen Werte mit den realen Molekulargewichten der bestrahlten Biomoleküle. Da es keinen rationalen Grund für die Auszeichnung der Zimmertemperatur gibt, wollen wir uns nun mit der Abhängigkeit der Inaktivierungsrate von der während der Bestrahlung herrschenden Temperatur befassen. Insofern sind die Bemühungen dieses Kapitels zum Teil als Ergänzung der Treffbereichstheorie anzusehen. Darüber hinaus werden sich einige zusätzliche Erkenntnisse zum indirekten Effekt (vgl. Kap. 6) ergeben, die um so bedeutsamer sind, als sich das Verhalten vieler biologischer Objekte unter Bestrahlung in bemerkenswert einheitlicher Weise in Abhängigkeit von der Temperatur beschreiben läßt.

7.1. Experimentelle Befunde

Als Temperatur-Effekt bezeichnet man das Phänomen, daß die Strahlenempfindlichkeit sehr vieler Makromoleküle und biologischer Objekte mit sinkender Bestrahlungstemperatur abnimmt, was sich in einer Verringerung der Neigung der Dosis-Effekt-Kurve äußert. Als Beispiel hierfür ist auf Abb. 48 die Inaktivierung von trockener RN-ase mit 2 MeV-Protonen bei 2 verschiedenen Temperaturen dargestellt. Daß es, zumindest bei der Bestrahlung von Makromolekülen, tatsächlich auf die während der Bestrahlung herrschende Temperatur an-

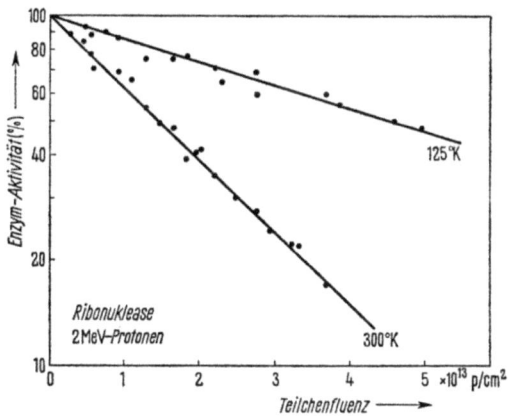

Abb. 48. Inaktivierung von Ribonuclease durch 2 MeV-Protonen bei 125° K und 300° K. (Günther u. Jung, 1967)

kommt, zeigt Abb. 49 am Beispiel der Inaktivierung von Trypsin durch beschleunigte Kohlenstoff-Ionen. Denn eine Veränderung der Temperatur der Trypsin-Proben vor oder nach der Bestrahlung hat keinen Einfluß auf die bei 300 °K ermittelte Strahlenempfindlichkeit.

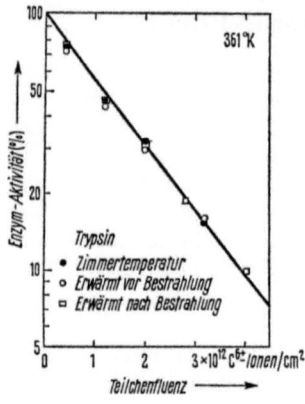

Abb. 49. Inaktivierung von Trypsin durch beschleunigte Kohlenstoff-Ionen bei Zimmertemperatur und Erwärmung der Proben vor bzw. nach der Bestrahlung auf 361° K. (Brustad, 1964)

Dies trifft im allgemeinen bei autonomen Mikroorganismen, wie z. B. den Bakterien, nicht zu. Auf Grund ihrer enzymatisch gesteuerten Reparatursysteme für Strahlenschäden stellt man häufig einen Effekt der Temperatur-Nachbehandlung fest, beispielsweise einen Einfluß der Inkubationstemperatur. Dieses Verhalten wollen wir jedoch nicht als Temperatur-Effekt im eigentlichen Sinne betrachten und deshalb aus unseren Überlegungen ausklammern.

Der Temperatur-Effekt bestätigt in seiner Universalität in gewisser Weise die Vorstellung, daß die biologische Inaktivierung mit elementaren Schäden der frühen physiko-chemischen Phase der Strahlenwirkung korrelierbar ist (vgl. Abb. 2). Beispielsweise zeigen im Falle des Trypsins die Inaktivierungsrate und die Erzeugung freier Radikale die gleiche Temperaturabhängigkeit (Abb. 50); dies weist darauf hin, daß die Radikale zumindest in diesem Fall eine wesentliche Vorstufe der Inaktivierung darstellen.

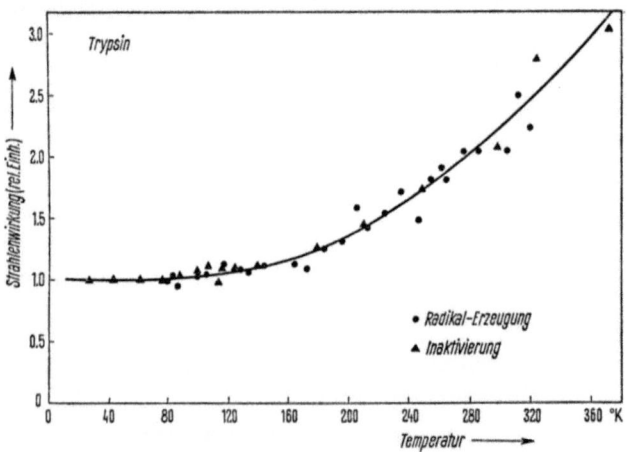

Abb. 50. Temperaturabhängigkeit der Inaktivierung und der Radikalerzeugung bei Trypsin. (Henriksen, 1966)

Eine weitere Art von Temperatur-Effekt, auf die wir bei der Besprechung des indirekten Effektes bereits hingewiesen haben (vgl. Kap. 6.4) stellt die unterschiedliche Strahlenempfindlichkeit von Biomolekülen in Lösung oberhalb und unterhalb des Gefrierpunktes dar. Wie wir an einem späteren Beispiel noch sehen werden (vgl. Abb. 56), tritt beim Erstarren einer wäßrigen Lösung von Trypsin ein Empfindlichkeitssprung von einem Faktor 100 auf. Dieser kommt dadurch zustande, daß im Eis die Diffusion der strahlenerzeugten Wasserradikale stark eingeschränkt und somit die Möglichkeit einer Reaktion mit den anwesenden Enzym-Molekülen herabgesetzt wird. Allerdings ist auch im Eis der Beitrag diffusibler Radikale nicht völlig verschwunden, was sich daran zeigt, daß die Inaktivierungsrate von Trypsin auch unterhalb des Gefrierpunktes von der Temperatur abhängt (vgl. Abb. 56). Diese Befunde legen die Vermutung nahe, daß der Temperatur-Effekt auf das Vorliegen einer indirekten Strahlenwirkung hindeutet, was wir im folgenden näher untersuchen und bestätigen wollen.

7.2. Temperatur-Effekt und indirekte Strahlenwirkung

Präzise formuliert lautet unsere Vermutung, daß der temperaturabhängige Anteil einer Strahlenschädigung auf den Angriff diffusibler Radikale zurückgeht, der, wie wir wissen, auch in trockenen Systemen auftreten kann (vgl. Kap. 6.4). Wir nehmen also an, der Temperatur-Effekt bringe die Temperaturabhängigkeit einer Reaktionskonstanten k zum Ausdruck, beispielsweise der Reaktion von atomarem Wasserstoff mit Biomolekülen. Die Temperaturabhängigkeit ist in diesem Falle bekanntlich durch folgende Beziehung gegeben:

$$k = k' \, e^{-\frac{E}{RT}}. \quad (7.1)$$

Dabei ist k' eine Konstante, T die absolute Temperatur, R die universelle Gaskonstante (1,9862 cal·grad^{-1}·Mol^{-1}) und E die Aktivierungsenergie der betreffenden Reaktion. Der Exponentialfaktor in Gl. (7.1) ist bei einer Boltzmann-Verteilung der Energie gerade gleich der relativen Zahl der Moleküle, die bei der Temperatur T die Aktivierungsenergie E besitzen. Nimmt man an, daß sich die Strahlenwirkung insgesamt aus direkter (temperaturunabhängiger) und indirekter Wirkung zusammensetzt, so kann man für die Strahlenempfindlichkeit bei dünn ionisierender Strahlung bzw. für den Wirkungsquerschnitt bei Korpuskelstrahlung den folgenden Ansatz machen:

$$\gamma\text{-Strahlung:} \quad 1/D_{37}^{\gamma} = k_0 + k_1 \, e^{-\frac{E}{RT}} \quad (7.2)$$

$$\text{Korpuskelstrahlung:} \quad \sigma = \sigma_0 + \sigma_1 \, e^{-\frac{E}{RT}} \quad (7.3)$$

Unser Ziel ist nun zunächst nachzuprüfen, inwieweit die Ansätze nach den Gln. (7.2) und (7.3) gerechtfertigt sind und ob aus den Experimenten eine Bestimmung der Aktivierungsenergie möglich ist, auf Grund derer Rückschlüsse auf bestimmte Reaktionen gezogen werden können. Dazu formen wir die Gln. (7.2) und (7.3) folgendermaßen um:

$$\ln(\sigma - \sigma_0) = \ln \sigma_1 - E/RT. \tag{7.4}$$

Die Auftragung von $\ln(\sigma - \sigma_0)$ über $1/T$ („Arrhenius-Diagramm") sollte also eine Gerade mit der Neigung E/R ergeben, die unmittelbar die Bestimmung der Aktivierungsenergie E erlaubt. Wenn möglicherweise mehrere Prozesse mit verschiedenen Aktivierungsenergien zum temperaturabhängigen Schaden beitragen, kann man Gl. (7.3) entsprechend erweitern:

$$\sigma = \sigma_0 + \sigma_1 \cdot e^{-E_1/RT} + \sigma_2 \cdot e^{-E_2/RT} + \ldots \tag{7.5}$$

Wir wollen nun anhand eines Beispiels nachprüfen, inwieweit der Ansatz (7.5) in der Lage ist, experimentelle Befunde zu beschreiben. Abb. 51 zeigt den Wirkungsquerschnitt für die Inaktivierung von Ribonuclease durch 2 MeV-Protonen als Funktion der reziproken Temperatur. Mit zunehmenden Werten von $1/T$, d. h. mit abnehmender Tem-

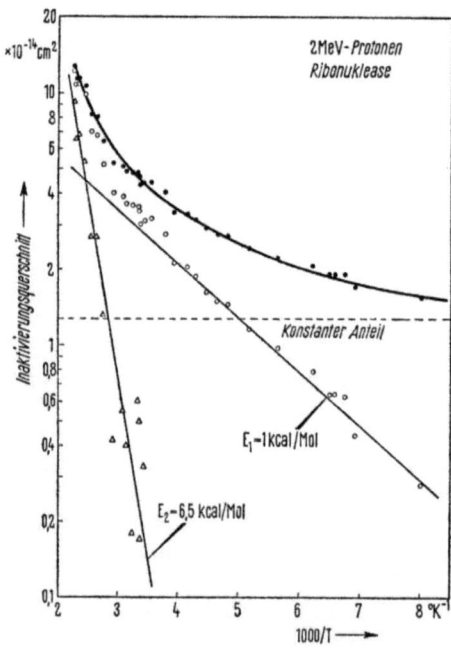

Abb. 51. Wirkungsquerschnitte für die Inaktivierung von Ribonuclease durch 2 MeV-Protonen in Abhängigkeit von der reziproken absoluten Temperatur (Arrhenius-Diagramm). Zur Bestimmung der Aktivierungsenergien E_1 und E_2 s. Text. (Kürzinger u. Jung, 1968)

Tabelle 7. *Zusammenstellung der Aktivierungsenergien E_1 und E_2 für die Beschreibung des Wirkungsquerschnitts $\sigma(T)$ als Funktion der absoluten Temperatur T durch Gl. (7.5). Bei allen hier aufgeführten Arbeiten wurde ein von der Temperatur unabhängiger Anteil σ_0 gefunden, dagegen konnte der dritte Term mit E_2 nur in den Experimenten erfaßt werden, die auch auf Temperaturen oberhalb von Zimmertemperatur ausgedehnt wurden. (Nach Günther u. Jung, 1967)*

Objekt	Strahlung	Messung	E_1 [kcal/Mol]	E_2	Autoren
Glycin	330 MeV-Ar	Radikale	0,9	3,7	Henriksen, 1966
Ribonuclease	3 MeV-e	Inakt.	1,06	6,1	Fluke, 1966
Ribonuclease	2 MeV-p	Inakt.	1	6,5	Kürzinger u. Jung, 1968
Ribonuclease	2 MeV-d	Inakt.	1,05	—	Günther u. Jung, 1967
Lysozym	3 MeV-e	Radikale	0,62	2,54	Fluke, 1966
Lysozym	33 MeV-α	Radikale	1	5	Henriksen, 1966
Lysozym	100 MeV-C	Radikale	1	4	Henriksen, 1966
Trypsin	18 MeV-d	Inakt.	1,1	4,5	Brustad, 1964
Trypsin	33 MeV-α	Inakt.	1,2	5	Brustad, 1964
Trypsin	33 MeV-α	Radikale	0,95	3,6	Henriksen, 1966
Hyaluronidase	1 MeV-e	Inakt.	1,1	—	Vollmer u. Fluke, 1967
Invertase	4 MeV-d	Inakt.	1	6	Pollard et al., 1952
Invertase	8 MeV-α	Inakt.	0,95	6	Pollard et al., 1952
ΦX 174-DNS	10 MeV-e	Inakt.	fehlt	6,3	Hotz u. Müller, 1968
ΦX 174-Phagen	2 MeV-p	Inakt.	1	—	Günther u. Hermann, 1967
T1-Bakteriophagen	4 MeV-d	Inakt.	fehlt	5,4	Adams u. Pollard, 1952
T1-Bakteriophagen	50 kVp-X	Inakt.	1,1	—	Bachofer et al., 1953
T1-Bakteriophagen	2 MeV-p	Inakt.	1	—	Hermann, 1966
BU-T1-Phagen	2 MeV-p	Inakt.	1	—	Hermann, 1966
B. megatherium-Sporen	50 kVp-X	Inakt.	1,06	—	Webb et al., 1958

peratur, verringert sich dieser Wirkungsquerschnitt kontinuierlich und erreicht unterhalb von 100 °K einen konstanten Wert. Bei allen Experimenten, die bisher bei sehr tiefen Temperaturen unternommen wurden (Webb et al., 1958; Brustad, 1964; Hotz u. Müller, 1968; Uenzelmann, 1968), konnte zwischen 4 °K und 100 °K keine signifikante Variation der Strahlenempfindlichkeit nachgewiesen werden. Zieht man diesen konstanten Anteil σ_0 von den Meßpunkten ab, so liegen die daraus resultierenden Werte im Bereich tiefer Temperatur auf einer Geraden, deren Steigung einer Aktivierungsenergie von 1 kcal/Mol entspricht. Die Abweichung dieser Werte von der eingezeichneten Geraden bei höheren Temperaturen ergibt eine weitere Gerade mit einer Aktivierungsenergie von 6.5 kcal/Mol.

Die Ribonuclease ist aber nicht das einzige Beispiel, dessen Temperaturabhängigkeit sich durch den Ansatz (7.5) beschreiben läßt: Günther u. Jung (1967) analysierten zahlreiche der bisher bekannt gewordenen Experimente nach der oben beschriebenen Methode und stellten fest, daß die Temperaturabhängigkeit der Strahlenwirkung durch drei Komponenten beschrieben werden kann, von denen eine von der Temperatur unabhängig ist, während die beiden übrigen Aktivierungsenergien von 1 kcal/Mol bzw. von 4—6 kcal/Mol besitzen (Tab. 7). Dieser Zusammenhang gilt nicht nur für die Inaktivierung verschiedenartiger biologischer Objekte, sondern auch für die Bestimmung der Ausbeute an strahlenerzeugten Radikalen in trockenen organischen Verbindungen mit Hilfe der Elektronenspin-Resonanz.

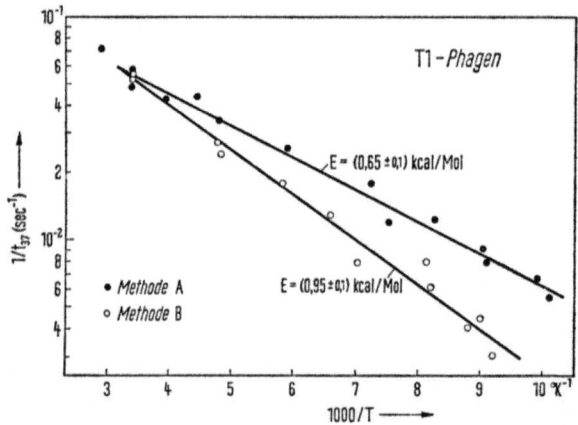

Abb. 52. Empfindlichkeit ($1/t_{37}$; $t_{37}=37^0/_0$-Expositionszeit) von T1-Bakteriophagen gegenüber atomarem Wasserstoff in Abhängigkeit von der reziproken absoluten Temperatur (Arrhenius-Diagramm). Die Wasserstoffatome wurden durch Bestrahlung von Kunststoff-Folien mit 2 MeV-Protonen erzeugt (vgl. Abb. 44). Methode A: Folie auf Zimmertemperatur, Phagen bei der Temperatur T. Methode B: Folie und Phagen bei der gleichen Temperatur T. (Kürzinger, 1969)

Wir sind damit nun bei der Frage angelangt, welche indirekten Prozesse diesen Aktivierungsenergien zuzuordnen sind. Während die Rolle der 4—6 kcal/Mol noch weitgehend unklar ist, so gelang Kürzinger (1969) ein interessantes Experiment, aus dem geschlossen werden kann, daß die Komponente mit 1 kcal/Mol möglicherweise von einem Beitrag strahlenerzeugter Wasserstoffatome herrührt, die in organischem Material als Folge der Bestrahlung entstehen (vgl. Kap. 6.4) und mit noch ungeschädigten Molekülen zu reagieren vermögen. In eine Anordnung, wie sie auf Abb. 44 skizziert ist, wurden T1-Phagen thermischen H-Atomen ausgesetzt, die durch Bestrahlung einer Kunststoff-Folie mit 2 MeV-Protonen erzeugt wurden. Bei allen untersuchten Temperaturen erfolgte die Inaktivierung exponentiell mit der Einwirkungszeit t. Bei Auftragung von $1/t_{87}$ über der reziproken Bestrahlungstemperatur erhält man zwei Geraden mit Aktivierungsenergien von 0,65 bzw. 0,95 kcal/Mol (Abb. 52). Im ersten Fall wurde die bestrahlte Kunststoff-Folie bei Zimmertemperatur und damit die Ausbeute an H-Atomen konstant gehalten, während die Bakteriophagen auf verschiedene Temperaturen abgekühlt wurden. Von größerem biologischen Interesse ist jedoch der zweite Fall, bei dem Folie und Probe die gleiche Temperatur besitzen, da bei der Bestrahlung von Makromolekülen bei tiefen Temperaturen sowohl die den Wasserstoff liefernden als auch die mit den H-Atomen reagierenden Moleküle sich bei der gleichen Temperatur befinden. Die unter diesen Bedingungen ermittelte Aktivierungsenergie von $(0,95 \pm 0,1)$ kcal/Mol stimmt mit der bei fast allen untersuchten Objekten aufgefundenen Komponente mit $E_1 = 1$ kcal/Mol (vgl. Tab. 7) gut überein.

7.3. LET-Abhängigkeit des Temperatur-Effektes

Nach den Befunden des letzten Abschnittes kann der beschriebenen Hypothese des Temperatur-Effektes ein gewisses Maß an Wahrscheinlichkeit nicht abgesprochen werden, so daß es erstrebenswert ist, die Auswirkungen dieser Hypothese auf die Treffbereichstheorie näher zu untersuchen, wobei wir auf eine strengere Begründung des Ansatzes (7.3) abzielen. Hierzu betrachten wir zunächst die LET-Abhängigkeit der Strahlenempfindlichkeit von Trypsin bei verschiedenen Temperaturen (Abb. 53). Bei den dargestellten Kurven handelt es sich offenbar nicht um „klassische" Kurven, d. h. solche, die asymptotisch auf Null abfallen. Das ist schon deshalb nicht der Fall, weil wir bei dem kleinen Trypsin-Molekül im Gültigkeitsbereich der Theorie von Butts u. Katz liegen (vgl. Kap. 5.3). Die Kurven verlaufen anfangs waagrecht, um dann in ein tieferes, anscheinend konstantes Empfindlichkeitsniveau überzugehen. Die Differenz zwischen der Empfindlichkeit bei kleinen bzw. großen LET-Werten wird aber mit sinkender Temperatur kleiner. Unterhalb von 100 °K ist die Strahlenempfindlichkeit schließlich sogar unabhängig vom LET.

Zum Teil werden die Kurven in Abb. 53 durch die Theorie von Butts u. Katz (Gl. 5.15) erklärt, denn die Temperaturabhängigkeit steckt hier implizite in der D_{37}^ν. Eine Temperaturabnahme bewirkt eine Vergrößerung der D_{37}^ν, wobei wir in Abb. 35 innerhalb der Kurvenfamilien von oben nach unten fortschreiten. Je größer die D_{37}^ν, desto größer ist aber offenbar auch der Bereich, in dem σ dem LET proportional und unempfindlich gegen Ladungseinflüsse ist. Dies erklärt die Unabhängigkeit der Strahlenempfindlichkeit vom LET in Abb. 53 für

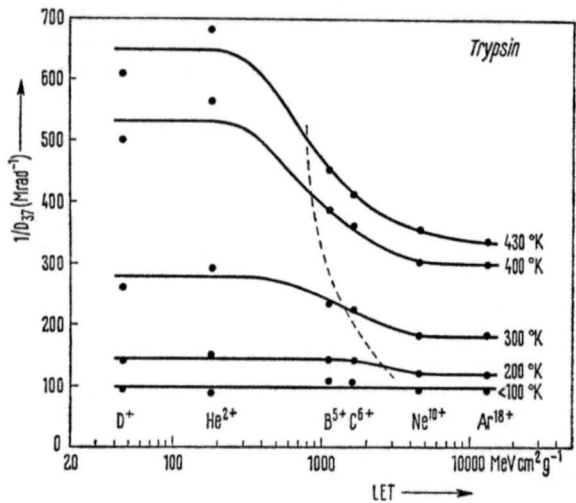

Abb. 53. Strahlenempfindlichkeit ($1/D_{37}$) von Trypsin als Funktion des linearen Energietransfers (LET) für verschiedene Temperaturen. Die unterbrochene Kurve verbindet die jeweiligen Mittelwerte aus der Strahlenempfindlichkeit bei kleinem LET und der bei hohem LET. (Nach Brustad, 1964)

$T < 100\ °K$ und die Tatsache, daß sich der „Übergangspunkt" der Empfindlichkeit mit sinkender Temperatur zu höherem LET verschiebt (Abb. 53, unterbrochene Linie). Nicht völlig geklärt ist die Bedeutung des konstanten Empfindlichkeitsniveaus bei hohem LET. Möglicherweise haben wir hier den Effekt des „Thermal Spike" vor uns, auf den wir noch im nächsten Abschnitt zu sprechen kommen. Jedenfalls sollten sich die Verhältnisse im Bereich des „ersten" konstanten Empfindlichkeitsniveaus bei niedrigen und mittleren LET-Werten durch Gl. (5.15) beschreiben lassen. Diese entwickeln wir in eine Potenzreihe und brechen nach dem linearen Glied ab. Dabei erhalten wir

$$\sigma = A \cdot (L/\varrho)/D_{37}^\nu. \qquad (7.6)$$

Dabei berücksichtigt die Konstante A den Integralwert von Gl. (5.15). Die im Exponentialfaktor auftretenden Größen (Ladung und Geschwindigkeit) wurden dabei näherungsweise durch den LET ausgedrückt. Gl. (7.6) gilt nach dem bisher Gesagten nur für große Werte von D_{37} und nicht zu hohen LET. Nach der Theorie von Butts u. Katz wird nun bekanntlich die Wirkung dicht ionisierender Korpuskelstrahlung durch die ausgelösten Sekundärelektronen erklärt, die in ihrer Wirksamkeit einer statistisch verteilten γ-Strahlendosis entsprechen sollen. Wird daher die Empfindlichkeit gegenüber dünn ionisierender Strahlung durch Gl. (7.2) beschrieben, was z. B. für Ribonuclease von Kürzinger u. Jung (1968) gezeigt wurde, so kann man Gl. (7.2) in (7.6) einsetzen und erhält

$$\sigma = A \cdot L/\varrho \, (k_0 + k_1 \, e^{-\frac{E}{RT}}) = \sigma_0 + \sigma_1 \, e^{-\frac{E}{RT}}. \qquad (7.7)$$

Es kommt dabei also der halbempirische Ansatz (7.3) heraus, was an sich nicht verwunderlich ist. Wichtig ist jedoch das Ergebnis, daß sowohl σ_0 als auch σ_1 dem LET proportional sind. Nach Gl. (5.8) ist damit der konstante und auch der temperaturabhängige Anteil der Strahlenempfindlichkeit ($1/D_{37}$) unabhängig vom LET. Für den Fall der Ribonuclease kann diese Folgerung direkt bestätigt werden, denn es ergeben sich hier die folgenden Beziehungen:

3 MeV-Elektronen (Fluke, 1966):

$$1/D_{37} = (0{,}005 + 0{,}06 \cdot e^{-1060/RT} + 25 \cdot e^{-6100/RT}) \, \text{Mrad}^{-1} \qquad (7.8)$$

2 MeV-Protonen (Kürzinger u. Jung, 1968):

$$1/D_{37} = (0{,}0048 + 0{,}06 \cdot e^{-1000/RT} + 52 \cdot e^{-6500/RT}) \, \text{Mrad}^{-1} \qquad (7.9)$$

2 MeV-Deuteronen (Günther u. Jung, 1967):

$$1/D_{37} = (0{,}0055 + 0{,}07 \cdot e^{-1050/RT}) \, \text{Mrad}^{-1}. \qquad (7.10)$$

Die Bestrahlungen mit 2 MeV-Deuteronen wurden nur bei Temperaturen unterhalb von 20 °C durchgeführt, so daß die zweite temperaturabhängige Komponente nicht bestimmt werden konnte. Ihre Ermittlung ist im übrigen infolge doppelter Differenzbildung mit einem erheblichen Fehler behaftet, so daß der Unterschied zwischen den Koeffizienten des dritten Terms in Gl. (7.8) und (7.9) statistisch nicht gesichert ist. Überdies darf nicht vergessen werden, daß die Bedeutung der zweiten temperaturabhängigen Komponente nicht geklärt ist; möglicherweise zeigt sie sogar eine echte LET-Abhängigkeit. Damit erweist sich also Gl. (7.7) als eine grundlegende Beziehung zur Erweiterung der Treffbereichstheorie auf temperaturabhängige Prozesse, soweit diese auf indirekte Strahlenwirkungen zurückzuführen sind.

7.4. Das „Thermal-Spike"-Modell

Wir wollen nun zum Schluß fragen, ob es nicht noch eine prinzipiell andere Möglichkeit gibt, den Temperatur-Effekt zu erklären. Dabei knüpfen wir an die Beobachtung an, daß in Abb. 53 die Strahlenempfindlichkeit asymptotisch wieder konstant zu werden scheint. Möglicherweise spiegeln sich hierin gewisse „Bahnspur-Effekte" wider, die mit zunehmendem LET an Bedeutung gewinnen, so daß hier die Berücksichtigung der Verteilung der δ-Strahlen allein zur exakten Beschreibung des Inaktivierungsquerschnitts nicht mehr ausreicht. Um diese Effekte zu beschreiben, kann man von der Vorstellung ausgehen, daß es entlang der Spur eines dicht ionisierenden Teilchens infolge der hohen Energieabgabe zu einer starken lokalen Erhitzung kommen kann, und daß die biologischen Objekte, die sich innerhalb eines zylindrischen Hitzeschlauches bestimmter Dicke befinden, durch thermische Inaktivierung geschädigt werden. Diese Idee ist recht alt und geht bereits auf Dessauer (1923) zurück, geriet aber dann etwas in Vergessenheit. In neuerer Zeit wurde diese Vorstellung der „Punktwärme" wieder aufgegriffen und von Norman u. Mitarb. (Norman u. Spiegler, 1962; Ingalls et al., 1964) zum sog. „Thermal Spike"-Modell erweitert.

Zur quantitativen Erfassung des Problems betrachtet man die Teilchenbahn als einen durch den LET gegebenen linearen Wärmepol („burst"), von dem aus sich die Hitzewelle durch Wärmeleitung radial ausbreitet; dadurch kann es innerhalb einer zylindrischen Region zu einer schädlichen Temperaturerhöhung kommen. Mathematisches Rüstzeug hierzu ist die Wärmeleitungsgleichung, deren Lösung unter diesen Bedingungen folgendermaßen lautet:

$$T(r, t) = T(0, 0) + \frac{L/\varrho}{4\pi D t c} e^{-\frac{r^2}{4Dt}}. \qquad (7.11)$$

Hierin bedeuten t die Zeit nach dem Teilchendurchgang, r den Abstand von der Teilchenbahn, D den Thermodiffusionskoeffizient, c die spezifische Wärme und T die absolute Temperatur. Die „Lebensdauer" der Exponentialfunktion in (7.11) ist gegeben durch:

$$t_0 = \frac{r^2}{4D}. \qquad (7.12)$$

Im Hinblick auf die schnelle Veränderlichkeit der e-Funktion können wir Gl. (7.11) in guter Näherung folgendermaßen umformen:

$$\begin{aligned} t < t_0: \quad & T(r, t) = T(0,0) \\ t > t_0: \quad & T(r, t) = T(0,0) + \frac{L/\varrho}{4\pi D t c}. \end{aligned} \qquad (7.13)$$

Da wir auf den Querschnitt des Hitzeschlauches hinauswollen, innerhalb dessen es zur thermischen Inaktivierung kommt, müssen wir fordern, daß auf der linken Seite von Gl. (7.11) eine bestimmte Zersetzungstemperatur T_D erreicht wird. $T(0,0)$ ist dann gleich der Bestrahlungstemperatur T, während die Größe $4\pi D t$ im Nenner von Gl. (7.13) nichts anderes darstellt als die Querschnittsfläche, über die sich die Hitzewelle in der Zeit t ausbreitet und die Temperatur über den Wert T_D erhöht. Für den Wirkungsquerschnitt σ gilt also einfach:

$$\sigma = \frac{L/\varrho}{c(T_D-T)}. \qquad (7.14)$$

Natürlich darf die Zeit t in Gl. (7.13) nicht zu klein gewählt werden. Wir müssen vielmehr fordern, daß die Temperatur T_D für eine gewisse Mindestdauer aufrechterhalten wird. Da diese „Lebensdauer" für die thermische Zersetzung von Makromolekülen in der Größenordnung von 10^{-9} sec liegt, ist die Gültigkeit der Gl. (7.14) auf LET-Werte oberhalb von 10^3 MeV cm² g^{-1} beschränkt. Etwas Kopfzerbrechen verursacht die Wahl der Zersetzungstemperatur und der spezifischen Wärme. Norman u. Spiegler (1962) gelang eine recht gute Beschreibung der LET-Abhängigkeit des Wirkungsquerschnitts für die Inaktivierung von Enzymen, wenn sie für T_D die mittlere Zersetzungstemperatur der Aminosäuren (ca. 300 °C) und für c Werte zwischen 0,3 und 0,4 cal·g^{-1}·grad^{-1} einsetzten.

Es ist schwierig zu entscheiden, ob die Thermal-Spike-Inaktivierung wirklich eine reale Bedeutung hat. Möglicherweise muß man den LET-Bereich in Abb. 53 in einen Abschnitt kleiner bzw. größer als ca. 1000 MeV cm² g^{-1} unterteilen, wobei unterhalb dieses LET-Wertes die Theorie von Butts u. Katz, oberhalb aber das Thermal-Spike-Modell gilt; beide gewährleisten in ihrem Geltungsbereich die geforderte LET-Proportionalität des Wirkungsquerschnitts. Damit läßt sich die Temperaturabhängigkeit des Wirkungsquerschnitts folgendermaßen darstellen:

$$\sigma = \sigma_\delta(L,T) + \frac{L/\varrho}{c(T_D-T)}, \qquad (7.15)$$

wobei $\sigma_\delta(L,T)$ den Wirkungsquerschnitt nach Gl. (7.7) wiedergibt.

Mit dem bislang vorliegenden Versuchsmaterial kann allerdings die Gültigkeit von Gl. (7.15) nicht streng nachgeprüft werden. Abb. 34 läßt jedoch erahnen, daß durch (7.15) wenigstens die LET-Abhängigkeit richtig beschrieben wird. Denn nach anfänglichem linearem Anstieg als Konsequenz des 1. Terms in Gl. (7.15) und anschließendem Abflachen steigen die 3 Kurven wieder stärker an. Dies deutet möglicherweise auf die Wirksamkeit des 2. Terms in (7.15) hin.

Wie diese Diskussion gezeigt hat, wird der Einfluß der Temperatur auf die Empfindlichkeit bestrahlter Biomoleküle noch längst nicht in allen seinen Einzelheiten verstanden. Dennoch sind die Experimente der letzten Jahre und die daraus abgeleiteten Vorstellungen über die möglichen Wirkungsmechanismen durchaus geeignet, um Ansatzpunkte für weitere *gezielte* Experimente zu diesem Problemkreis zu schaffen. Damit darf man hoffen, daß dieser wichtige die Strahlenempfindlichkeit modifizierende Parameter in nicht allzu ferner Zukunft besser verstanden wird, woraus sich weitere interessante Einblicke in die Mechanismen der Strahlenwirkung ergeben könnten.

Literatur

Adams, W. R., u. E. C. Pollard: Arch. Biochem. Biophys. **36**, 311 (1952).
Bachofer, C. S., C. F. Ehret, S. Mayer, and E. L. Powers: Proc. nat. Acad. Sci. (Wash.) **39**, 744 (1953).
Brustad, T.: In: Biological effects of neutron and proton irradiations, Vol. II. Vienna: Internat. Atomic Energy Agency 1964, p. 404.
Dessauer, F.: Z. Physik **12**, 38 (1923).
Fluke, D. J.: Radiat. Res. **28**, 677 (1966).
Günther, H. H., u. K. O. Hermann: Z. Naturforsch. **22 b**, 53 (1967).
Günther, W., u. H. Jung: Z. Naturforsch. **22 b**, 313 (1967).
Henriksen, T.: Radiat. Res. **27**, 694 (1966).
Hermann, K. O.: Naturforsch. **21 b**, 678 (1966).
Hotz, G., and A. Müller: Proc. nat. Acad. Sci. (Wash.) **60**, 251 (1968).
Ingalls, R. B., P. Spiegler, and A. Norman: J. Chem. Phys. **41**, 837 (1964).
Kürzinger, K.: Int. J. Rad. Biol., im Druck (1969).
—, u. H. Jung: Z. Naturforsch. **23 b**, 949 (1968).
Norman, A., and P. Spiegler: J. appl. Phys. **32**, 2658 (1962).
Pollard, E. C., W. F. Powell, and S. H. Reaume: Proc. nat. Acad. Sci. (Wash.) **38**, 173 (1952).
Uenzelmann, J.: Dissertation, Universität Heidelberg, 1968.
Vollmer, R. T., and D. J. Fluke: Radiat. Res. **31**, 867 (1967).
Webb, R. B., C. F. Ehret, and E. L. Powers: Experientia **14**, 324 (1958).

8. Kapitel: Der Sauerstoff-Effekt

Unter dem Begriff „Sauerstoff-Effekt" versteht man die Tatsache, daß die Strahlenempfindlichkeit von Makromolekülen und biologischen Objekten in Gegenwart von Sauerstoff oder Luft im allgemeinen höher ist als bei Bestrahlung unter Vakuum oder in inerter Gasatmosphäre. Dies gilt jedoch nur für ionisierende Strahlung; bei UV-Bestrahlungsexperimenten beobachtet man zumeist keinen Sauerstoff-Effekt. Ähnlich dem Temperatur-Effekt wird man auch dem Sauerstoff-Effekt nicht gerecht, wenn man ihn lediglich als lästige Begleiterscheinung der Strahlenwirkung betrachtet. Es handelt sich vielmehr um ein Phänomen, das für die Aufklärung der molekularen Natur der Strahlenschäden von großer heuristischer Bedeutung ist. Leider fehlt es hier, wie vielerorts in der Strahlenbiologie, an konsequenten Experimenten, so daß der Sauerstoff-Effekt in seiner Vielgestaltigkeit meist mehr Verwirrung als Erkenntnis stiftet. Es ist aus diesem Grunde auch nicht verwunderlich, daß es bislang keine befriedigende Theorie des Sauerstoff-Effektes gibt. Wir wollen aber trotzdem versuchen, den Sauerstoff-Effekt unter Zuhilfenahme bekannter physiko-chemischer Fakten sowie unter Berücksichtigung der Besonderheiten bei der Inaktivierung von Mikroorganismen möglichst quantitativ zu erfassen. Dabei erscheint es nützlich, zunächst die chemischen Mechanismen des Sauerstoff-Effektes anhand der Inaktivierung biologischer Makromoleküle zu beleuchten.

8.1. Sauerstoff-Effekt bei Makromolekülen

a) Experimentelle Befunde

Unter den hier interessierenden Makromolekülen verstehen wir wie immer Enzyme und Nucleinsäuren, wobei das umfangreichste und schlüssigste Versuchsmaterial aus Inaktivierungsexperimenten mit Enzymen gewonnen wurde. Einen Sauerstoff-Effekt erhält man im allgemeinen immer bei der Bestrahlung von trockenen Enzymen. Als Beispiel sind auf Abb. 54 Dosis-Effekt-Kurven für die Inaktivierung von RNase unter aeroben (O_2) und anaeroben Bedingungen (Vakuum) dargestellt. Die Werte für die D_{37} betragen 20 bzw. 42 Mrad, woraus sich der Quotient aus aerober und anaerober Empfindlichkeit, auch Sensibilisierungs- oder Dosis-Reduktionsfaktor genannt, zu 2,1 berechnet. Im Gegensatz hierzu erhält man keine oder nur eine geringe Sensibilisierung, wenn man Makromoleküle in verdünnter wäßriger Lösung, also unter vorwiegend indirekten Bedingungen bestrahlt; häufig beobachtet man sogar eine Schutzwirkung des Sauerstoffs (Zusammenstellung zahlreicher Befunde bei Brustad, 1966). Dieser letztere Fall kommt sehr

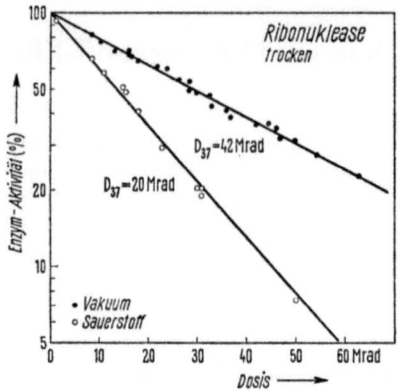

Abb. 54. Inaktivierung von trockener Ribonuclease durch ^{60}Co-γ-Strahlung im Vakuum bzw. unter Sauerstoff. (Nach Günther u. Jung, 1967)

schön in Abb. 55 zum Ausdruck, wo Dosis-Effekt-Kurven für die Inaktivierung von Trypsin bei Bestrahlung in aerober bzw. anaerober wäßriger Lösung dargestellt sind. Unabhängig von der Intensität der verwendeten Röntgenstrahlen erhält man in Stickstoffatmosphäre eine 3mal höhere Strahlenempfindlichkeit als unter Sauerstoff.

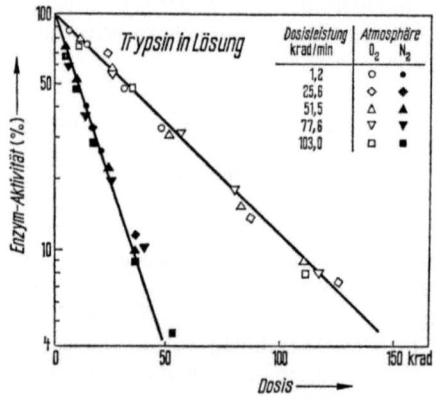

Abb. 55. Inaktivierung von Trypsin in aerober und anaerober wäßriger Lösung (0,1 mg/ml) durch 45 kVp-Röntgenstrahlen unterschiedlicher Intensität. (Oksmo u. Brustad, 1968)

Ein weiteres Beispiel für die Schutzwirkung des Sauerstoffs im indirekten System und zugleich eine Gegenüberstellung der Verhältnisse bei direkter und indirekter Strahlenwirkung bietet Abb. 56. Hier wurde Trypsin trocken und in Lösung sowohl aerob als auch anaerob bestrahlt und die Strahlenempfindlichkeit über der Bestrahlungstemperatur aufgetragen. Während sich im trockenen Zustand über den ganzen Temperaturbereich eine Sauerstoff-Sensibilisierung von etwa einem Faktor 1,5 ergibt, findet man dies im indirekten System nur bis zum Eispunkt. Bei Temperaturen über 0 °C steigt die Strahlenempfindlichkeit sprunghaft an und der Sauerstoff entfaltet eine deutliche Schutzwirkung.

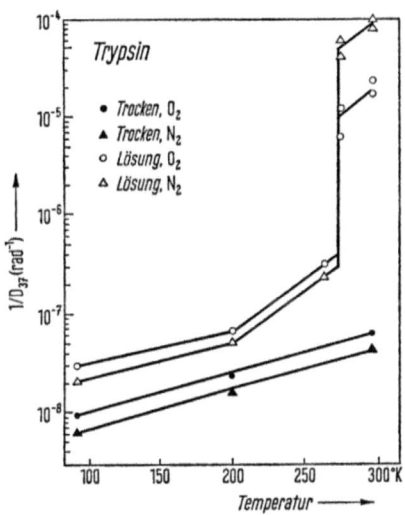

Abb. 56. Strahlenempfindlichkeit ($1/D_{37}$) von trockenem und gelöstem Trypsin unter Stickstoff- bzw. Sauerstoffatmosphäre als Funktion der Bestrahlungstemperatur. (Oksmo u. Brustad, 1968)

Da die an trockenen Enzymen beobachteten Sensibilisierungsfaktoren im allgemeinen zwischen 1,5 und 2 liegen und in wäßrigen Lösungen entweder nur eine geringe oder gar keine Sensibilisierung oder sogar eine Schutzwirkung des Sauerstoffs beobachtet wird, ist es zunächst überraschend, daß Enzyme bei Bestrahlung in lebenden Zellen einen Sauerstoff-Effekt von einem Faktor 3 und darüber ergeben (Abb. 57). Man kann nun nachprüfen, ob dieser Befund etwas mit den Stoffwechselvorgängen in den Zellen zu tun hat, und den gleichen Versuch mit einem Brei aus zerriebenen Zellen wiederholen; doch erhält man dabei das gleiche Resultat (Hutchinson, 1961). In den Zellen müssen somit irgendwelche Substanzen vorhanden sein, die für das Auftreten einer Sauerstoff-Sensibilisierung verantwortlich sind.

Dieses Verhalten ist nicht nur auf Enzyme beschränkt. Auch transformierende DNS zeigt in wäßriger Lösung keinen Sauerstoff-Effekt (Abb. 58), während die in Zellen bestrahlte DNS unter Sauerstoff eine

3,7mal höhere Empfindlichkeit besitzt als unter anaeroben Versuchsbedingungen. Interessant ist, daß man bei geeigneter Wahl der Schutzstoff-Konzentration (z. B. $1,4 \cdot 10^{-3}$-m. Glutathion) die in Zellen beobachteten Empfindlichkeiten und den Sauerstoff-Effekt reproduzieren kann. Die Sensibilisierung des Sauerstoffs in Zellen dürfte demnach auf Stoffen beruhen, die ähnlich wie Glutathion eine Schutzwirkung zu entfalten vermögen.

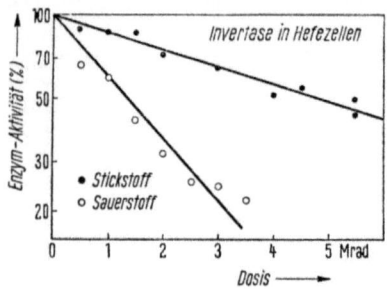

Abb. 57. Zerstörung der Aktivität von Invertase bei Bestrahlung in Hefe mit 1 MeV-Elektronen unter Stickstoff und Sauerstoff. (Hutchinson, 1961)

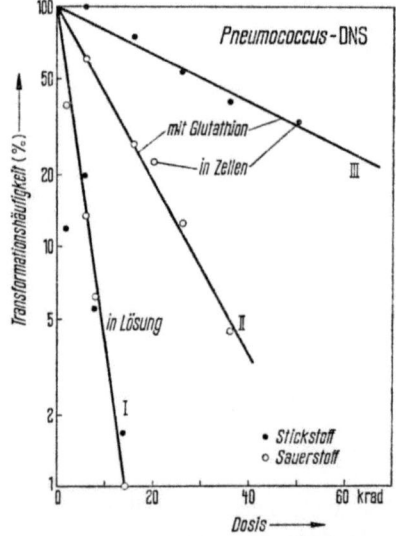

Abb. 58. Inaktivierung von transformierender DNS aus Diplococcus pneumoniae. Kurve I: Bestrahlung in wäßriger Lösung (0,6 mg/ml) unter Sauerstoff bzw. Stickstoff. Kurven II und III: Bestrahlung der DNS in vegetativen Zellen (Meßpunkte) bzw. in einer $1,4 \cdot 10^{-3}$-molaren Lösung von Gluthation (ausgezogene Geraden) unter Stickstoff- bzw. Sauerstoffatmosphäre. (Hutchinson, 1961)

Obwohl sich die Liste dieser Experimente noch erheblich erweitern ließe, so zeigen die aufgezählten typischen Beispiele bereits das Wesentlichste auf, nämlich die Tatsache, daß der Sauerstoff-Effekt kein eindeutiges Phänomen ist, sondern daß verschiedene chemische Reaktionen des Sauerstoffs am Zustandekommen dieses Effektes beteiligt sein können. Wir wollen darauf nun näher eingehen.

b) Die Chemie des Sauerstoff-Effektes bei Makromolekülen

Als Grundlage zum Verständnis der modifizierenden Wirkung von Sauerstoff müssen wir seine Eigenschaft ansehen, als paramagnetisches Molekül eine hohe Affinität zu den strahlenerzeugten Radikalen zu besitzen und mit ihnen zu Peroxy-Radikalen zu reagieren:

$$\dot{M} + O_2 \rightarrow M\dot{O}_2 . \tag{8.1}$$

Diese Eigenschaft des Sauerstoffs ist im Prinzip unabhängig davon, ob $\dot{M}$ eine Radikalstelle an einem bestrahlten Biomolekül oder aber ein Wasserradikal ist. Daneben ist noch zu berücksichtigen, daß der elektronegative Sauerstoff in der Lage ist, nach Gl. (6.27) Elektronen einzufangen. Auch diese Eigenschaft ist für das Verständnis des Sauerstoff-Effektes sowohl im Trockenen als auch in wäßriger Lösung von Bedeutung.

Im Trockenen kann man die sensibilisierende Wirkung des Sauerstoffs erklären, wenn man annimmt, daß in Abwesenheit von Sauerstoff ein Teil der primär veränderten Biomoleküle auf irgendeine Weise restituiert wird (Im nächsten Kapitel werden wir einige Befunde kennenlernen, die diese Annahme stützen.) Bei ionisierten Molekülen MH$^+$ ist eine solche Restitution z. B. durch Ladungsneutralisation mit einem freien Elektron denkbar:

$$MH^+ + e^- \rightarrow MH , \tag{8.2}$$

bei Makroradikalen $\dot{M}$ z. B. durch Reaktion mit einem H-Atom

$$\dot{M} + \dot{H} \rightarrow MH . \tag{8.3}$$

Bei Anwesenheit von Sauerstoff werden beide Restitutionsvorgänge unterbunden, Gl. (8.2) durch Wegfangen der ausgelösten Elektronen durch den Sauerstoff nach Reaktion (6.27) und Gl. (8.3) durch Peroxidierung des Radikals $\dot{M}$ nach Reaktion (8.1), wodurch ein irreversibler Schaden entsteht.

Gerade umgekehrt verhält es sich bei der *Bestrahlung in wäßriger Lösung*, wo der Sauerstoff vorwiegend mit den H-Radikalen und den hydratisierten Elektronen in Reaktion tritt. Dieses Verhalten haben wir schon bei der Besprechung der Radikalfänger in Kap. 6.5 kennengelernt und durch die Gln. (6.27) und (6.28) beschrieben. Falls bei einem speziellen Inaktivierungsvorgang $\dot{H}$ und e^-_{aq} von Bedeutung sind, führen diese beiden Reaktionen zu einer Schutzwirkung des Sauerstoffs, was z. B. in Abb. 55 deutlich zum Ausdruck kommt. In Fällen, in denen der Schaden überwiegend durch OH-Radikale hervorgerufen wird, beobachtet man meist keinen Einfluß des Sauerstoffs auf die Strahlenempfindlichkeit der gelösten Makromoleküle. Wenn jedoch eine geringe Sensibilisierung beobachtet wird (z. B. bei Ribonuclease in Lösung um einen Faktor 1,2; Jung u. Schüßler, 1966), dann könnte dies darauf beruhen, daß durch das Wegfangen der H-Radikale durch den anwesenden Sauerstoff nach Gl. (6.28) die Rekombination $\dot{H} + \dot{O}H \rightarrow H_2O$ verringert und damit die Zahl der OH-Radikale etwas erhöht sind. Es ist also wichtig, die unterschiedliche Wirkung des Sauerstoffs in trockenen Systemen bzw. in verdünnter wäßriger Lösung genauestens auseinanderzuhalten. Konkurriert der Sauerstoff mit Restitutionsmechanismen um einen potentiellen Schaden am Makromolekül, so erwarten wir eine Sensibilisierung, wie sie z. B. bei trocken bestrahlten Enzymen beobachtet wird. Dominiert jedoch die Radikalfänger-Rolle des Sauerstoffs, so werden wir eine Schutzwirkung erhalten. Damit ergibt sich auch ein besseres Verständnis für den auf den ersten Blick merkwürdigen Sauerstoff-Einfluß bei Bestrahlung von Enzymen und DNS in Zellen oder bei Anwesenheit eines Schutzstoffs (Abb. 57 und 58). SH-haltige Substanzen sind, wie wir wissen, nicht nur wirksame Radikalfänger, sie können wahrscheinlich auch direkt eine Radikalstelle an einem Makromolekül restituieren, wie wir dies bei der Diskussion der Hypothese der H-Donation durch Gl. (6.25) formuliert haben. Gibt man einen solchen Stoff, wie z. B. das Glutathion, zur DNS-Lösung, so erhält man im anaeroben Fall eine außerordentliche Empfindlichkeitsabnahme (Abb. 58, Kurve III), an der wohl beide Eigenschaften dieser Verbindung beteiligt sind. Bei Bestrahlung in Sauerstoff konkurriert dieser mit der Restitutionsfähigkeit des Glutathions und wir erhalten gegenüber Kurve III eine Zunahme der Empfindlichkeit um einen Faktor 3,7 (Abb. 58, Kurve II). Daß dabei nicht das Empfindlichkeitsniveau der ungeschützten Lösung erreicht wird (Kurve I), mag vor allem daran liegen, daß Glutathion auch noch als Radikalfänger wirkt.

Bei keinem der hier genannten Beispiele, bei denen eine Erhöhung der Strahlenempfindlichkeit durch den anwesenden Sauerstoff beobachtet wurde, handelt es sich um eine echte Sensibilisierung, d. h. um eine Erhöhung der Zahl der primär geschädigten Moleküle. Vielmehr scheint die sensibilisierende Wirkung des Sauerstoffs stets auf einer Verringerung bzw. Verhinderung von Restitutionsmechanismen zu beruhen. Da in trockenen Systemen die Restitutionshäufigkeit offensichtlich geringer ist als in Lösung bei Anwesenheit eines Schutzstoffes oder auch in Zellen, sind die Sensibilisierungsfaktoren im Trockenen kleiner als unter den letztgenannten Bedingungen. In verdünnten wäßrigen Schutzstoff-freien Lösungen, wo wahrscheinlich keine nennenswerte Restitution von Primärschäden stattfindet, beobachtet man auch keine Sensibilisierung durch Sauerstoff. Damit wollen wir die Besprechung der molekularen Aspekte des Sauerstoff-Effektes abschließen, die als wesentlichen

Befund erbracht hat, daß bei Makromolekülen eine Sauerstoff-Sensibilisierung stets mit dem Auftreten von Restitutionsreaktionen gekoppelt ist. Dieser Leitgedanke ist von fundamentaler Bedeutung und auch auf die Inaktivierung von Mikroorganismen anwendbar, bei denen ja auch ein Makromolekül, nämlich die DNS, die primär strahlenempfindliche Struktur darstellt.

8.2. Eine Hypothese des Sauerstoff-Effektes

Die folgende Erklärung des Sauerstoff-Effektes geht im Prinzip bereits auf Howard-Flanders (1958) zurück. Es handelt sich zunächst um eine rein formale treffertheoretische Betrachtung, die jedoch auf der bisher entwickelten Vorstellung vom Sauerstoff-Effekt als Konkurrenzreaktion zwischen einem Restitutionsvorgang und der irreversiblen „Peroxidierung" einer primären Radikalstelle aufbaut. Besonders bemerkenswert an dieser Hypothese ist, daß sie sich auch auf die Inaktivierung von Mikroorganismen verallgemeinern läßt und dadurch bereits Aussagen liefert über die Natur der zugrunde liegenden molekularen Schäden.

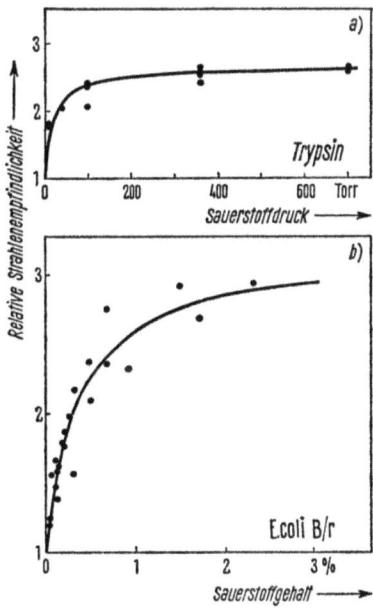

Abb. 59. a Relative Strahlenempfindlichkeit von trockenem Trypsin gegenüber ^{60}Co-γ-Strahlung in Abhängigkeit vom Partialdruck des Sauerstoffs. Die durch die Meßpunkte gelegte Kurve wird durch den Ausdruck $S_r = (2{,}6[O_2] + 15)/([O_2] + 15)$ beschrieben. (Hutchinson u. Watts, 1961). b Relative Strahlenempfindlichkeit von E. coli B/r als Funktion des Sauerstoffgehalts der Gasatmosphäre. (Howard-Flanders u. Alper, 1957)

Am Anfang der Hypothese steht folgende Beobachtung: Trägt man die relative Strahlenempfindlichkeit S_r, d. h. die Empfindlichkeit unter Sauerstoff dividiert durch die Empfindlichkeit in inerter Gasatmosphäre (z. B. N_2), als Funktion der Sauerstoff-Konzentration $[O_2]$ auf, so erhält man bei kleinen, d. h. in diesem Fall homogen mit Sauerstoff versorgten Objekten, die in Abb. 59 dargestellten charakteristischen Kurven. Sie streben für hohe Konzentrationen (Partialdrücke) einem Grenzwert zu und können in guter Näherung durch folgende Gleichung beschrieben werden:

$$S_r = \frac{1/D_{37}(O_2)}{1/D_{37}(N_2)} = \frac{m_0[O_2]+k}{[O_2]+k}. \tag{8.4}$$

Dabei ist k eine Konstante und m_0 die bei hoher Sauerstoff-Konzentration erreichte maximale Sensibilisierung. Diese Gleichung, auch Alper-Formel genannt (Alper, 1956), stellt nun nicht nur eine mathematisch-formale Beschreibung dar, sondern kann unter Zugrundelegung einer geeigneten Reaktionskinetik des Sauerstoff-Effektes streng hergeleitet werden. Dazu beschränken wir uns auf Eintreffervorgänge und stellen die Dosis-Effekt-Kurven in folgender Form dar:

Stickstoff: $\quad N/N_0 = e^{-D/D_{37}(N_2)} = e^{-S(N_2)D} \tag{8.5}$

Sauerstoff: $\quad N/N_0 = e^{-D/D_{37}(O_2)} = e^{-S(O_2)D}. \tag{8.6}$

Da bei der Dosis $D = D_{37}$ in allen Objekten im Mittel ein inaktivierendes Ereignis stattgefunden hat, sind die Größen $S = 1/D_{37}$ ein Maß für das Verhältnis von inaktivierenden zu insgesamt erfolgenden Schädigungen.

a) Makromoleküle

Um auf die Beziehung (8.4) zu kommen, müssen wir annehmen, es gäbe 2 verschiedene Schadenstypen, nämlich einen potentiell wirksamen Schaden, der erst durch die Reaktion mit Sauerstoff in einen letalen Schaden überführt wird (Typ 1) und einen stets letalen Typ 2-Schaden, dessen Bildung nicht durch Sauerstoff beeinflußt wird. Beide sollen in einem bestimmten Zahlenverhältnis stehen:

$$n_1/n_2 = m - 1. \tag{8.7}$$

Dann ist die Gesamtzahl der entstehenden Schäden $n_1 + n_2$, und die Zahl der Letalschäden beträgt in Stickstoff gerade n_2 und in Sauerstoff $p\, n_1 + n_2$, wenn p die Wahrscheinlichkeit für die Überführung der Typ 1-Schäden durch Sauerstoff in letale Schäden ist. Es gilt also:

$$S(N_2) = \frac{n_2}{n_1+n_2} = \frac{1}{m} \tag{8.8}$$

$$S(O_2) = \frac{p\,n_1+n_2}{n_1+n_2} = \frac{p(m-1)+1}{m} \tag{8.9}$$

Also:
$$S_r = \frac{S(O_2)}{S(N_2)} = 1 + p(m-1). \quad (8.10)$$

Zur Bestimmung der Wahrscheinlichkeit p legen wir nun, um unsere Vorstellung von der Kinetik des Sauerstoff-Effektes zu verifizieren, eine Konkurrenzreaktion zwischen Sauerstoff und einem Restitutionsvorgang um die Typ 1-Schadstelle zugrunde:

$$\text{Typ 1-Schaden} \begin{cases} \xrightarrow{k_1} \text{unwirksam} \\ \xrightarrow{k_2[O_2]} \text{wirksam} \end{cases}$$

Es gilt dann nach Definition der Wahrscheinlichkeit

$$p = \frac{k_2[O_2]}{k_2[O_2] + k_1} = \frac{[O_2]}{[O_2] + k}, \quad (8.11)$$

wobei $k = k_1/k_2$ das Verhältnis der oben eingeführten Reaktionskonstanten ist. Mit zunehmender O_2-Konzentration geht also p gegen 1. Setzt man (8.11) in (8.10) ein, so erhält man die Alper-Formel (8.4), wobei $m_0 = m$ ist.

b) Mikroorganismen

Diese Hypothese kann nun dazu verwendet werden, die Vorstellungen von der Inaktivierung von Mikroorganismen besonders der Bakterien abzurunden. Obwohl wir später darauf noch ausführlich zu sprechen kommen (vgl. Kap. 12 und 13), empfiehlt es sich doch, den Aspekt der Sauerstoff-Sensibilisierung gesondert zu betrachten. Geht man davon aus, daß die Inaktivierung in den meisten Fällen auf eine Schädigung der DNS zurückzuführen ist, so verleitet die Hypothese in ihrer bisherigen Gestalt geradezu zu einer Einbeziehung der enzymatisch gesteuerten DNS-Reparatur. Besonders attraktiv wirkt dabei der Typ 1-Schaden, der als leicht restituierbarer Schaden der DNS eher intracellulär repariert werden kann als der schwere Typ 2-Schaden, der irreversibel bleiben soll. Bei der Verallgemeinerung der Hypothese auf reparaturfähige Systeme ist zu bedenken, daß wir bislang angenommen haben, jeder Typ 1-Schaden, der nicht mit Sauerstoff reagiert hat, wird restituiert, was für DNS-Schäden sicher nicht zutrifft. Vielmehr ist zu erwarten, daß bei anaerober Bestrahlung außer den Typ 2-Schäden auch unrepariert gebliebene Typ 1-Schäden zur Inaktivierung beitragen. In Sauerstoff ist dann neben den Typ 2-Schäden und den irreversibel peroxidierten Typ 1-Schäden auch noch derjenige Anteil der Typ 1-Schäden wirksam, der nicht mit Sauerstoff reagiert hat, aber unrepariert geblieben ist. Bezeichnen wir die Wahrscheinlichkeit für unrepariert gebliebene Typ 1-Schäden mit u, dann erhalten wir anstelle der Gln. (8.8), (8.9) und (8.10) die folgenden Beziehungen:

$$S(N_2) = \frac{u\,n_1 + n_2}{n_1 + n_2} = \frac{u\,(m-1)+1}{m} \tag{8.12}$$

$$S(O_2) = \frac{u\,(1-p)\,n_1 + p\,n_1 + n_2}{n_1 + n_2} = \frac{u\,(1-p)\,(m-1) + p\,(m-1) + 1}{m} \tag{8.13}$$

$$S_r = \frac{S(O_2)}{S(N_2)} = 1 + p\,(m-1)\,\frac{(1-u)}{u\,(m-1)+1}. \tag{8.14}$$

Drückt man in Gl. (8.14) p nach Gl. (8.11) aus, so ergibt sich wieder die Alper-Formel. Die maximale Sensibilisierung ist jedoch gegeben durch:

$$m_0 = \frac{m}{u\,(m-1)+1}. \tag{8.15}$$

Wir wollen nun diese verallgemeinerte Hypothese zunächst durch den Vergleich mit einigen experimentellen Befunden prüfen.

8.3. Der Sauerstoff-Effekt bei Bakterien

Von besonderem Interesse ist dabei die Frage nach der maximal erreichbaren Sensibilisierung, also nach der Größe m_0 in der Alper-Formel. Abb. 59 zeigt zunächst, daß Bakterien bereits bei Bestrahlung unter Luft ($\triangleq 21^0/_0$ O_2) den größtmöglichen Sauerstoff-Effekt aufweisen, was man übrigens auch bei anderen kleinen biologischen Objekten findet. Nach Gl. (8.15) wächst nun die Sensibilisierung mit zunehmendem Reparaturvermögen ($u \to 0$) an und strebt gegen den Grenzwert m. Ein solches Verhalten beobachtet man tatsächlich bei der Inaktivierung von Bakterien und es sei gestattet, zum besseren Verständnis dieses Befundes vorgreifend einige Bemerkungen über die molekulare Natur der Schäden vom Typ 1 und 2 zu machen. Es gibt viele Anhaltspunkte dafür, daß zumindest bei den Mikroorganismen die Letalschäden strukturelle Veränderungen der DNS sind. In diesem Sinne kann man den schweren irreparablen Typ 2-Schaden mit dem Bruch beider Stränge der DNS-Helix identifizieren. Schwieriger ist die Zuordnung der Typ 1-Schäden, bei denen es sich wahrscheinlich um keinen einheitlichen Typ handelt, sondern wohl um ein Gemisch aus Einzelstrangbrüchen der DNS-Helix, Basenschäden, lokalen Denaturierungen usf. (vgl. Kap. 11). Sowohl für Einzelstrangbrüche als auch für Basenschäden kennt man enzymatische Reparaturprozesse, die von bestimmten Genen kontrolliert werden (vgl. Kap. 13.6). Tabelle 8 zeigt nun, daß bei Bakterien eine bemerkenswerte Korrelation zwischen der Fähigkeit zur Wirtszellenreaktivierung ($h\,c\,r$) und der Sauerstoff-Sensibilisierung im Sinne von Gl. (8.15) besteht, d. h. die $h\,c\,r^+$-Mutanten werden stärker sensibilisiert als die $h\,c\,r^-$-Mutanten. Damit ordnet sich der Sauerstoff-Effekt recht gut in das Inaktivierungsbild der Bakterien ein. Freilich hängt der Sauerstoff-Effekt auch von den Wachstums- und Inkubationsbedingungen ab (Alper, 1961), da hierdurch eine Beeinflussung der enzymatischen Reparaturvorgänge erfolgt.

Tabelle 8. *Sauerstoff-Effekt bei Bakterien: Maximaler Sensibilisierungsfaktor m_0 bei Bakterienmutanten mit unterschiedlicher Fähigkeit zur Wirtszellenreaktivierung (hcr).* (Alper, 1967)

hcr$^+$-Stämme	m_0	m_0	hcr$^-$-Stämme
E. coli B	2,7	1,7	B$_{8-1}$
E. coli K12S	3,0	1,7	K12S, hcr$^-$
E. coli C	3,1	2,0	CC$_4$(„syn$^-$")
E. coli B/r, WP2	3,0	1,7	hcr$^-$
B. subtilis BS$_{15}$	3,1	1,8	SMBL$_4$
		2,3	SMBL$_5$
P. aeruginosa 1C	3,1	2,4	HCR$_5$
		2,1	HCR$_{13}$

In diesem Zusammenhang sei noch erwähnt, daß auch bei den Bakteriophagen ein Sauerstoff-Effekt beobachtet wird, der ebenfalls in der gerade besprochenen Weise vom Reparaturvermögen der Wirtszelle abhängt. Allerdings ist die Sensibilisierung hier aus bisher noch nicht genau verstandenen Gründen außerordentlich gering (Ikenaga, 1968). Einen ausgeprägten Effekt erhält man jedoch bei intracellulärer Bestrahlung der Phagen (Howard-Flanders u. Jockey, 1960).

8.4. Sauerstoff-Effekt und LET

Eine weitere Möglichkeit zur Prüfung unserer Sauerstoff-Hypothese besteht in der Untersuchung der LET-Abhängigkeit. Wir wollen uns diesen Punkt ohne Rechnung durch folgende treffbereichstheoretische Argumentation klarmachen: Der Typ 1-Schaden ist nach unserer Vorstellung ein leichter Schaden in dem Sinne, daß zu seiner Erzeugung ein geringer, d. h. häufig abgegebener Energiebetrag ausreicht. Tragen wir die Strahlenempfindlichkeit ($1/D_{37}$) über dem LET auf, so werden wir nach der Treffbereichstheorie für diese Art von Schäden eine Kurve ohne Maximum erhalten. Dagegen wird der irreparable schwere Schaden vom Typ 2 mit der seltener erfolgenden Abgabe eines großen Energiebetrages verbunden sein, so daß die analoge Auftragung zu einer Kurve mit Maximum führen kann. Da sich der Gesamtschaden aus Typ 1- und Typ 2-Schäden zusammensetzt, werden sich im allgemeinen Überlagerungskurven ergeben, die um so stärker nach den Kurven ohne Maximum tendieren, je dominierender die Rolle der Typ 1-Schäden ist. Dies ist z. B. der Fall bei empfindlichen Bakterien ($u \rightarrow 1$) und bei Bestrahlung unter Sauerstoff. Wir wollen dies an zwei Beispielen bestätigen: In Abb. 60 ist die Strahlenempfindlichkeit des Bacillus Shigella sonnei bei aerober und anaerober Bestrahlung als Funktion des LET dargestellt; wie nach unseren Überlegungen zu erwarten ist, geht nur die anaerobe Kurve durch ein Maximum, nicht jedoch die unter Sauerstoff erhaltene. Darüber hinaus zeigt die Abbildung, daß die Sauerstoff-Sensibilisierung mit zunehmendem LET kleiner wird, da bei hoher

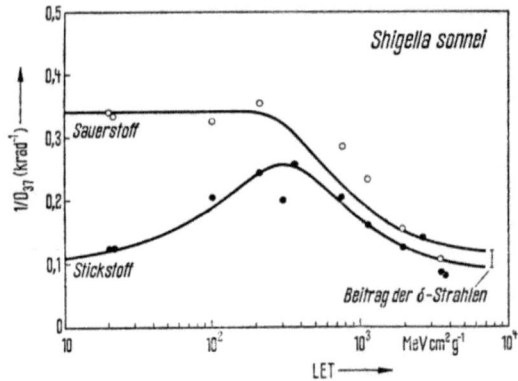

Abb. 60. Strahlenempfindlichkeit ($1/D_{37}$) von Shigella sonnei als Funktion des linearen Energietransfers (LET) unter aeroben und anaeroben Versuchsbedingungen. (Brustad, 1961)

Energieabgabe die Häufigkeit für schwere Typ 2-Schäden zunimmt. Die Produktion von Typ 1-Schäden bleibt schließlich nur den δ-Strahlen geeigneter Energie vorbehalten, deren Existenz damit zugleich verhindert, daß der Sauerstoff-Effekt bei hohem LET völlig verschwindet. Dieses LET-Verhalten wird durch unsere Hypothese richtig beschrieben, denn hoher LET ist offenbar gleichbedeutend mit der Forderung, daß $m-1$ gegen Null strebt. Damit geht nach Gln. (8.12) und (8.13) auch $S(N_2)$ gegen $S(O_2)$. Da ferner die Wahrscheinlichkeit u für nicht reparierte Schäden stets mit $m-1$ multipliziert auftritt, folgt, daß es bei hohem LET ($m-1 \to 0$) gar nicht mehr auf die Reparaturfähigkeit ankommt; d. h. bei hohem LET besteht kein Empfindlichkeitsunterschied mehr zwischen resistenten und sensiblen Objekten. Dies bestätigt die Abb. 61, auf der die Strahlenempfindlichkeit verschiedener Mutanten von E. coli als Funktion des LET dargestellt ist. Genau wie wir es uns gerade überlegten, verschwindet das Maximum mit abnehmendem Reparaturvermögen ($u \to 1$), außerdem verringert sich mit zunehmendem LET der Unterschied in der Strahlenempfindlichkeit der einzelnen Mutanten.

Mit diesen beiden Beispielen ist gezeigt, daß die Gln. (8.12) und (8.13) nicht nur den Sauerstoff-Effekt, sondern überhaupt das Empfindlichkeitsverhalten von Bakterien als Funktion des LET richtig beschreiben. Trotz der anscheinend guten Brauchbarkeit der Sauerstoff-Hypothese, die sich nun in einer Reihe von Befunden erwiesen hat, sollte man sich jedoch immer darüber im klaren sein, daß die zugrunde liegende Einteilung in Typ 1- und Typ 2-Schäden, die ja zunächst rein heuristisch bedingt war, nur als grobe Vereinfachung zu betrachten ist. Eine Reihe von diesbezüglich konsequenten Versuchen wurde z. B. von

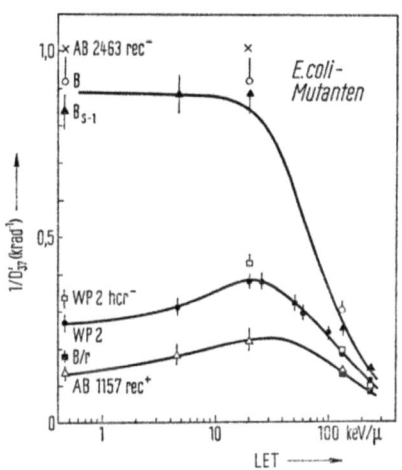

Abb. 61. Strahlenempfindlichkeit ($1/D'_{37}$) verschiedener E. coli-Mutanten als Funktion des linearen Energietransfers (LET) der verwendeten Strahlung. Zur Definition der Dosis D'_{37} s. Kap. 13.2. (Munson et al., 1967)

Powers u. Mitarb. durchgeführt. Sie bestrahlten Sporen von Bacillus megaterium unter verschiedenen Gasbedingungen und überführten sie anschließend für eine bestimmte Zeit in ein anderes Gasmilieu, ehe die Sporen zum biologischen Test an Luft gebracht wurden. Aus den jeweiligen Modifikationen der Inaktivierungsrate wurde ein sog. „Profil der Strahlenempfindlichkeit" abgeleitet (Powers u. Kaleta, 1960), aus dem hervorgeht, daß es verschiedene Arten von sauerstoffabhängigen Schäden gibt, darunter auch langlebige Radikale, die bei Milieuwechsel nach der Bestrahlung einen „Nach-Effekt" hervorbringen können. Damit ist klar, daß unsere Grundannahmen über den Sauerstoff-Effekt nur in erster Näherung zutreffen und viele Anomalien möglicherweise Folgen der komplizierten Situation sind.

Literatur

Alper, T.: Radiat. Res. 5, 573 (1956).
— Int. J. Rad. Biol. 3, 369 (1961).
— Mutation Res. 4, 15 (1967).
Brustad, T.: Radiat. Res. 15, 139 (1961).
— Radiat. Res. 27, 456 (1966).

Günther, W., u. H. Jung: Z. Naturforsch. **22 b**, 313 (1967).
Howard-Flanders, P.: In: Advances in biological and medical physics, Vol. VI. Eds. C. A. Tobias and J. H. Lawrence. New York: Academic Press 1958, p. 533.
—, and T. Alper: Radiat. Res. **7**, 518 (1957).
—, and P. Jockey: Int. J. Rad. Biol. **2**, 361 (1960).
Hutchinson, F.: Radiat. Res. **14**, 721 (1961).
—, and E. Watts: Radiat. Res. **14**, 803 (1961).
Ikenaga, M.: Radiat. Res. **34**, 421 (1968).
Jung, H., u. H. Schüßler: Z. Naturforsch. **21 b**, 224 (1966).
Munson, R. J., G. J. Neary, B. A. Bridges, and R. J. Preston: Int. J. Rad. Biol. **13**, 205 (1967).
Oksmo, O., u. T. Brustad: Z. Naturforsch. **23 b**, 962 (1968).
Powers, E. L., and B. F. Kaleta: Science **132**, 959 (1960).

9. Kapitel: Strahlenwirkung auf Enzyme am Beispiel der Ribonuclease

Unsere bisherigen Bemühungen waren darauf gerichtet, die Grundlagen sowie allgemeine „Gesetzmäßigkeiten" der Strahlenwirkung herauszuarbeiten. Damit haben wir eine gute Ausgangsbasis zum Verständnis des nun folgenden, sozusagen molekularbiologischen Teils unserer Vorlesung gewonnen. Wenn wir nun mit der Strahlenschädigung von Enzymen beginnen, so darf dies nicht zur Annahme verleiten, daß hier etwa besonders einfache Verhältnisse vorliegen. In ihrem Aufbau sind die Enzyme zum Teil wesentlich komplizierter als die Nucleinsäuren. In ihrer räumlichen Struktur kommen die meist hochspezifischen katalytischen Eigenschaften zum Ausdruck. Das Interesse an der Strahlenreaktion der Enzyme ist dadurch begründet, daß sie für die Aufrechterhaltung der Lebensprozesse wichtige Funktionen erfüllen. Ziel dieses Kapitels ist es, aus der Vielzahl der verschiedenartigen Befunde ein grobes Schema der Strahlenwirkung auf Enzyme herzuleiten, wobei wir uns wegen der Fülle des Materials auf ein besonders gut untersuchtes Enzym, die Ribonuclease, beschränken wollen, freilich nicht ohne gegebenenfalls auf Ausnahmen oder Besonderheiten bei anderen Enzymen hinzuweisen.

9.1. Struktur und Funktion der Ribonuclease

Die Aminosäure-Sequenz der Ribonuclease (RN-ase) ist seit 1959 bekannt. Sie hat ein Molekulargewicht von 13 680 und besteht aus 124 Aminosäuren, die in einer einzigen Kette angeordnet sind (Abb. 62). Diese Kette wird durch vier Disulfidbrücken in einer räumlich kompakten Anordnung gehalten. Erst vor kurzer Zeit gelang Kartha et al. (1967) die Bestimmung dieser räumlichen Struktur, der sog. Konformation. Zu ihrer Aufrechterhaltung tragen jedoch nicht nur die Disulfidbrücken bei, sondern auch Wasserstoffbrücken zwischen den Amino- und den Carboxylgruppen, elektrostatische Kräfte und hydrophobe Bindungen. An den hydrophoben Bindungen sind Aminosäuren mit nicht-polaren Seitenketten beteiligt, die eine geringe Affinität zu Wasser besitzen. Sie haben deshalb innerhalb der räumlichen Anordnung die Tendenz, so weit wie möglich nach innen zu kommen; wenn sie in größerer Zahl miteinander in Kontakt kommen, entsteht eine sog. hydrophobe Bindung, wodurch die Stabilität der Konformation erhöht wird.

Die Reihenfolge der einzelnen Aminosäuren bestimmt in weitgehend eindeutiger Weise die Konformation des Moleküls. Dies zeigt sich z. B.

daran, daß man Enzyme thermisch oder chemisch denaturieren kann, wobei sich die Moleküle entfalten. Diese Denaturierung ist bei der RNase reversibel, auch dann noch, wenn man die Disulfidbrücken reduziert. Das Molekül liegt dann als völlig strukturloses, enzymatisch inaktives Polypeptid mit 8 SH-Gruppen vor; es kann aber an Luft ohne weiteres wieder zu einem nativen Enzym der ursprünglichen Konformation reoxidiert werden.

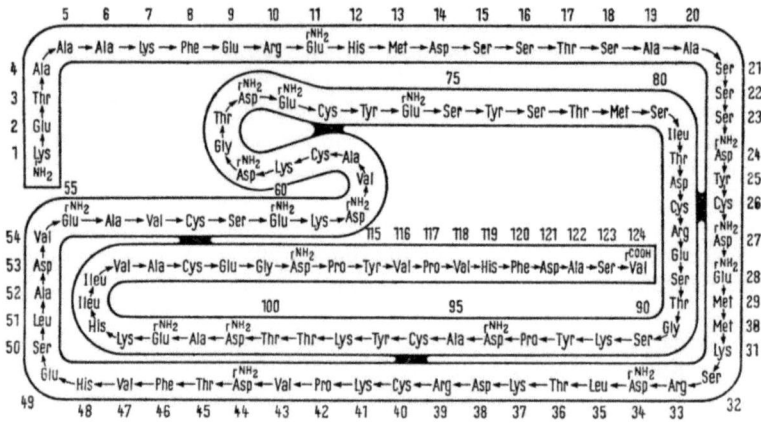

Abb. 62. Primärstruktur der Ribonuclease mit Disulfidbrücken. (Smyth et al., 1963)

Die RN-ase verdankt ihren Namen ihrer Fähigkeit zum Abbau von RNS. Dieser Abbau erfolgt in zwei Schritten. Der erste Schritt besteht in der Spaltung der Phosphodiesterbindung und der Übertragung der Esterbindung auf die 2'-Hydroxylgruppe der Ribose, wodurch zunächst ein cyclischer Diester entsteht. Im zweiten Schritt wird das entstandene 2',3'-Pyrimidin-Phosphat zu Nucleotid-3'-Phosphat hydrolysiert. Bei Verwendung von RNS als Substrat kann man die Gesamtreaktion untersuchen, mit cyclischem Cytidin-2',3'-Phosphat die zweite Reaktion für sich. Wenn im folgenden von Enzym-Aktivität die Rede ist, dann bezieht sich das immer auf die Gesamtreaktion mit RNS als Substrat.

9.2. Inaktivierungskinetik

Auch bei RN-ase erhält man wie bei den anderen Enzymen stets exponentielle Dosis-Effekt-Kurven, unabhängig davon, ob man im Trockenen oder in Lösung bestrahlt (Abb. 54 u. 63) oder ob man mit atomarem Wasserstoff inaktiviert (Holmes et al., 1967; Jung u. Kürzinger, 1968). Abb. 63 zeigt, daß bei der Bestrahlung in Lösung beide RN-ase-Funktionen gleich empfindlich sind. Das gleiche Ergebnis erhielt Deering (1960) nach UV-Bestrahlung von trockener RN-ase. Im Gegensatz hierzu scheint beim Chymotrypsin (Aronson et al., 1956) und beim Trypsin (Augenstein, 1959) die Esterase-Aktivität strahlenempfindlicher zu sein als die Protease-Aktivität. Doch ist diese Frage noch nicht widerspruchsfrei geklärt (vgl. Abb. 40).

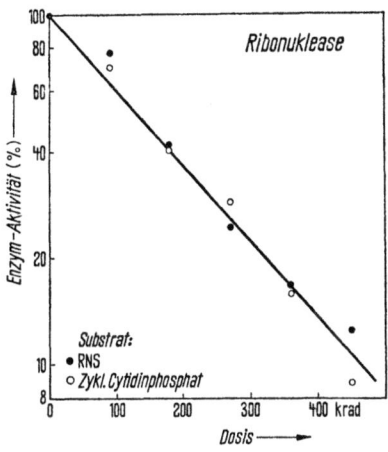

Abb. 63. Inaktivierung von Ribonuclease in 0,5-molarer KCl-Lösung (1 mg/ml) durch ^{60}Co-γ-Strahlung, nachgewiesen mit zwei verschiedenen Substraten: RNS und cyclischem Cytidin-2'-3'-Phosphat. (Smith u. Adelstein, 1965)

Im Kapitel 5.2 haben wir aus der D_{37} für die Inaktivierung zahlreicher trockener Enzyme die treffertheoretischen Molekulargewichte berechnet. Ihr Vergleich mit den realen Werten verschiedener Enzyme in Abb. 28 ergab eine bemerkenswerte Übereinstimmung. Daraus ist zu schließen, daß ein Enzym um so strahlenempfindlicher ist, je größer es ist, und ferner, daß praktisch jeder mittlere Energieverlust von 60 eV (Primärionisation), der an irgendeiner Stelle des Moleküls erfolgt, zu dessen Inaktivierung führt. Dieser Befund bereitete den Strahlenforschern lange Zeit erhebliches Kopfzerbrechen; denn auf chemischem Wege kann man diverse Veränderungen an einem Enzym-Molekül erzeugen, ohne in jedem Fall die Aktivität zu zerstören. Mit diesem Punkt werden wir uns deshalb im Verlauf dieses Kapitels noch ausführlich beschäftigen.

Bei der Bestimmung der Strahlenempfindlichkeit von Enzymen aus der Neigung der Dosis-Effekt-Kurven muß gewährleistet sein, daß die geschädigten Moleküle keine andere Substrat-Affinität haben als die unveränderten. Denn das würde bedeuten, daß die Inaktivierungsrate eine Funktion der Substrat-Konzentration ist und die experimentell bestimmte Strahlenempfindlichkeit von der Menge des verwendeten Substrats abhängt. Diese Frage läßt sich dadurch klären, daß man die Michaelis-Konstante von bestrahlten mit der von unbestrahlten Proben vergleicht. Nach der Theorie von Michaelis über die Kinetik enzymatischer Reaktionen gilt für die Reaktionsgeschwindigkeit v (siehe die Lehrbücher der Biochemie):

$$v = \frac{v_{max}\,[S]}{K_m + [S]} \quad (9.1)$$

Dabei ist $[S]$ die Substrat-Konzentration, K_m die Michaelis-Konstante und v_{max} die größtmögliche Reaktionsgeschwindigkeit. Gl. (9.1) läßt sich nach einem Vorschlag von Lineweaver u. Burk (1934) folgendermaßen umformen:

$$\frac{1}{v} = \frac{K_m}{v_{max}} \cdot \frac{1}{[S]} + \frac{1}{v_{max}} \quad (9.2)$$

Hieraus folgt, daß man eine Gerade erhält, wenn man $1/v$ über $1/[S]$ aufträgt („Lineweaver-Burk-Diagramm"). Extrapoliert man diese Geraden auf $v = \infty$, d. h. auf $1/v = 0$, so gilt:

$$1/[S]_{v=\infty} = -1/K_m . \quad (9.3)$$

Wir bekommen somit als Abszissen-Abschnitt gerade die reziproke Michaelis-Konstante und als Ordinaten-Abschnitt $1/v_{max}$. Abb. 64 zeigt

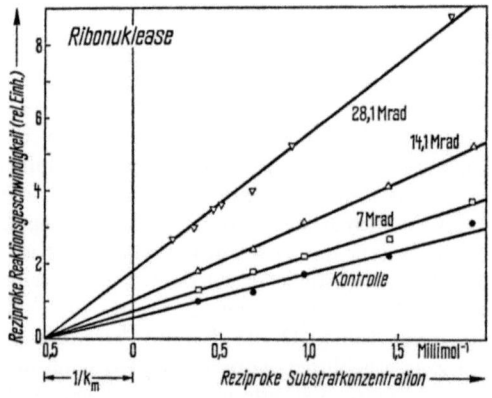

Abb. 64. Lineweaver-Burk-Diagramm zur Bestimmung der Michaelis-Konstante (K_m) und der maximalen Reaktionsgeschwindigkeit von Ribonuclease nach γ-Bestrahlung in Sauerstoffatmosphäre. (Hunt u. Williams, 1964)

die Anwendung dieses Verfahrens auf RN-ase, die trocken unter Sauerstoffatmosphäre verschiedenen Dosen von γ-Strahlung ausgesetzt wurde. Mit zunehmendem Inaktivierungsgrad verringert sich v_{max}, da die Menge des aktiven Enzyms abnimmt, während der Wert von K_m nicht von der Dosis abhängt. Das zeigt, daß sich die Substrat-Affinitäten von bestrahlter und unbestrahlter RN-ase nicht unterscheiden. Zu den gleichen Resultaten führten RN-ase-Bestrahlungen im Vakuum (Hunt u. Williams, 1964) und in wäßriger Lösung (Smith u. Adelstein, 1965).

Im Gegensatz hierzu findet man jedoch bei DN-ase (Okada u. Fletcher, 1962) und bei Chymotrypsin (Mee, 1964) nach Bestrahlung in Lösung eine Abhängigkeit der D_{37} von der Substrat-Konzentration, während durch die Einwirkung von atomarem Wasserstoff auf Chymotrypsin-Lösungen die Substrat-Affinität nicht verändert wird (Mee et al., 1964).

9.3. Strahlenerzeugte Radikale

Wir wollen nun dazu übergehen, die molekularen Veränderungen an bestrahlten Enzymen zu studieren. Es ist dabei angebracht, zunächst kurz auf die bei der Bestrahlung von trockenen Enzymen entstehenden Radikale einzugehen. Wie in den meisten organischen Verbindungen sind diese Radikale auch bei Zimmertemperatur im allgemeinen über lange Zeit stabil und können bequem mit Hilfe der Elektronenspin-Resonanz (ESR) nachgewiesen werden.

Wir wollen zunächst einmal qualitativ das ESR-Spektrum der Enzyme untersuchen, die schwefelhaltige Aminosäuren, wie Cystin, Cystein und Methionin, enthalten. Zu diesen Enzymen gehören unter anderem auch RN-ase, Trypsin, Lysozym, Pepsin usf. Man macht an ihnen folgende interessante Beobachtung (Abb. 65). Bestrahlt man RN-ase bei 77 °K, so registriert man bei eben dieser Temperatur eine breite, asymmetrische Resonanzlinie (aus technischen Gründen wird, wie auch die Abbildung zeigt, meist die Abgeleitete der Resonanzlinie aufgenommen). Dieses unspezifische Spektrum kommt dadurch zustande, daß bei tiefer Temperatur verschiedene Arten von Radikalen, wie sie durch die statistische Absorption der Strahlung in den verschiedenen Teilen des RN-ase-Moleküls erzeugt werden, zum ESR-Signal beitragen. Erwärmt man die gleiche Probe auf Zimmertemperatur, dann ändert sich das Aussehen des Signals und erreicht nach einigen Minuten oder Stunden eine ganz charakteristische Form, die durch Überlagerung von wenigstens 2 Komponenten bedingt ist. Die eine Komponente ist ein Dublett, von dem man annehmen kann, daß es von einem α-Wasserstoff auf

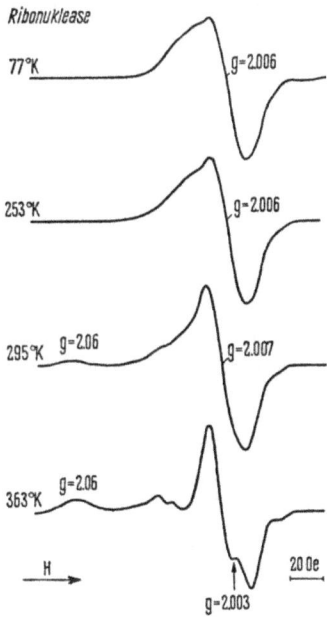

Abb. 65. ESR-Spektren von Ribonuclease nach Bestrahlung bei 77 °K und Messung bei den angegebenen Temperaturen. (Copeland et al., 1968)

der Polypeptidkette herrührt. Da Polyglycin und einfache glycinhaltige Peptide das gleiche Spektrum liefern, führt man es allgemein auf folgendes Radikal zurück:

$$\ldots -\underset{\underset{H}{|}}{\overset{\overset{H}{|}}{N}}-\overset{\cdot}{C}-\overset{\overset{O}{\|}}{C}-\ldots \quad (9.4)$$

Allerdings muß einschränkend gesagt werden, daß auch andere Polyaminosäuren ein Dublett liefern (Drew u. Gordy, 1963). Die zweite Komponente ist ein bei kleinem Magnetfeld erscheinender breiter Ausläufer. Er gehört wahrscheinlich zu einer an einem Schwefelatom gelegenen Radikalstelle:

$$\ldots -\overset{\overset{H}{|}}{N}-\underset{\underset{\underset{\underset{\cdot}{S}}{|}}{H-C-H}}{\overset{\overset{H}{|}}{C}}-\overset{\overset{O}{\|}}{C}-\ldots \quad (9.5)$$

Es zeigt sich also deutlich, daß sich die nach Strahlenabsorption erzeugten Primärradikale auf die Erwärmung hin umlagern, bis schließlich der überwiegende Teil der Spins an einem Schwefelatom oder an einem glycinartigen Rest zu finden ist. Für dieses Phänomen der intramolekularen Energieleitung oder, besser ausgedrückt, Umlagerung, können im Prinzip zwei Erklärungen gefunden werden. Einmal kann die Wanderung eines strahleninduzierten „Elektronenloches" entlang der Polypeptidkette als wirksamer Mechanismus angesehen werden, zum anderen aber auch das „Weiterreichen" einer Radikalstelle, die durch Abspaltung eines Wasserstoffatoms oder einer Aminosäure-Seitenkette entstanden ist. Es sei noch darauf hingewiesen, daß wir in Kap. 6.5 bei der Besprechung des intermolekularen Spintransfers ebenfalls auf eine Radikalstelle an einem Schwefelatom gestoßen sind (Abb. 46). Der Schwefel scheint damit eine energetisch günstige Stelle für die Stabilisierung eines Radikals zu sein.

Zur *Ausbeute an Radikalen* in trocken bestrahlten Enzymen ist zu sagen, daß die G-Werte zwischen 1 und 7 liegen (Müller, 1962); d. h. zur Bildung eines beobachtbaren Radikals sind 15—100 eV erforderlich. Da diese Energie von der gleichen Größenordnung ist wie der Energieaufwand für die Inaktivierung, und außerdem die Temperaturabhängigkeit beider Effekte oft einen ähnlichen Verlauf zeigt (vgl. Abb. 50), ist wahrscheinlich ein großer Teil der nach Bestrahlung beobachteten Inaktivierung eine Folge von primär erzeugten Radikalen.

Im Zusammenhang mit der Tatsache, daß die Natur der Glycinähnlichen Radikale keineswegs zweifelsfrei aufgeklärt ist, verdient ein Experiment von Riesz u. Mitarb. (1966) besonderes Interesse. Die Autoren setzten bestrahlte Ribonuclease einer Atmosphäre von Tritiummarkiertem Schwefelwasserstoff aus. Dabei verschwanden die strahleninduzierten Radikale nach der Gleichung:

$$\dot{M} + {}^3H_2S \rightarrow M^3H + {}^3H\dot{S}. \qquad (9.6)$$

Anschließend wurde die RN-ase hydrolysiert und in die verschiedenen Aminosäuren aufgetrennt. Im Gegensatz zu den Erwartungen wurde der Hauptteil der Radioaktivität jedoch nicht beim Glycin gefunden, sondern mit abnehmender Häufigkeit bei Lysin, Methionin, Prolin und Histidin, und weniger häufig bei Phenylalanin, Isoleucin und Valin. Nach diesem Resultat dürften nach Abschluß der intramolekularen Umlagerungen die Radikale nicht speziell auf dem Glycin, sondern auf einer ganzen Reihe verschiedener Aminosäuren zu finden sein. Diese Aminosäuren sind zu einem großen Teil mit denjenigen identisch, die durch Bestrahlung mit besonders großer Häufigkeit zerstört werden (vgl. Tab. 10).

9.4. Veränderungen an bestrahlten Enzym-Molekülen

Der nächste Schritt bei der Untersuchung der Strahlenwirkung auf Enzyme besteht darin, strukturelle und molekulare Veränderungen zu identifizieren. Wir haben in Kap. 9.1 gesehen, daß die Aminosäuresequenz, d. h. die Primärstruktur eines Enzyms, dessen Konformation und damit dessen enzymatische Aktivität in weitgehend eindeutiger Weise bestimmt. Es ist somit naheliegend, sich mit der Frage zu beschäftigen, welche Aminosäuren in bestrahlter Ribonuclease verändert werden; denn eine veränderte Primärstruktur sollte eine veränderte Konformation nach sich ziehen, und eine veränderte Konformation bedeutet in den meisten Fällen den Verlust der enzymatischen Aktivität.

Veränderungen der Primärstruktur können durch Aminosäure-Analysen nachgewiesen werden. In der oberen Hälfte von Tab. 10 sind die Aminosäuren zusammengestellt, die unter verschiedenen Versuchsbedingungen in bestrahlter Ribonuclease abgebaut werden. Nach Augenstein (1958) nimmt der Cystingehalt in bestrahlten Enzymen ab. Seither wurde in zahlreichen Publikationen die Vermutung ausgesprochen, daß durch das Aufbrechen von Disulfidbrücken der Verlust der Enzym-Aktivität hervorgerufen wird. Dieser Hypothese kommt aber, wie wir später noch sehen werden, keine Bedeutung zu. Interessant ist, daß durch Einwirkung von atomarem Wasserstoff auf RN-ase-Lösung etwa die gleichen Aminosäuren verändert werden wie nach γ-Bestrahlung. Aus den hier aufgeführten Resultaten wurde insgesamt geschlossen, daß die Veränderung einiger spezifischer Aminosäuren den Verlust der enzymatischen Aktivität der RN-ase nach sich zieht. Wir werden auf diesen Punkt im Abschnitt 9.7 noch einmal zu sprechen kommen.

Auch über die *Veränderungen der Sekundärstruktur* von bestrahlten Enzymen ist einiges bekannt. Ohne Zweifel führt die Bestrahlung zu einer Auffaltung der Moleküle. Das zeigt sich an der Veränderung des optischen Absorptionsspektrums, der optischen Rotation, der Sedimentationsgeschwindigkeit, der Viscosität, der Zahl der gegen Deuterium austauschbaren Wasserstoffatome, sowie an der Spaltbarkeit der bestrahlten Enzyme durch andere Enzyme.

Seit einigen Jahren gibt es Hinweise dafür, daß die Inaktivierung von Enzymen trotz der dabei auftretenden exponentiellen Dosis-Effekt-Kurven kein reiner Alles-oder-Nichts-Vorgang ist. Haskill u. Hunt (1965) konnten nachweisen, daß in den nach Bestrahlung noch aktiven Molekülen *latente Schäden* existieren, die aber nicht in unmittelbarem Zusammenhang mit dem aktiven Zentrum stehen. Wie Abb. 66

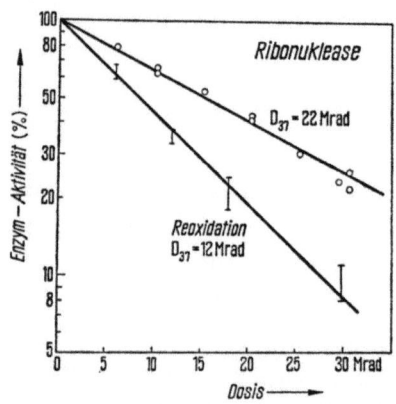

Abb. 66. Inaktivierung von trockener Ribonuclease durch ^{60}Co-γ-Strahlung in Sauerstoffatmosphäre. Aktivitätstest unmittelbar nach Bestrahlung bzw. nach Reduktion und nachfolgender Reoxidation der bestrahlten RN-ase. (Haskill u. Hunt, 1965)

zeigt, beträgt die D_{37} für die Inaktivierung von RN-ase durch γ-Strahlung unter Sauerstoff 22 Mrad, für Proben, die nach der Bestrahlung erst reduziert und anschließend wieder reoxidiert wurden, aber 12 Mrad. Durch diese Nachbehandlung geht also beinahe die Hälfte der Enzym-Aktivität des bestrahlten Materials verloren. Das weist darauf hin, daß in einem Teil der nach Bestrahlung noch aktiven RN-ase-Moleküle latente Schäden vorhanden sind, die das ordnungsgemäße Zurückfalten der reduzierten Moleküle verhindern.

9.5. Trennung und Identifizierung von Bestrahlungsprodukten

Die bisher beschriebenen experimentellen Befunde geben zwar mancherlei Hinweise auf die physiko-chemischen und chemischen Veränderungen, die bei Bestrahlung von Enzymen mit ionisierenden Strahlen auftreten. Sie reichen aber nicht aus, um ein einigermaßen vollständiges Bild von den mit der Inaktivierung verbundenen Prozessen zu liefern. Dazu müssen die Bestrahlungsprodukte von den unveränderten Molekülen abgetrennt und für sich untersucht werden. Für diesen Zweck hat sich die Säulenchromatographie mit dem Dextran-Gel „Sephadex" als erfolgreich erwiesen. Die Trennwirkung von Sephadex beruht darauf, daß kleine Moleküle in das Innere der Gelkörner hineindiffundieren und somit später von der Säule eluiert werden als große Moleküle.

Abb. 67 zeigt einige Elutionsdiagramme für RN-ase. Das unbestrahlte Enzym (Kontrolle) ergibt ein Hauptmaximum (I_n) aus nativer monomerer Ribonuclease und einen kleineren Peak (II_n) bestehend aus Dimeren, die bei der Reinigung des Enzyms entstehen. Beide Fraktionen sind enzymatisch aktiv. Wird die RN-ase in belüfteter wäßriger Lösung bestrahlt, so treten im Elutionsspektrum zwei neue Maxima auf (I_d und II_d). Mit wachsender Dosis verringert sich Peak I_n, während Peak II_d kontinuierlich zunimmt. Das Maximum I_d zeigt bei kleinen Dosen zunächst eine Zunahme, um oberhalb von 1 Mrad ebenfalls in Komponente II_d überführt zu werden. Beim Bestrahlen in stickstoffhaltiger Lösung tritt der Peak I_d nicht auf; mit zunehmendem Inaktivierungsgrad wird das aktive Enzym von I_n fast ausschließlich in Komponente II_d umgewandelt. Diese Komponente enthält noch geringe Enzym-Aktivität, und zwar bei Bestrahlung in N_2 etwa 3mal mehr als unter Luftzutritt (Jung u. Schüßler, 1966).

Es ist nun möglich, aus der Lage der einzelnen Komponenten im Elutionsdiagramm auf ihr *Molekulargewicht* zu schließen (Whitaker, 1963). Für die verschiedenen Maxima auf Abb. 67 erhält man dabei folgende Werte: I_n 14 000, I_d 18 000—20 000, II_n 28 000 und II_d 30 000 bis 35 000. Vergleichende Untersuchungen mit der analytischen Ultrazentrifuge zeigen dagegen, daß I_n und I_d monomer sind ($MG = 14 000$), während II_n und II_d aus Dimeren mit einem Molekulargewicht von etwa 28 000 bestehen (Schüßler u. Jung, 1967). I_d und II_d kommen also früher von der Säule als es ihrem Molekulargewicht entspricht. Das zeigt, daß diese Komponenten aus aufgefalteten Molekülen bestehen, die einen größeren Raum einnehmen als native Moleküle desselben Molekulargewichts. Dieser Befund erklärt die verwendete Nomenklatur: Die römischen Ziffern geben die Anzahl der bei der Aggregation beteiligten Moleküle an, der Index „n" steht für nativ, „d" für denaturiert.

Die Elutionsspektren, die man nach *Bestrahlung von trockener RN-ase* beobachtet, sind den auf Abb. 67 sehr ähnlich. Auch hier entstehen unter Sauerstoff denaturierte Monomere (I_d), während diese Komponente im Vakuum nur ganz schwach ausgebildet ist. Bei anaerober Bestrahlung wird der überwiegende Teil der nativen RN-ase in denaturierte Aggregate überführt (Haskill u. Hunt, 1967 b; Jung u. Schüßler, 1968). Sie bestehen hauptsächlich aus Dimeren, enthalten aber daneben

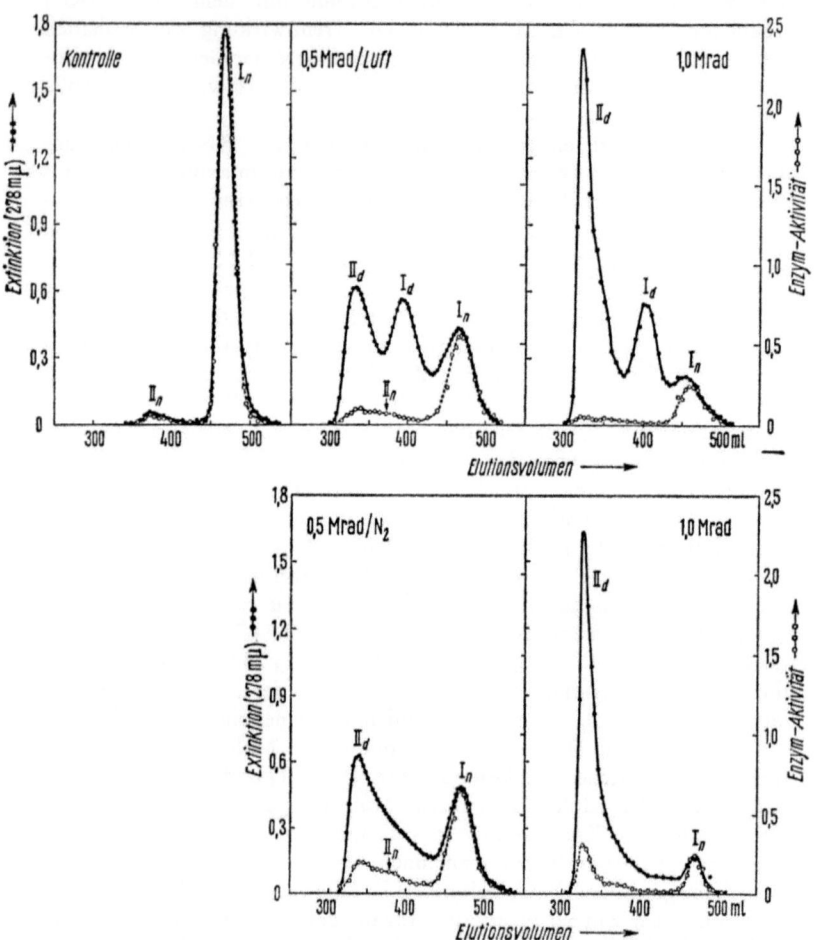

Abb. 67. Chromatographische Auftrennung von 90 mg Ribonuclease nach Bestrahlung in wäßriger Lösung (5 mg/ml) mit ^{60}Co-γ-Strahlen. –●– Extinktion bei 278 mµ. ––○–– enzymatische Aktivität; eine Einheit entspricht der Aktivität von 1 mg RN-ase/ml. (Nach Schüßler u. Jung, 1967)

auch noch einen kleinen Teil an Trimeren, die durch Chromatographie über Sephadex bei pH 2,1 von den Dimeren abgetrennt werden können (Haskill u. Hunt, 1967 b). Außerdem entstehen bei Bestrahlung von trockener RN-ase höhere Aggregate, was sich dadurch zu erkennen gibt, daß ein Teil des bestrahlten Materials unlöslich wird (Jung u. Schüßler, 1968).

Obwohl die Komponente I_n in Abb. 67 nach Bestrahlung ihre physikalischen Eigenschaften, wie optische Absorption, Sedimentation, Verhalten bei Elektrophorese, usf. nicht meßbar ändert (Haskill u. Hunt, 1967 a) und darüber hinaus enzymatisch aktiv bleibt, so besitzt sie, wie wir noch sehen werden, dennoch zerstörte Aminosäuren (Tab. 9) und zeigt auch ein verändertes Verhalten bei Reduktion und nachfolgender Reoxidation (Haskill u. Hunt, 1967 a). Dagegen findet man zahlreiche physiko-chemische Unterschiede zwischen den *denaturierten Komponenten* und nativer RN-ase. Als Beispiel ist in Abb. 68 das Differenzspektrum der optischen Absorption zwischen Komponente I_n aus einer unbestrahlten Kontrolle und Komponente II_d, erhalten nach anaerober Bestrahlung einer verdünnten Lösung, wiedergegeben. Das Spektrum weist Minima bei 235, 279 und 286 mµ auf. Einen ganz entsprechen-

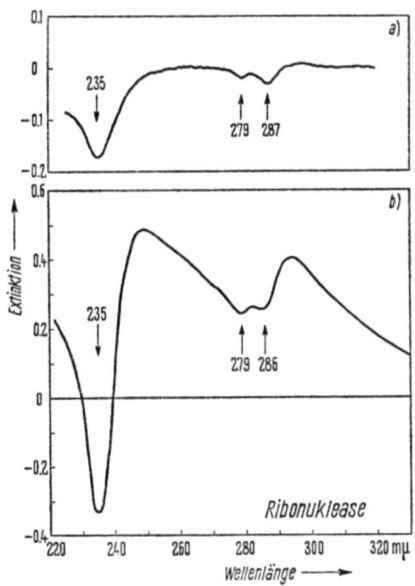

Abb. 68. a Differenzspektrum zwischen einer bei pH 1,4 denaturierten RNase-Probe und nativer RN-ase bei pH 5,4. Messung bei einer Konzentration von 0,086% und 1 cm Schichtdicke. (Glazer u. Smith, 1961). b Differenzspektrum zwischen Komponente II_d (γ-Bestrahlung in anaerober Lösung mit 0,5 Mrad; Konzentration: 5 mg/ml) und Komponente I_n einer unbestrahlten Kontrolle. Messung bei 1 mg/ml und 1 cm Schichtdicke. (Jung u. Schüßler, 1967)

den Kurvenverlauf findet man bei Säuredenaturierung von RN-ase bei pH 1,4 (vgl. Abb. 68 a), bei trocken bestrahlter RN-ase (Ray u. Hutchinson, 1967) und bei nicht chromatographisch getrennten RN-ase-Lösungen nach Bestrahlung (Smith u. Adelstein, 1965).

Wir müssen uns nun mit der Frage befassen, warum bei anaerober Bestrahlung nur geringe Mengen von denaturierten Monomeren (Komponente I_d; vgl. Abb. 67) entstehen. Dies läßt sich durch die Annahme erklären, daß bei der *Dimerisierung* Radikale beteiligt sind, die bei Luftzutritt mit dem Sauerstoff zu Peroxyradikalen reagieren:

$$\dot{M} + O_2 \rightarrow M\dot{O_2}. \qquad (9.7)$$

Damit wird die Dimerisierung durch die Reaktion zweier Radikale unterbunden:

$$\dot{M} + \dot{M} \rightarrow M - M. \qquad (9.8)$$

Unter Stickstoff ist die Reaktion (9.7) nicht möglich. Die RN-ase wird nach (9.8) praktisch ausschließlich in denaturierte Dimere überführt (Peak II_d).

Da nach Bestrahlung von trockener Ribonuclease ähnliche Elutionsspektren gefunden werden wie nach Bestrahlung in Lösung, gelten diese Überlegungen wohl auch für diesen Fall. Allerdings ist hier die Frage noch offen, ob die Dimerisierung bereits im festen Zustand stattfindet oder erst beim Auflösen des bestrahlten Materials. Es gibt einige Befunde, die für die zweite Annahme sprechen: Die Aminosäuren, die nach Ende der Bestrahlung Radikalstellen tragen und mit ^3H_2S reagieren (Experiment von Riesz et al., 1966; vgl. Kap. 9.3), weisen auch in der Aminosäure-Analyse die stärkste Abnahme auf (vgl. Kap. 9.6). Darüber hinaus findet man nach Bestrahlung von trockener RN-ase unter H_2S-Atmosphäre keine durch ESR-Spektroskopie nachweisbaren Radikale (Hunt u. Williams, 1964), da diese vor Bestrahlungsende mit dem H_2S abreagieren; in Übereinstimmung mit obiger Annahme unterbleibt unter diesen Versuchsbedingungen auch die Aggregation (Haskill u. Hunt, 1967 b).

9.6. Aminosäure-Analyse

Die Chromatographie über Sephadex bietet die Möglichkeit, die einzelnen Bestrahlungsprodukte auf zerstörte Aminosäuren hin zu untersuchen, um die Veränderungen in der Primärstruktur zu finden, in denen sich aktive und inaktive Moleküle unterscheiden. Besonders interessant ist dabei zunächst die Analyse der Komponente I_n (vgl. Abb. 67), von der wir nach treffertheoretischen Überlegungen erwarten sollten, daß sie nur intakte Moleküle enthält. Tab. 9 zeigt die Aminosäure-Zusammensetzung der nativen Monomeren I_n nach Bestrahlung in Lösung unter Stickstoff bzw. Luft. Überraschenderweise finden sich ausgeprägte Veränderungen in der Aminosäure-Zusammensetzung. Unter

Stickstoff werden mit zunehmender Dosis Cystin, Methionin, Tyrosin, Phenylalanin, Lysin und Histidin abgebaut, während bei Glycin eine geringe Zunahme zu verzeichnen ist. Das weist darauf hin, daß ein Teil der veränderten Aminosäuren durch Abspaltung der Seitenkette zu Glycin umgewandelt wird. Bei Bestrahlung unter Luft werden dieselben Aminosäuren zerstört; mit dem einen Unterschied, daß beim Cystin, das unter Stickstoff die stärkste Abnahme zeigt, nur eine geringe Ver-

Tabelle 9. *Aminosäure-Zusammensetzung von Komponente I_n nach Bestrahlung in wäßriger Lösung (5 mg/ml) unter Stickstoff bzw. unter Luft. Diese Komponente besteht aus enzymatisch aktiver Ribonuclease.* (Schüßler u. Jung, 1967)

Aminosäure	Theoret. Wert	Kontrolle	Bestrahlung			
			in Stickstoff		in Luft	
			0,5 Mrad	1,0 Mrad	0,5 Mrad	1,0 Mrad
Asparaginsäure	15	14,81	14,87	14,74	15,08	14,85
Threonin	10	10,13	10,07	9,82	10,18	10,03
Serin	15	14,99	14,68	14,81	15,04	15,15
Glutaminsäure	12	12,05	12,12	12,02	12,09	12,15
Glycin	3	2,98	3,21	3,73	3,37	3,50
Alanin	12	12,01	12,00	12,02	11,79	11,64
Valin	9	8,82	8,83	8,82	8,81	8,89
1/2 Cystin	8	7,98	6,44	5,71	7,71	7,66
Methionin	4	3,77	3,63	3,43	3,55	3,32
Isoleucin	3	2,30	2,24	2,32	2,42	2,23
Leucin	2	2,03	2,06	2,07	2,08	2,07
Thyrosin	6	6,12	5,40	5,41	5,26	4,88
Phenylalanin	3	2,92	2,89	2,73	2,84	2,70
Lysin	10	9,95	9,71	9,35	9,77	8,92
Histidin	4	3,85	3,66	3,56	3,41	3,33
Arginin	4	3,99	3,95	3,83	3,87	3,71

änderung zu beobachten ist. Dieser Befund beweist, daß nach Bestrahlung in wäßriger Lösung an den Molekülen von Komponente I_n größere Veränderungen auftreten, ohne daß es zum Verlust der Enzym-Aktivität kommt. Damit ist die von den exponentiellen Dosiswirkungs-Kurven abgeleitete Vorstellung, die Inaktivierung eines Enzyms sei ein Alles-oder-Nichts-Prozeß, als unzutreffend erkannt.

Exakt die gleichen Aminosäuren werden auch in den denaturierten Monomeren und den denaturierten Dimeren durch Bestrahlung verändert (Schüßler u. Jung, 1967). Diese selektive Zerstörung einiger weniger Aminosäuren in Lösung könnte man auf eine unterschiedliche Reaktionskonstante der Wasserradikale mit den einzelnen Aminosäuren zurückführen. Besonders deutlich ist diese Korrelation im Falle des Cystins. Dieses hat eine ungewöhnlich hohe Reaktionswahrscheinlichkeit gegenüber dem hydratisierten Elektron (e^-_{aq}), und parallel dazu wird Cystin unter Stickstoff am schnellsten von allen Aminosäuren abgebaut. Bei Anwesenheit von Sauerstoff ist diese Reaktion nicht mehr möglich, da das e^-_{aq} von diesem unter Bildung von O_2^- weggefangen wird. In Übereinstimmung damit wird Cystin bei Bestrahlung in Luft nur geringfügig verändert. Die übrigen veränderten Aminosäuren besitzen im allgemeinen höhere Geschwindigkeitskonstanten für die Reaktion mit den OH-Radikalen als die nicht veränderten (vgl. Anbar u. Neta, 1965). Doch ist diese Korrelation nicht so offensichtlich wie beim Cystin. Sie erfährt eine weitere Einschränkung durch den aus Tab. 10 ersichtlichen Befund, daß in den verschiedenen Komponenten von trocken bestrahlter Ribonuclease mit zunehmender Dosis die gleichen 6 Aminosäuren zerstört werden wie nach Bestrahlung in Lösung (Jung u. Schüßler, 1968). Diese Selektivität ist nur schwer mit einer unterschiedlichen Reaktionswahrscheinlichkeit der einzelnen Aminosäuren zu erklären. Man muß vielmehr annehmen, daß Material- und Energieübertragungsprozesse beim Zustandekommen der endgültigen Schädigung beteiligt sind (vgl. Kap. 9.7).

Tab. 10 ermöglicht einen Vergleich der in den verschiedenen Komponenten nachgewiesenen Aminosäure-Veränderungen mit denjenigen aus Gemischen von aktiven und inaktiven Produkten. Die Übereinstimmung ist nicht schlecht, wenn man bedenkt, wie sehr es von der Dosis und der Meßgenauigkeit abhängt, welche Aminosäuren man als verändert und welche man als intakt ansieht.

Aus den im zweiten Teil der Tabelle aufgeführten Messungen kann man die Anzahl der insgesamt veränderten Aminosäuren als Funktion der Dosis bestimmen. Dazu summiert man die experimentell ermittelten Werte von Cystin, Methionin, Tyrosin, Phenylalanin, Lysin und Histidin für eine unbestrahlte Kontrolle und vergleicht diesen Wert mit der Summe der gleichen Aminosäuren in den verschiedenen aufgetrennten Komponenten. Die Differenz ergibt die Anzahl der zerstörten Aminosäuren. Glycin wird dabei nicht berücksichtigt, da seine Zunahme auf der Zerstörung anderer Aminosäuren beruht. Ebensowenig ist die

Tabelle 10. *Aminosäure-Veränderungen in Ribonuclease nach Bestrahlung unter verschiedenen experimentellen Bedingungen*

Bestrahlungsbedingungen	Komponente	Veränderte Aminosäuren					Autoren
Lösung	—						Augenstein, 1958
Lösung	Helium	cys	met	tyr	phe		Hayden u. Friedberg, 1964
Lösung	Luft		met	tyr			Smith u. Adelstein, 1965
Lösung	Luft	cys	met	tyr	phe	lys	Slobodian u. Fleisher, 1966
Lösung/H-Atome	H₂	cys	met	tyr	phe		Holmes, Navon u. Stein, 1967
Trocken	Vakuum	cys	met				Augenstein u. Grist, 1962
Trocken	Vakuum	cys					Hunt u. Williams, 1964
Radikale+H₂S	Vakuum		met		phe [b]	lys	Riesz, White u. Kon, 1966 [c]
Lösung	I$_n$	cys [a]	met	tyr	phe	lys	Schüßler u. Jung, 1967 [d]
Lösung	II$_d$	cys [a]	met	tyr	phe	lys	Schüßler u. Jung, 1967 [d]
Lösung	I$_n$	cys [b]	met	tyr	phe	lys	Schüßler u. Jung, 1967 [d]
Lösung	I$_d$	cys [b]	met	tyr	phe	lys	Schüßler u. Jung, 1967 [d]
Lösung	II$_d$	cys [b]	met	tyr	phe	lys	Schüßler u. Jung, 1967 [d]
Trocken	Vakuum	cys	met [b]	tyr	phe	lys	Jung u. Schüßler, 1968 [d]
Trocken	Vakuum	cys	met [b]	tyr	phe	lys	Jung u. Schüßler, 1968 [d]
Trocken	O₂	cys	met [b]	tyr	phe	lys	Jung u. Schüßler, 1968 [d]
Trocken	O₂	cys	met [b]	tyr	phe	lys	Jung u. Schüßler, 1968 [d]
Trocken	O₂	cys	met [b]	tyr	phe	lys	Jung u. Schüßler, 1968 [d]
Trocken	77° K	cys	met	tyr	phe	lys	Jung u. Schüßler, 1968 [d]
Trocken	77° K	cys	met	tyr	phe	lys	Jung u. Schüßler, 1968 [d]

[a] Starke Abnahme. [b] Geringe Abnahme. [c] Abnahme von drei weiteren Aminosäuren: Prolin, Isoleucin und Valin. [d] Zunahme von Glycin.

starke Abnahme von Cystin in anaerob bestrahlten RN-ase-Lösungen in die Summenbildung mit einzubeziehen, da dieser Effekt auf einen selektiven Angriff des e^-_{aq} zurückzuführen ist. Abb. 69 zeigt die Gesamtzahl der veränderten Aminosäuren als Funktion der relativen Dosis D/D_{37} und damit in bezug auf gleichen Inaktivierungsgrad. Dabei ergibt sich der bemerkenswerte Befund, daß die an der enzymatisch aktiven Komponente I_n nach Bestrahlung in Lösung, im Vakuum, unter Sauerstoff und bei 77 °K erhaltenen Werte auf einer gemeinsamen Geraden (Kurve n) liegen. Das heißt, unter den getesteten Versuchsbedingungen verlaufen Abbau der Aminosäuren und der Verlust der enzymatischen Aktivität parallel, obwohl sich die zugehörigen 37%-Dosen bis zu einem Faktor 5000 unterscheiden. Die für die denaturierten Komponenten I_d und II_d ermittelten Aminosäure-Veränderungen liegen ebenfalls auf einer gemeinsamen Geraden, die dieselbe Steigung hat wie die Kurve n. Sie schneidet die Ordinate aber bei 1. Streng mathematisch ist diese Kurve für $D = 0$ nicht definiert, da ohne Bestrahlung auch keine denaturierten Komponenten auftreten.

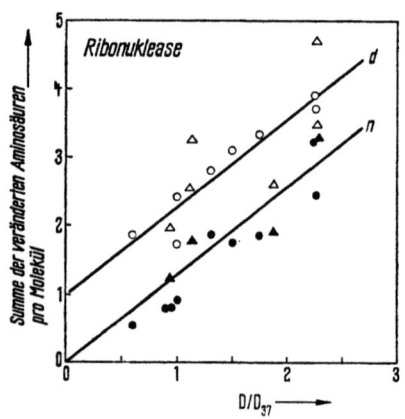

Abb. 69. Summe der insgesamt zerstörten Aminosäuren pro Ribonuclease-Molekül in den verschiedenen Komponenten. n = enzymatisch aktive Ribonuclease; d = inaktive Bestrahlungsprodukte. ● Komponente I_n, ○ Komponenten I_d und II_d nach Bestrahlung im Trockenen unter Sauerstoff, in Vakuum bzw. bei 77° K. ▲ Komponente I_n, △ Komponenten I_d und II_d nach Bestrahlung in Lösung (5 mg/ml) unter Luft bzw. Stickstoff. (Nach Schüßler u. Jung, 1967; Jung u. Schüßler, 1968)

Pro inaktiviertem Molekül ($D/D_{37} = 1$) sind in der enzymatisch aktiven Komponente 1,25 Aminosäuren zerstört, während die denaturierten Produkte bereits 2,25 veränderte Aminosäuren enthalten. Das besagt folgendes: Wenn eine der genannten sechs Aminosäuren zerstört wird, dann besteht für das Molekül eine Wahrscheinlichkeit von 0,45 inaktiviert zu werden, während in 55% aller Fälle die enzymatische Aktivität erhalten bleibt (Jung u. Schüßler, 1968).

9.7. Inaktivierungsmechanismen

Wir wollen nun aus den mitgeteilten Ergebnissen eine möglichst genaue Vorstellung von der Strahlenschädigung der Enzyme entwickeln. Um zunächst die aus Tab. 10 ersichtliche Selektivität des Aminosäure-Abbaus sowie auch die ESR-Befunde der Abb. 65 zu erklären, muß man annehmen, daß die nach der Energieabsorption entstehenden Primärschäden zwar weitgehend statistisch über das gesamte Molekül verteilt sind, durch *intramolekulare Energieleitung* oder Umlagerungen aber schließlich an bevorzugten Stellen stabilisiert werden. Als solche dürften vorwiegend zweiwertiger Schwefel und konjugierte Ringsysteme in Frage kommen (Holmes et al., 1967). Dieser Mechanismus ist weitgehend unabhängig von der Art der Primärschädigung, und dies erklärt auch, weshalb bei Bestrahlung in Lösung, bei Einwirkung von H-Atomen in Lösung und bei Bestrahlung im Trockenen unter verschiedenen experimentellen Bedingungen stets die gleichen Aminosäuren verändert werden.

Die Tatsache, daß bei 77 °K pro Dosiseinheit weniger Aminosäuren verändert werden als bei Zimmertemperatur, rührt davon her, daß der Beitrag des indirekten Effektes durch die H-Atome bei tiefen Temperaturen herabgesetzt wird (vgl. Kap. 7.2). Ganz entsprechend läßt sich der Befund erklären, daß durch Anwesenheit des Sauerstoffs nur die Zahl, nicht aber die Art der nachgewiesenen Aminosäure-Veränderungen beeinflußt wird. Nach der in Kap. 8.1 diskutierten Hypothese werden durch den Sauerstoff die beiden Restitutionsreaktionen (8.2) und (8.3) weitgehend unterbunden und damit die Zahl der geschädigten Moleküle erhöht.

Auf die *Dimerisierung* durch Reaktion zweier Radikale sind wir bereits im Abschnitt 9.5 eingegangen (Gl. 9.8). Ein Teil dieser Aggregate kommt durch Disulfidaustausch zustande, d. h. die auf einem halben Cystinrest am Schwefel gelegene Radikalstelle (Gl. 9.5) reagiert mit einem entsprechenden Schaden von einem anderen Molekül, so daß zwei RN-ase-Moleküle über eine Disulfidbrücke verknüpft werden. Das zeigt sich daran, daß ein Teil der Aggregate durch Reduktion der Disulfidbrücken in Monomere zurückverwandelt werden kann. Unter Sauerstoff kommen 10—60% der Aggregate durch Disulfidaustauch zustande, im Vakuum evtl. mehr (Haskill u. Hunt, 1967 c).

Die Dimerisierung ist eine Folge einer Aminosäure-Veränderung, sie ist aber nicht die Ursache für den Verlust der Enzym-Aktivität. Denn bei Bestrahlung in H_2S wird die Bildung von Dimeren völlig unterdrückt, ohne daß daraus ein Schutzeffekt resultiert; unter H_2S ist die Strahlenempfindlichkeit der RN-ase sogar noch um 30% höher als im Vakuum (Hunt u. Williams, 1964). Gelegentlich besitzt einer der beiden Partner bei einer Dimerisierungsreaktion noch enzymatische Aktivität, wodurch die in den denaturierten Dimeren beobachtete Enzym-Aktivität zu erklären ist (vgl. Abb. 67).

Durch welche Prozesse kommt es nun nach der Veränderung einer Aminosäure in etwa der Hälfte der Fälle zu einer Auffaltung des Moleküls? Ein Teil dieser inaktivierten Moleküle enthält *Brüche in der Peptidkette*. Diese sind auf den Elutionsdiagrammen (vgl. Abb. 67) nicht zu erkennen, weil in den meisten Fällen zunächst keine Bruchstücke entstehen, da die beiden Teile des Moleküls noch durch Disulfidbrücken zusammengehalten werden (vgl. Abb. 62). Ein solcher „maskierter" Bruch in der Polypeptidkette kann aber nachgewiesen werden, wenn man in den bestrahlten Komponenten vor der Gelfiltration alle Disulfidbrücken reduziert. Dabei findet man in den denaturierten Komponenten Brüche, aber nicht in den enzymatisch aktiven Molekülen von Komponente I_n (Haskill u. Hunt, 1967c; Ray u. Hutchinson, 1967). Das heißt, ein Bruch in der Peptidkette führt in Verbindung mit einer veränderten Aminosäure in jedem Fall zum Verlust der enzymatischen Aktivität. Brüche allein inaktivieren nicht; denn in Ribonuclease kann man durch enzymatischen Angriff mehrere Brüche induzieren, ohne dabei die Enzym-Aktivität zu zerstören (G. Pfleiderer, private Mitteilung). Die Brüche erfolgen nicht an einigen wenigen charakteristischen Stellen im Molekül, sondern über das Molekül verteilt; die verschiedenen Bruchstücke können durch Stärkegel-Elektrophorese aufgetrennt werden, wobei sich mindestens 8 schlecht aufgelöste Maxima ergeben (Haskill u. Hunt, 1967c). Nach Garrison u. Weeks (1962) sollte der Bruch einer Polypeptidkette zumeist mit dem Entstehen einer Carbonylbindung und einer zusätzlichen Amidgruppe gekoppelt sein, doch konnte in diesem Punkt noch keine quantitative Übereinstimmung erhalten werden.

Aber nicht in allen inaktivierten Molekülen finden sich Brüche in der Polypeptidkette. Ihr Anteil schwankt je nach Versuchsbedingung zwischen 5% (Ray u. Hutchinson, 1967) und höchstens 50% (Haskill u. Hunt, 1967c). Es muß folglich ein weiterer Mechanismus existieren, der in der Mehrzahl der Fälle für den Übergang vom aktiven in den inaktiven Zustand verantwortlich ist. Wahrscheinlich tritt die Auffaltung eines RN-ase-Moleküls dann ein, wenn die veränderte Aminosäure an den *hydrophoben Bindungen* des Moleküls beteiligt ist. Wenn bei der Veränderung die betreffende Aminosäure ihren hydrophoben Charakter verliert oder wenn der neu entstehende Rest eine andere Ladung trägt als der ursprüngliche, dann nimmt die Polypeptidkette in vielen Fällen eine andere Konfiguration an als im Normalzustand. Wie sehr die Veränderung einer einzigen Aminosäure die Konformation eines Proteins beeinflussen kann, zeigt sich am Hämoglobin S. Diese Mutante, die bei der Sichelzellen-Anämie auftritt, unterscheidet sich in ihrer Funktion stark vom normalen Hämoglobin; der einzige Unterschied in der Primärstruktur besteht aber lediglich in der Ersetzung des hydrophoben Restes Valin durch den geladenen Aminosäurerest Glutaminsäure.

Unter diesen Voraussetzungen sollte es einen fließenden Übergang zwischen aktiven und inaktiven Molekülen geben, was schon durch

Abb. 69 zum Ausdruck kam. Die Größe einer Schädigung wird davon abhängen, an welcher Stelle innerhalb des Moleküls eine Aminosäure verändert worden ist, welche Ladung der neu entstehende Rest trägt und welche hydrophoben Eigenschaften er besitzt. Werden nach einer Dosis von 12 Mrad unter Sauerstoff die verschiedenen Komponenten erst reduziert und dann wieder oxidiert, dann verliert etwa ein Viertel der in I_n enthaltenen Moleküle seine Enzym-Aktivität, während sich die in den Komponenten I_d und II_d nach Bestrahlung noch verbliebene Aktivität um 60—70% vermindert (Haskill u. Hunt, 1967a). Es gibt also in den bestrahlten Molekülen Veränderungen in der Primärstruktur, die zwar nicht genügen, um das Molekül aufzufalten und damit zu inaktivieren, deren Wirkung aber ausreicht, um ein ordnungsgemäßes Zurückfalten nach Denaturierung zu verhindern. Ein Beispiel dafür, wie empfindlich das RN-ase-Molekül auf eine Veränderung seines hydrophoben Innern reagiert, geben die Versuche von White (1964). Danach wird durch Einführung von zwei stark aromatischen Seitenketten die Enzym-Aktivität nicht verändert; das Molekül wird aber völlig unfähig, nach Reduktion wieder die ursprüngliche Konformation einzunehmen.

Bei Bestrahlung von trockener Ribonuclease im Vakuum wird ein kleiner Teil der Moleküle nach dem von Platzman u. Franck (1958) vorgeschlagenen Mechanismus inaktiviert. Nach diesem Modell tritt als Folge einer Ionisation innerhalb des Moleküls eine elektrostatische Ladung auf. In dem daraus resultierenden inhomogenen elektrischen Feld werden dipolare Seitengruppen ausgerichtet und dabei mehrere Wasserstoffbrücken aufgebrochen. So kommt es ohne eine Veränderung der Primärstruktur zu einer Konformationsänderung und damit zur Inaktivierung. Diese Veränderung kann durch Auffalten und Renaturieren des Moleküls wieder rückgängig gemacht werden. Das geht aus den Befunden von Haskill u. Hunt (1967a) hervor, wonach die Enzym-Aktivität in der monomeren Komponente I_n einer anaerob bestrahlten RN-ase-Probe nach Reduktion und anschließender Reoxidation um knapp 20% zunimmt, während in den denaturierten Bestrahlungsprodukten die enzymatische Aktivität durch diese Behandlung stark herabgesetzt wird. Wie diese Experimente zeigen, wird allerdings nur ein kleiner Teil der im Vakuum inaktivierten Moleküle nach diesem Mechanismus geschädigt, während hingegen unter Sauerstoff das ionisierte Molekül in allen Fällen weiterreagiert und somit irreversibel verändert wird.

Dieses hier skizzierte Inaktivierungsschema berücksichtigt zu einem großen Teil die bis heute bekannten physiko-chemischen und chemischen Veränderungen, die nach Bestrahlung von Ribonuclease auftreten, sowie die an der Inaktivierung des Enzyms beteiligten Prozesse. Das Schema ist weitgehend widerspruchsfrei: Es steht mit den Befunden der ESR-Spektroskopie in Einklang, es beschreibt die sensibilisierende Wirkung des Sauerstoffs und den Schutz durch tiefe Temperaturen, sowie die unter den verschiedensten Versuchsbedingungen beobachtete selektive Zerstörung einiger weniger Aminosäuren. Es erklärt ferner, warum die Absorption von Strahlung an irgendeiner Stelle des Moleküls mit relativ hoher Wahrscheinlichkeit zu dessen Inaktivierung führt, während eine Veränderung auf chemischem Wege in vielen Fällen die Enzym-Aktivität nicht beeinflußt. Der Angriff chemischer Agenzien erfolgt häufig an der Oberfläche und beeinträchtigt nicht die Bindungsverhältnisse im Innern des Moleküls und somit auch nicht die Konformation. Dagegen kann Strahlungsenergie, gleichgültig durch welchen Mechanismus und an welchen Teil des Moleküls sie übertragen wurde, durch Energiewanderungsprozesse in das Innere des Moleküls gelangen und die Inaktivierung herbeiführen. Einzelne Teile dieses für RN-ase gezeichneten Bildes mögen für andere Enzyme verschieden sein. Man kann aber annehmen, daß in vielen Dingen eine Übereinstimmung bestehen wird. Inwieweit dies der Fall ist, kann jedoch erst geklärt werden, wenn ein anderes Enzym ähnlich ausführlich untersucht worden ist wie bisher die Ribonuclease.

Literatur

Anbar, M., and P. Neta: Int. J. appl. Rad. Isotopes **16,** 227 (1965).
Aronson, D., L. Mee, and C. L. Smith: In: Progress in radiobiology. Eds. J. S. Mitchell, B. E. Holmes, and C. L. Smith. Edinburgh: Oliver and Boyd 1956, p. 61.
Augenstein, L. G.: In: Symposium on information theory in biology. Eds. H. P. Yockey, R. L. Platzman, and H. Quastler. New York: Pergamon Press 1958, p. 287.
— Science **129,** 718 (1959).
—, and K. Grist: Zitiert bei L. G. Augenstein. Adv. Enzymol. **24,** 359 (1962).
Copeland, E. S., T. Sanner, and A. Pihl: Radiat. Res. **35,** 437 (1968).
Deering, R. A.: Arch. Math. Nat. (Oslo) **55,** Nr. 5 (1960).
Drew, R. C., and W. Gordy: Radiat. Res. **18,** 552 (1963).
Garrison, W. M., and B. M. Weeks: Radiat. Res. **17,** 341 (1962).
Glazer, A. N., and E. L. Smith: J. Biol. Chem. **236,** 2942 (1961).
Haskill, J. S., and J. W. Hunt: Biochim. Biophys. Acta **105,** 333 (1965).
— — Radiat. Res. **31,** 327 (1967 a).
— — Radiat. Res. **32,** 606 (1967 b).
— — Radiat. Res. **32,** 827 (1967 c).
Hayden, G. A., and F. Friedberg: Radiat. Res. **22,** 130 (1964).
Holmes, B. E., G. Navon, and G. Stein: Nature **213,** 1087 (1967).
Hunt, J. W., and J. F. Williams: Radiat. Res. **23,** 26 (1964).
Jung, H., and K. Kürzinger: Radiat. Res. **36,** 369 (1968).
—, u. H. Schüßler: Z. Naturforsch. **21 b,** 224 (1966).
— — Unveröffentlicht (1967).
— — Z. Naturforsch. **23 b,** 934 (1968).
Kartha, G., J. Bello, and D. Harker: Nature **213,** 862 (1967).
Lineweaver, H., u. D. Burk: J. Amer. Chem. Soc. **56,** 658 (1934).

Mee, L. K.: Radiat. Res. 21, 501 (1964).
—, G. Navon, and G. Stein: Nature 204, 1056 (1964).
Müller, A.: In: Biological effects of ionizing radiation at the molecular level. Vienna: Internat. Atomic Energy Agency 1962, p. 61.
Okada, S., and G. Fletcher: Radiat. Res. 16, 646 (1962).
Platzman, R. L., and J. Franck: In: Symposium on information theory in biology. Eds. H. P. Yockey, R. L. Platzman, and H. Quastler. New York: Pergamon Press 1958, p. 262.
Ray, D. K., and F. Hutchinson: Biochim. Biophys. Acta 147, 357 (1967).
Riesz, P., F. H. White, and H. Kon: J. Amer. Chem. Soc. 88, 872 (1966).
Schüßler, H., u. H. Jung: Z. Naturforsch. 22 b, 614 (1967).
Slobodian, E., and M. Fleisher: Biochemistry 5, 2192 (1966).
Smith, T. W., and S. J. Adelstein: Radiat. Res. 24, 119 (1965).
Smyth, D. G., W. H. Stein, and S. Moore: J. Biol. Chem. 238, 227 (1963).
Whitaker, J. R.: Analyt. Chem. 35, 1950 (1963).
White, F. H.: J. Biol. Chem. 239, 1032 (1964).

10. Kapitel: Physiko-chemische Veränderungen an bestrahlten Nucleinsäuren

Die Nucleinsäuren sind für die Aufrechterhaltung der Lebensprozesse von zentraler Bedeutung. Während die Desoxyribonucleinsäure (DNS) die Erbinformation enthält, erfüllen die verschiedenen Ribonucleinsäuren (RNS) wichtige Funktionen bei der Verwirklichung dieser Information (vgl. Kap. 11.1). Diese Sonderstellung der Nucleinsäuren im biologischen Geschehen führt dazu, daß die Untersuchung der Strahlenwirkung auf DNS und RNS zu einem der zentralen Themen der molekularen Strahlenbiologie geworden ist. Auch hier besteht wie bei den Enzymen die Hauptaufgabe darin, den Verlust der biologischen Funktionsfähigkeit mit dem Eintreten von physikalischen und chemischen Veränderungen zu korrelieren, um auf diese Weise die Inaktivierungsmechanismen aufzuklären. Die der Messung zugänglichen biologischen Aktivitäten der Nucleinsäuren sind nun recht vielfältiger Natur, ebenso die nach Bestrahlung erfaßbaren physiko-chemischen Veränderungen, so daß die gleichzeitige Diskussion beider Problemkreise die Überschaubarkeit der Darstellung beeinträchtigen würde. Deshalb wollen wir zunächst besprechen, welche physiko-chemischen und chemischen Veränderungen in bestrahlten Nucleinsäuren auftreten; erst in den drei folgenden Kapiteln werden wir versuchen, eine Korrelation zwischen diesen Veränderungen und der Zerstörung von bestimmten biologischen Funktionen herzustellen. Das wird nicht immer ganz einfach sein, denn in den meisten Fällen wurde von demselben Autor entweder der eine *oder* der andere Effekt untersucht. Erst in den letzten Jahren beginnt sich, besonders beim Arbeiten mit Bakteriophagen, die Tendenz abzuzeichnen, die Inaktivierung in Verbindung mit physikochemischen Veränderungen zu messen. Da die Ribonucleinsäuren bei weitem nicht so ausführlich untersucht worden sind wie die Desoxyribonucleinsäuren, werden wir in diesem Kapitel ausschließlich die Strahlenwirkung auf DNS zu untersuchen haben.

10.1. Struktur der DNS

Um die im folgenden beschriebenen Untersuchungsmethoden und Resultate besser zu verstehen, dürfte es nützlich sein, sich zu Beginn dieses Kapitels kurz den Aufbau eines DNS-Moleküls zu vergegenwärtigen (Abb. 70). In doppelsträngiger DNS sind zwei Nucleotidketten in Form einer Doppelhelix umeinander gewunden, deren Basensequenz für jede Art von DNS spezifisch ist. Zwischen den einzelnen Basenpaaren bestehen 2 bzw. 3 Wasserstoffbindungen, durch die beide Stränge zusammengehalten werden. Durch Erwärmen und durch verschiedene chemische Agenzien können beide Stränge teilweise oder auch vollständig voneinander getrennt werden; man spricht dann von partieller oder vollständiger *Denaturierung*. Diese ist von der *Degradierung* zu unterscheiden, worunter im allgemeinen die Verkürzung der Kettenlänge des Moleküls durch Bruch eines oder beider Polynucleotidstränge verstanden wird.

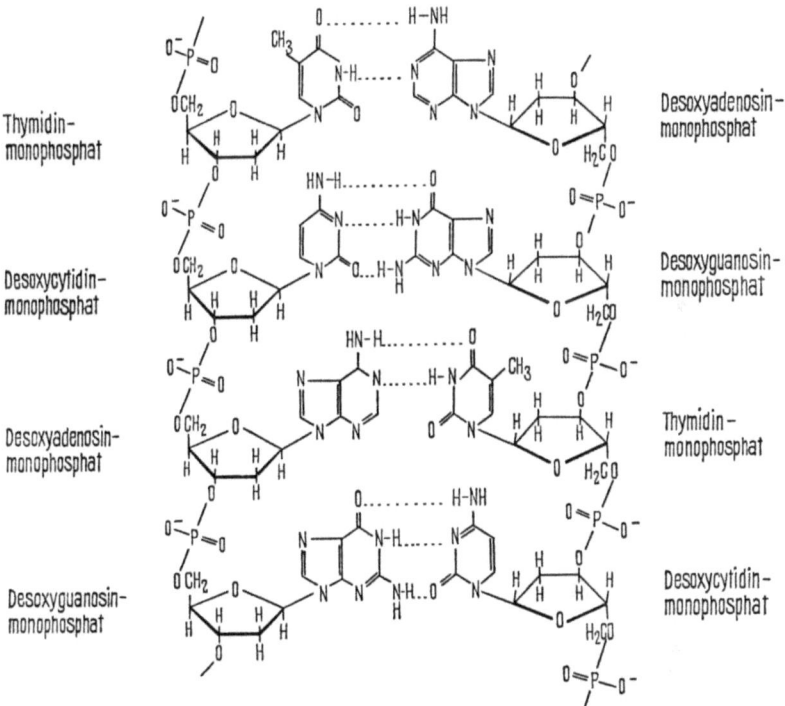

Abb. 70. Struktur doppelsträngiger DNS mit Wasserstoffbrücken

Der Durchmesser der DNS-Doppelhelix beträgt etwa 20 Å. Da das gesamte Genom von Bakteriophagen oder Bakterien meist aus einem einzigen DNS-Molekül besteht, erreichen diese oft respektable Längen. Beim Bacterium E. coli, dessen DNS ein Molekulargewicht von ca. $3 \cdot 10^9$ Dalton besitzt, beträgt beispielsweise die Länge des (übrigens ringförmig geschlossenen) DNS-Fadens etwa 1 mm. Er entspräche damit einem Bindfaden von 1 mm Durchmesser und 5 km Länge!

Bereits anhand der Abb. 70 kann man sich eine ganze Reihe von möglichen Veränderungen vor Augen führen, die bei der Bestrahlung von DNS auftreten können: Es entstehen zunächst in den verschiedenen Teilen des DNS-Moleküls freie Radikale, die in trockener DNS mit Hilfe der ESR-Spektroskopie untersucht werden können. Als Folge dieser primär erzeugten reaktionsfähigen Produkte treten chemische Veränderungen auf, wie Desaminierung oder Dehydroxylierung, Bruch der Basen-Zucker-Bindung, Oxidation des Zuckers oder Freisetzung von Phosphatgruppen. Diese Reaktionen führen schließlich zu Veränderungen an der makromolekularen Struktur der DNS. In diesem Zusammenhang sind Einzelbrüche und Doppelbrüche (gegenüber- oder nahe beieinanderliegende Brüche in beiden Nucleotidsträngen) sowie Vernetzungen zwischen zwei oder mehreren DNS-Molekülen zu unterscheiden. Schließlich werden diese makromolekularen Strukturveränderungen einen Einfluß auf die Wasserstoffbindungen haben, deren Untersuchung für das Verständnis der in bestrahlter DNS ablaufenden Prozesse ebenfalls interessant ist, obwohl die Öffnung von Wasserstoffbindungen allein keine biologische Schädigung hervorruft.

10.2. Strahleninduzierte Radikale

Mit Hilfe der Elektronenspin-Resonanz (ESR) erfaßt man die chemischen Veränderungen an bestrahlten Nucleinsäuren in ihren primären und sekundären Vorstufen, die durch das Auftreten freier Radikale gekennzeichnet sind (vgl. Abb. 2). Bis heute hat sich eine solche Fülle von ESR-Daten der DNS und ihrer Bausteine angehäuft, daß es nicht möglich ist, an dieser Stelle einen vollständigen Überblick über

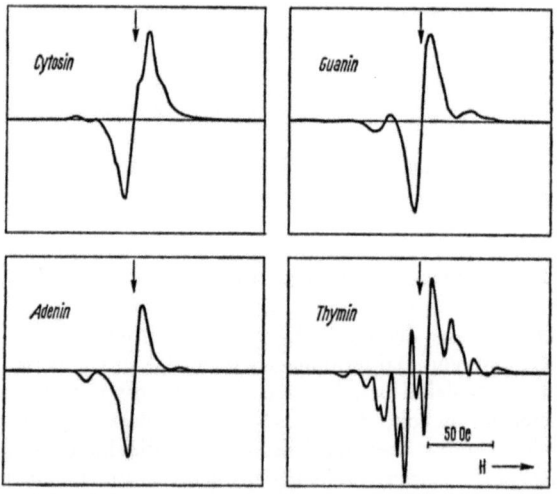

Abb. 71. ESR-Spektrum von DNS-Basen nach Bestrahlung mit ^{60}Co-γ-Strahlen. Bestrahlung und Messung im Vakuum bei Zimmertemperatur. (Köhnlein, 1963)

dieses Gebiet zu geben. Wir werden deshalb nur einige charakteristische Befunde diskutieren und verweisen für weitergehende Information auf die Übersichtsartikel von Zimmer u. Müller (1965) und Müller (1967).

Durch *quantitative ESR-Spektroskopie* erwartet man die Beantwortung der Frage, mit welcher Ausbeute Radikale in der DNS und ihren Komponenten erzeugt werden. Auf Abb. 71 sind die bei Zimmertemperatur mit den vier wichtigsten DNS-Basen erhaltenen ESR-Spektren zusammengestellt. Wie bereits in Kap. 9.3 erwähnt (vgl. Abb. 65), registriert man aus technischen Gründen die erste Ableitung der Absorptionssignale. Bis auf Thymin, das ein charakteristisches Acht-Linien-Spektrum zeigt, weisen die Signale der Basen nur wenig Hyperfeinstruktur auf. Ganz entsprechende Spektren erhält man auch durch Bestrahlung bei tiefen Temperaturen und anschließender Erwärmung. Die Zahl der in den einzelnen Proben vorhandenen Radikale ergibt sich aus der Intensität der ESR-Spektren (genauer: durch zweimalige Integration der Spektren). Wie Tab. 11 zeigt, wachsen die Ausbeuten

Tabelle 11. *Vergleich der G-Werte für die Erzeugung strahleninduzierter freier Radikale in Nucleinsäure-Komponenten bei 300 °K.* (Müller, 1964)

Basen/Zucker	G-Wert	Nucleoside	G-Wert	Nucleotide	G-Wert
Adenin	0,1	Adenosin	1,4	AMP	2
Guanin	0,8	Guanosin	0,9	GMP	3
Cytosin	0,4	Cytidin	1,0	CMP	5
Thymin	0,1	Thymidin	0,4	TMP	2
D-2-Desoxyribose	4				

in der Reihenfolge Base < Nucleosid < Nucleotid an (Müller, 1964). Die Ursache dafür wird sich bei der Besprechung der qualitativen ESR-Spektroskopie noch ergeben. Die mit DNS erhaltenen Spektren und Radikalausbeuten hängen in noch stärkerem Maße als die G-Werte der DNS-Bausteine von der Art der DNS und von den Präparationsmethoden ab. So kommt es, daß man bisher in den verschiedenen Laboratorien bei 77 °K G-Werte zwischen 0,2 und 12 gemessen hat. Bei Zimmertemperatur streuen die Werte sogar noch stärker.

Durch *qualitative ESR-Messungen* versucht man, die Radikale zu identifizieren, die zum Spektrum bestrahlter Nucleinsäuren beitragen. Abb. 72 zeigt die ESR-Signale einiger verschiedener DNS-Präparationen. Besonders charakteristisch ist, daß das Acht-Linien-Spektrum des Thymins mit sehr unterschiedlicher Intensität auftritt. Es wurde von mehreren Forschungsgruppen nachgewiesen, daß dieses Spektrum durch Anlagerung eines Wasserstoffatoms am C_6-Atom (wir werden hier die angelsächsische Numerierung benutzen; vgl. Tab. 12) des Thymins entsteht (z. B. Pershan et al., 1964). Die anderen potentiellen Komponenten der DNS-Signale in Abb. 72 sind schwieriger zu identifizieren. Das erste Spektrum der Abbildung dürfte, zumindest teilweise, aus einem Triplett mit der Aufspaltung von ca. 35 Oe bestehen, das beispielsweise von einem Guanin-Radikal herrühren könnte (vgl. Tab. 12). Schließlich läßt ein Blick auf das vierte Spektrum erkennen, daß hierzu wenigstens 3 Linien beitragen, wovon die mittlere bei einigen Präparationen zum Verschwinden gebracht werden kann (Müller, 1964). Es verbleibt dann ein Dublett von ca. 20 Oe Aufspaltung, das einem Radikal des Typs $-\overset{\cdot}{\underset{|}{C}}-H$ zugeordnet werden kann. An welcher Stelle des DNS-Moleküls dieses Radikal lokalisiert sein könnte, ist allerdings unklar. Subtrahiert man das 8linige Thymin-Signal von den mittleren Spektren der Abb. 72, so verbleibt ein Triplett mit einer Aufspaltung von ca. 20 Oe (Pershan et al., 1964), dessen Herkunft ebenfalls ungewiß ist.

Diese Schwierigkeiten bei der Zuordnung der Grundstrukturen des DNS-Signals zu bestimmten Radikalen legen nahe, die qualitativen ESR-Untersuchungen auch auf die *Bausteine der DNS* auszudehnen. Wenn möglich, verwendet man dabei Einkristalle aus den zu untersuchenden Verbindungen. Solche Messungen erlauben das Studium der

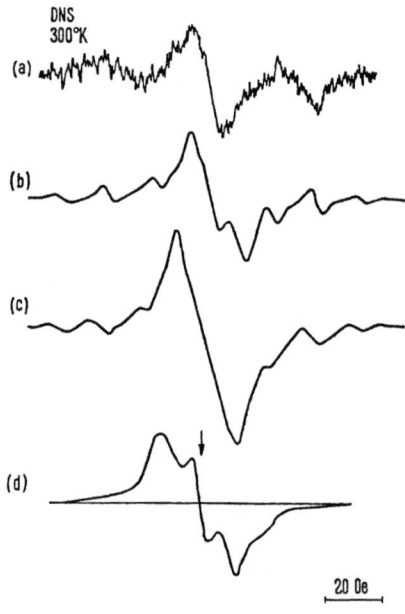

Abb. 72 a—d. ESR-Spektren von verschiedenen bestrahlten DNS-Präparationen (Müller, 1967). a DNS aus Forellenspermien (Dorlet et al., 1962); b Kalbsthymus-DNS (Salovey et al., 1963); c Kalbsthymus-DNS (Ehrenberg et al., 1963); d DNS aus T2-Bakteriophagen (Müller, 1963)

Winkelabhängigkeit des ESR-Spektrums. Man dreht hierzu den Kristall um drei zueinander senkrechte Achsen im Magnetfeld und mißt beispielsweise die Aufspaltung als Funktion des Drehwinkels. Der so gewonnene Tensor der Hyperfeinstruktur-Aufspaltung ist dann im allgemeinen charakteristisch für eine bestimmte Radikalstruktur. Einige Radikale der DNS-Bausteine, die auf diese Weise identifiziert wurden, sind in Tab. 12 zusammengestellt. Es fällt auf, daß es sich bei den Basenradikalen ausschließlich um Wasserstoff-Anlagerungsradikale handelt, wobei bei den Pyrimidinen vorwiegend die 5,6-Doppelbindung hydriert wird, während bei den Purinen Anlagerung an die Position 2 bzw. 8 erfolgt. Die Desoxyribose geht unter Wasserstoff-Abspaltung und Ringöffnung in den Radikalzustand über. Damit sind wir in der Lage, den oben erwähnten Befund zu erklären, wonach in Basen weniger Radikale als in den Nucleosiden und in diesen weniger als in den Nucleotiden erzeugt werden: Die Mehrerzeugung an Radikalen in den Nucleosiden und Nucleotiden geht auf den Angriff der aus dem Zucker abgespaltenen Wasserstoffatome zurück, also auf den indirekten Effekt nach Gl. (6.5). Am Zucker selbst scheinen dabei keine oder nur in geringer Ausbeute Radikale stabilisiert zu werden, ganz im Gegensatz zur Bestrahlung des freien Zuckers.

Die Radikalerzeugung an den Basen durch Wasserstoff-Anlagerung kann man direkt nachweisen, wenn man atomaren Wasserstoff aus einer Gasentladung auf fein pulverisierte Basen einwirken läßt. Man erhält dann ähnliche ESR-Spektren wie nach Bestrahlung der Nucleoside (Herak u. Gordy, 1965). Auch die DNS liefert nach Einwirkung von atomarem Wasserstoff ESR-Spektren (Heller u. Cole, 1965).

Wir wollen nun auf die Frage eingehen, ob es in Nucleinsäuren und speziell in der DNS wie im Fall der Enzyme *intramolekulare Spinwanderung* (Umlagerung) gibt. Daß dies der Fall ist, wurde unter anderem von Müller (1964) sowohl für DNS als auch für deren Bausteine nachgewiesen. Diese Materialien wurden in trockenem Zustand bei 77 °K bestrahlt und das ESR-Signal zunächst bei der gleichen Temperatur registriert. Beim Anwärmen der Proben auf 300 °K verändert sich die Form der Spektren. Dies zeigt, daß das bei Zimmertemperatur erhaltene DNS-Signal nicht aus einer reinen Überlagerung der Primärspektren der einzelnen DNS-Bausteine besteht; vielmehr sind wie bei den Enzymen (vgl. Abb. 65) Umlagerungseffekte am Zustandekommen dieser Signale beteiligt.

Von besonderem Interesse ist in diesem Zusammenhang die Frage, ob durch das Wasserstoffbrückensystem der doppelsträngigen DNS Energie von einem Strang auf den anderen übertragen werden kann. Hierzu gibt es eine interessante ESR-Studie von Schmidt u. Snipes (1967). Sie bestrahlten einen 1:1-Mischkristall von 9-Methyladenin und 1-Methylthymin bei 77 °K, wobei sich ein unspezifisches ESR-Signal ergab. Nach Anwärmen auf Zimmertemperatur resultierte daraus ein Spektrum, das praktisch ausschließlich von einem Radikal am

Tabelle 12. *Einige mit Hilfe der ESR-Spektroskopie an Einkristallen identifizierte Radikale von DNS-Bausteinen. Die Aufspaltung bezieht sich auf den orientierungsunabhängigen Anteil*

Kristall	Spektraltyp Amplituden- verhältnis Aufspaltung	Radikal	Autoren
Desoxyadenosin- Monohydrat	Triplett 1:2:1 43,5 Oe		Lichter u. Gordy, 1968
Desoxyguanosin- Hydrochlorid	Triplett 1:2:1 35 Oe		Dertinger, 1967 a
Cytosin- Monohydrat	Dublett 1:1 10 Oe		Dertinger, 1967 b
	Sextett 1:1:2:2:1:1 19 Oe		Cook et al., 1967
Thymidin	Oktett 1:3:5:7:7:5:3:1 20,5 Oe		Pruden et al, 1965
β-2-Desoxy- D-Ribose	Quintett 1:4:6:4:1 10,5 Oe		Hüttermann u. Müller, 1969

Thyminring herrührte. Eine ähnlich behandelte äquimolare Mischung der beiden Verbindungen lieferte ein Summenspektrum aus dem Adenin- und dem Thymin-Signal. Dies ist ein schöner Beweis für die Möglichkeit eines Energie- bzw. Spintransfers über die im Mischkristall bestehenden Wasserstoffbrücken. Allerdings läßt sich hieraus nicht mit Sicherheit angeben, ob auch in der DNS über die Wasserstoffbindungen der gepaarten Basen eine Energieleitung erfolgt. Jedoch könnte die Beobachtung, daß besonders in den DNS-Proben, die ein stark ausgeprägtes Thymin-Signal zeigen, bis jetzt keine signifikante Adenin-ähnliche Signalstruktur nachgewiesen wurde, für eine bevorzugte Energieleitung zum Thymin sprechen.

10.3. Chemische Veränderungen an bestrahlter DNS

Während die ESR-Untersuchungen über die nach Bestrahlung an trockener DNS auftretenden Veränderungen, soweit sie paramagnetischer Natur sind, Auskunft gibt, beziehen sich die im folgenden beschriebenen Versuche auf die Radiolyse der DNS und ihrer Bausteine in *wäßriger Lösung*. Auch hier wollen wir an dem bisherigen Konzept festhalten, und in erster Linie die Wirkungen ionisierender Strahlen besprechen. Daneben werden wir aber auch kurz auf die durch UV-Einwirkung hervorgerufenen DNS-Veränderungen eingehen, soweit diese für das Verständnis der in den Kapiteln 12 und 13 diskutierten Befunde wesentlich sind. Da es sich auch hier nur um einen kurzen Abriß handeln kann, möchten wir für weitgehende Informationen über die Wirkung der UV-Strahlung die Übersichtsartikel von Wacker (1963) und Smith (1966) empfehlen. Eine ausführliche Darstellung der DNS-Veränderungen nach ionisierender Bestrahlung findet der Leser in den Artikeln von Scholes (1963) und Weiss (1964).

a) Basenveränderungen

UV-Licht: Während es bisher nur relativ wenige quantitative Studien zur Photochemie der Purinbasen gibt, nimmt die Untersuchung der Pyrimidinbasen nach UV-Bestrahlung in der Literatur einen breiten Raum ein. Der Grund hierfür muß vermutlich darin gesucht werden, daß die Pyrimidine durch UV-Licht (Wellenlänge 2537 Å) etwa 10mal effektiver zerstört werden als die Purine. Die betreffenden Quantenausbeuten, d. h. die Zahl der veränderten Moleküle dividiert durch die Zahl der absorbierten UV-Quanten, betragen 10^{-3} bzw. 10^{-4}. Man nimmt aus diesem Grunde an, daß Veränderungen an den Pyrimidinbasen vom biologischen Standpunkt aus bedeutungsvoller sind als solche an Purinbasen.

Neben einer wahrscheinlich biologisch weniger bedeutsamen und überdies durch Hitze- oder Säurebehandlung revertierbaren Hydrierung der 5,6-Doppelbindung der Pyrimidine ist die Dimerisierung zweier benachbarter Pyrimidinbasen der signifikanteste UV-Schaden. Hierbei werden die beteiligten Basen durch Kohlenstoff-Bindungen zwischen den Positionen 5 und 6 verknüpft, wodurch ein Cyclobutanring zwischen den beiden Pyrimidinbasen entsteht (Beukers u. Berends, 1960). Das am häufigsten entstehende Dimer ist das Thymin-Dimer, wovon sechs mögliche Isomere denkbar sind. Fünf dieser Isomere konnten bisher in bestrahlten Oligonucleotiden nachgewiesen werden (Weinblum u. Johns, 1966). Einige davon sind beständig gegen Säurehydrolyse. Die Dimerisierung kann durch Hitzebehandlung nicht rückgängig gemacht werden.

Die biologische Bedeutung der Thymin-Dimere zeigt sich darin, daß mit abnehmender Überlebensrate bzw. Transformationsfähigkeit bei Bakterien die Zahl der gebildeten Dimere ansteigt (Wacker et al., 1962; Setlow u. Setlow, 1962). Die Bildungshäufigkeit der Dimere hat im Bereich mittlerer UV-Wellenlängen (2800 Å) ein Maximum, während kurzwelligeres UV-Licht (2400 Å) bereits entstandene Dimere zu spalten vermag. Damit in Übereinstimmung steht der biologische Befund, daß die durch 2800 Å-Strahlung hervorgerufene Inaktivierung der Transformationsfähigkeit bakterieller DNS durch eine zweite Bestrahlung bei 2400 Å wieder rückgängig gemacht werden kann (vgl. Abb. 84). Die Thymin-Dimere stellen zwar die wichtigsten und häufigsten Letalschäden der UV-Bestrahlung dar; jedoch spielen daneben auch Dimere der anderen Pyrimidine und in geringerem Maße auch andere Schäden eine gewisse Rolle.

Ionisierende Strahlen: Die Zerstörung der in wäßriger Lösung bestrahlten freien Basen kann durch die Abnahme ihrer optischen Absorption im UV-Bereich, durch Papierchromatographie, sowie durch einige spezifische chemische Reaktionen (z. B. mit Brom oder Silbersalzen) nachgewiesen werden. Diese Versuche zeigen, daß die Pyrimidine ($G = 1,9 - 2,1$) fast doppelt so empfindlich sind wie die Purine ($G = 1,1 - 1,3$; Scholes et al., 1960). Bei den Pyrimidinen erfolgt der Angriff der OH-Radikale zum ganz überwiegenden Teil an der 5,6-Doppelbindung; in Sauerstoffatmosphäre entsteht dabei Pyrimidin-Hydroxy-Hydroperoxid, in anaerober Lösung durch Anlagerung von zwei OH-Radikalen ein Glykol. Die Hydroxy-Hydroperoxide von Uracil und Cytosin sind instabil und reagieren weiter unter Bildung von Glykol bzw. Isobarbitursäure. Einzelheiten und Zwischenstufen dieser Reaktionen sind bei Latarjet et al. (1963) dargestellt. Im Unterschied zur UV-Bestrahlung werden nach ionisierender Bestrahlung gefrorener Thyminlösungen keine Dimere gebildet (Wacker u. Lochmann, 1962).

Die Purine sind bisher noch nicht so ausführlich untersucht worden wie die Pyrimidine. Unter anaeroben Bedingungen wird vorwiegend der Imidazolring zerstört, während unter Sauerstoff eine Peroxidation der 5,6-Doppelbindung zu erwarten ist. Die daraus resultierenden Hydroxy-Hydroperoxide wurden bis jetzt noch nicht isoliert, möglicherweise sind sie sehr instabil. Daneben sind Cyclonucleotide nachgewiesen worden (Keck, 1968), die bei der Entstehung von Vernetzungen eine Rolle spielen können.

Wenn die vier in der DNS vorkommenden Basen gemeinsam in Lösung bestrahlt werden, findet man wiederum für die Pyrimidinbasen einen um einen Faktor von 2 größeren Abbau als für die Purine. Das gleiche Resultat erhält man auch mit äquimolaren Mischungen der vier Nucleotide (McCargo, 1961). Ganz allgemein läßt sich feststellen, daß das Ausmaß der Basenzerstörung in der Reihenfolge: freie Base > Nucleosid > Nucleotid > DNS abnimmt, während wir im vorangegangenen Abschnitt gesehen haben, daß in trockener DNS die Radikalerzeugung in der obigen Reihenfolge ansteigt. In Tab. 13 sind die

Tabelle 13. *G-Werte für die Zerstörung bzw. Freisetzung von Purin- und Pyrimidin-Basen bei Bestrahlung von DNS in wäßriger Lösung*

Base	Zerstörung			Freisetzung
	aerob [a]	aerob [b]	anaerob [c]	aerob [d]
Adenin	0,39	0,42	0,12	0,069
Guanin	0,26	0,64	0,19	0,043
Cytosin	0,38	0,54	0,27	0,071
Thymin	0,64	0,72	0,43	0,045
Summe	1,67	2,32	1,01	0,23

[a] 0,2 Gew.-%, 200 kVp-Röntgenstrahlen, Sauerstoffatmosphäre (Scholes, Ward u. Weiss, 1960). [b] 0,2 Gew.-%, 15 MeV-Elektronen, Sauerstoffatmosphäre (Hems, 1960). [c] 0,5 Gew.-%, 15 MeV-Elektronen, sauerstofffrei (Hems, 1960). [d] 0,5 Gew.-%, 15 MeV-Elektronen, Stickstoffatmosphäre (Hems, 1960).

G-Werte für die Zerstörung der einzelnen Basen in bestrahlter DNS-Lösung zusammengestellt. Es zeigt sich, daß unter Sauerstoff doppelt soviel Basen zerstört werden als bei anaerober Bestrahlung, und daß Thymin schneller abgebaut wird als die übrigen Basen. Unter vergleichbaren Versuchsbedingungen ist die Zerstörung der Basen etwa 4mal häufiger als die Basenabspaltung aus bestrahlter DNS. Dieser letzte Effekt wird durch Anwesenheit von Sauerstoff nicht beeinflußt (Hems, 1960).

b) Veränderungen am Zucker

Die Freisetzung unveränderter Basen ist die Folge eines chemischen Angriffs am Zucker der DNS und kommt wahrscheinlich durch hydrolytische Spaltung der N-Glykosidbindung zustande (Scholes u. Weiss, 1952). Unter aeroben Bedingungen scheinen auch reduzierende Wasserradikale am Zucker anzugreifen, obwohl sie eine sehr große Affinität zu den Doppelbindungen der Basen haben. Denn der G-Wert für die Erzeugung von H_2 beträgt in bestrahlten Nucleotid-Lösungen $G = 1,0$ (Daniels et al., 1957), während in reinem Wasser unter denselben Verhältnissen $G = 0,6$ gemessen wird. Danach könnte die Abstraktion von Wasserstoff im Zucker nach Gl. (6.7) mit einem G-Wert von etwa 0,4 erfolgen. Dieser indirekte Schluß wird durch die Beobachtung gestützt, daß bei der Bestrahlung einer äquimolaren Lösung der vier Nucleotide die Basen mit $G = 1,25$ und der Zucker mit $G = 0,73$ zerstört werden; d. h. es erfolgen 37% der Angriffe am Zucker (McCargo, 1961). Dies stimmt mit den von Scholes et al. (1960) erhobenen Befunden in etwa überein, wonach 20% der Wasserradikale mit dem Zucker und 80% mit den Basen reagieren.

Zuckerschäden führen nach Scholes et al. (1960) in den meisten Fällen zu einem Bruch der Nucleotidkette. Dabei entstehen 3'- und 5'-Monophosphate, entweder direkt oder als Folge eines Zuckerschadens, wobei als Zwischenstufe labile Diester gebildet werden, die schließlich den beschädigten Zuckerrest verlieren. Durch einen zweiten Angriff eines Wasserradikals kann diese Monoestergruppe als anorganisches Phosphat abgespalten werden. Die betreffenden G-Werte sind klein und steigen als Folge der höheren Kinetik mit zunehmender Dosis an (Scholes u. Weiss, 1954). Die Bildung von einfach gebundenen Phosphatgruppen durch Bestrahlung kann sehr schön mit Hilfe der Phosphomonoesterase nachgewiesen werden. Dieses Enzym spaltet bei genügend langer Inkubationszeit von allen endständigen Monoestergruppen das anorganische Phosphat ab, das anschließend photometrisch bestimmt werden kann. Dieses Verfahren liefert zugleich die Zahl der strahleninduzierten Einzelstrangbrüche, und zwar ergeben sich für den Bruch einer Polynucleotidkette bei der Bestrahlung 0,1- bzw. 0,5%iger aerober DNS-Lösungen G-Werte von 0,4 bis 0,8 (Collyns et al., 1965).

Neben diesen chemischen Veränderungen an bestrahlter DNS hat man noch zahlreiche Folgeprodukte von zerstörten DNS-Komponenten nachgewiesen, wie Hydroperoxide, Wasserstoffperoxid, Ammoniak usf. Da sich jedoch keine Aussagen über den Mechanismus machen lassen, der zu ihrer Entstehung führt, soll nicht weiter auf sie eingegangen werden.

10.4. Brüche in den Polynucleotidketten

Veränderungen an der makromolekularen Struktur der DNS sind im allgemeinen durch Molekulargewichtsbestimmungen nachweisbar. Doppelstrangbrüche und Vernetzungen zwischen zwei oder mehreren Molekülen beeinflussen direkt die Verteilung der Molekulargewichte. Einzelstrangbrüche, die man auch nach dem gerade besprochenen enzymatischen Verfahren bestimmen kann, wirken sich jedoch erst nach der Denaturierung der bestrahlten DNS auf die Molekulargewichtsverteilung aus. Dazu erwärmt man die DNS 10 min lang auf 90 °C oder behandelt sie mit Alkali. Anschließend wird rasch auf 0 °C abgekühlt bzw. Formaldehyd zugesetzt und dann neutralisiert, um eine Renaturierung zu verhindern. Wasserstoffbindungen innerhalb eines geknäuelten Einzelstranges sind dabei allerdings meist nicht zu vermeiden.

Zur Bestimmung der Molekulargewichte von Makromolekülen gibt es eine ganze Reihe verschiedenartiger Verfahren, z. B. die Lichtstreuung, osmotische Untersuchungen, Viscositäts- und Sedimentationsmessungen usw. Vergleichbare Ergebnisse erhält man bei diesen Methoden im allgemeinen nur, wenn die Testsubstanz ein hinreichend einheitliches Molekulargewicht besitzt. Das ist jedoch bei den meisten der bislang verwendeten DNS-Proben nicht der Fall gewesen, da bei der Präparation Bruchstücke mit sehr unterschiedlichem Molekulargewicht entstehen. Aus einer solchen Verteilung kann man zwei Mittelwerte bestimmen, das Zahlenmittel

$$M_n = \Sigma\, n_i\, M_i / \Sigma\, n_i \qquad (10.1)$$

und das Gewichtsmittel

$$M_w = \Sigma\, n_i\, M_i^2 / \Sigma\, n_i\, M_i\,. \qquad (10.2)$$

Dabei bedeutet n_i die Zahl der Moleküle mit dem Molekulargewicht M_i. Bei rein statistischer Verteilung der Molekülgrößen, was bei vielen DNS-Präparationen annähernd der Fall ist, gilt

$$M_n : M_w = 1 : 2\,. \qquad (10.3)$$

Molekulargewichtsbestimmungen an uneinheitlichen Proben ergeben Mittelwerte, die von der Art der Meßmethode abhängen und bei den meisten Verfahren zwischen M_n und M_w liegen. Durch osmotische Messungen erhält man das Zahlenmittel M_n. Allerdings ist diese Art von Experimenten sehr empfindlich gegen niedermolekulare Verunreinigungen, so daß dieses recht zeitraubende Verfahren bisher nur selten bei strahlenchemischen und strahlenbiologischen Versuchen angewandt wurde. Durch Messung der Lichtstreuung erhält man das Gewichtsmittel M_w, bei Viscositäts- und Sedimentationsexperimenten jedoch einen etwas unterhalb von M_w gelegenen Mittelwert. Die eindeutigsten Ergebnisse erhält man, wenn man die Sedimentationsverteilung mit Hilfe der analytischen Ultrazentrifuge bei verschiedenen Konzentrationen untersucht, auf die Konzentration Null extrapoliert und diese Verteilung nach Eigner u. Doty (1965) in eine Verteilung der Molekulargewichte umrechnet. Daraus können beide Mittelwerte M_n und M_w sowie auch die Bruch- und Vernetzungsraten berechnet werden (vgl. Hagen, 1969). Da die Ausgangsgröße der bestrahlten Moleküle, wie schon erwähnt, oft unterschiedlich ist, berechnet man meistens nicht die Zahl der Brüche pro Molekül, sondern die Bruchhäufigkeit; bei Einzelbrüchen gibt man diese pro Nucleotid an (A_1), bei Doppelbrüchen pro Nucleotidpaar (A_2).

Bei der *Bestrahlung von trockener DNS* aus Kalbsthymus im Vakuum nimmt die Bruchhäufigkeit für Einzel- und Doppelbrüche linear mit der Dosis zu (Abb. 73). Die aus den beiden Kurven bestimmten G-Werte betragen $G = 0{,}63$ für einen Einzelbruch und $G = 0{,}11$ für einen Doppelstrangbruch; d. h. Einzelbrüche sind 5- bis 6mal häufiger als Doppelbrüche. Wird die Bestrahlung unter Sauerstoff ausgeführt, dann erhöht sich die Ausbeute an Doppelbrüchen nur geringfügig ($G = 0{,}16$), während die Zahl der Einzelbrüche eine starke Zunahme ($G = 3{,}4$) erfährt (Hagen u. Wellstein, 1965). Daß die Anwesenheit von Sauerstoff die Häufigkeit der Doppelstrangbrüche nur wenig beeinflußt, wurde auch von Alexander u. Mitarb. (Alexander et al., 1961; Lett et al., 1961) an Thymus-DNS und von Freifelder (1965) an der DNS von T7-Phagen beobachtet. Dieses unterschiedliche Verhalten von Einzel- und Doppelstrangbrüchen gegenüber Sauerstoff haben wir bei der Diskussion des Sauerstoff-Effekts bei Mikroorganismen bereits berücksichtigt (vgl. Kap. 8.2).

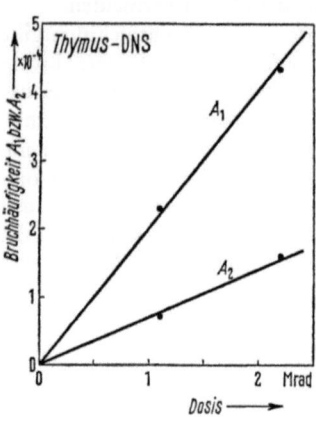

Abb. 73. Erzeugung von Einzel- und Doppelstrangbrüchen in trockener Kalbsthymus-DNS durch Bestrahlung mit Röntgenstrahlen im Vakuum. $A_1 =$ Bruchhäufigkeit der Einzelkette pro Nucleotid. $A_2 =$ Bruchhäufigkeit der Doppelkette pro Nucleotidpaar. (Nach Hagen u. Wellstein, 1965)

Die Zahl der Doppelbrüche bei der Bestrahlung trockener DNS wächst, wie wir gesehen haben, linear mit der Dosis an (Abb. 73). Dies bedeutet, daß der Doppelbruch im Trockenen durch ein einziges Energieverlust-Ereignis hervorgerufen wird und nicht durch ein zufälliges Zusammentreffen zweier voneinander unabhängiger Einzelbrüche. Da bei einem solchen Ereignis beide Stränge an nahe beieinanderliegenden Stellen gleichzeitig zerstört werden müssen, sollte die Wahrscheinlichkeit für diesen Prozeß mit zunehmendem LET der verwendeten Strahlung ansteigen. In Übereinstimmung damit konnte Dewey (1967) zeigen, daß beim Bestrahlen von T7-Phagen mit beschleunigten Argon-Ionen Einzelstrangbrüche nur 2,3mal häufiger sind als Doppelstrangbrüche, während für γ-Strahlung dieser Wert 5—6 beträgt.

Nach Bestrahlung von *DNS in verdünnter wäßriger Lösung* ist die Zahl der Einzelbrüche (Abb. 74) proportional zur Dosis:

$$A_1 = k \cdot D. \tag{10.4}$$

Dabei ist k die Bruchwahrscheinlichkeit pro Nucleotid und rad. Bei einer DNS-Konzentration von 0,2 mg/ml ergibt sich $k = 4{,}15 \cdot 10^{-7}$ rad^{-1}

(Hagen, 1967). Die Doppelbrüche entstehen dagegen nach einer anderen Kinetik. Wie aus Abb. 74 hervorgeht, steigt ihre Häufigkeit quadratisch mit der Dosis an, ein Befund, der auch bei Viscositätsmessungen erhalten wurde (Cox et al., 1955). Diese Abhängigkeit zeigt, daß durch den Angriff eines Wasserradikals nicht beide Stränge gleichzeitig unterbrochen werden, was auch recht plausibel ist. Ein Bruch in der Doppelhelix entsteht erst dann, wenn Brüche in beiden Einzelsträngen sich ent-

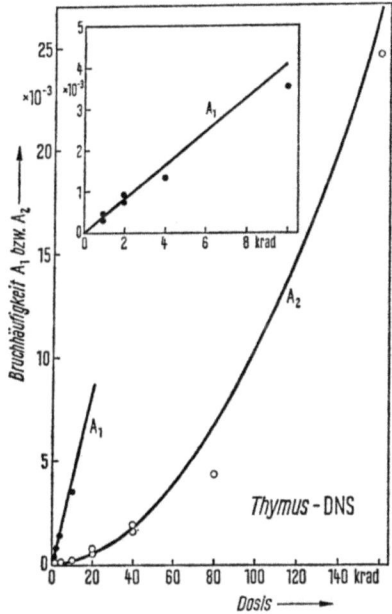

Abb. 74. Einzel- und Doppelstrangbrüche in Kalbsthymus-DNS nach Bestrahlung in wäßriger Lösung (0,2 mg/ml). A_1 = Bruchhäufigkeit der Einzelkette pro Nucleotid. A_2 = Bruchhäufigkeit der Doppelhelix pro Nucleotidpaar (Hagen, 1967)

weder genau gegenüberliegen oder nur wenig voneinander entfernt auftreten. Im letzteren Fall müssen sich die zwischen beiden Einzelbrüchen liegenden Wasserstoffbrücken öffnen, damit der Doppelbruch nachweisbar wird. In Lösung ergibt sich unter Berücksichtigung von Gl. (10.4) die Zahl der Doppelbrüche pro Nucleotidpaar zu:

$$A_2 = (\beta + A_1)^2 \cdot n = (\beta + kD)^2 \cdot n \, . \tag{10.5}$$

Dabei ist $(n-1)/2$ die Höchstzahl der Nucleotidpaare, die zwischen zwei benachbarten Einzelstrangbrüchen liegen dürfen, damit es zum Doppelbruch kommt. β ist die Zahl der bereits zu Bestrahlungsbeginn vorhandenen Einzelstrangbrüche. Häufig ist β bei unbestrahlten Proben so klein (z. B. 10^{-4} bei Hagen, 1967), daß es bei hohen Dosen vernachlässigt werden kann. Die auf Abb. 74 durch die Meßpunkte gelegte Kurve wurde aus Gl. (10.5) mit $n=7$ berechnet. Das zeigt, daß ein Doppelbruch dann auftritt, wenn auf einem Strang bereits ein Einzelbruch besteht und der Bruch des komplementären Stranges an gegenüberliegender Stelle oder nicht weiter als 3 Nucleotidpaare entfernt erfolgt.

Vergleicht man die bisher von verschiedenen Autoren gemessenen G-Werte für das Auftreten von Einzelstrangbrüchen in bestrahlter DNS (vgl. die Tabellen bei Collyns et al., 1965; Ginoza, 1967, sowie Weinert u. Hagen, 1968), so liegen in wäßriger Lösung die meisten Werte zwischen 0,3 und 0,8, bei Bestrahlung von DNS im Trockenen, in Zellen und als Nucleoprotein-Gel zwischen 0,3 und 0,7; d. h. der für einen Einzelstrangbruch aufzuwendende Energiebetrag ist im Trockenen und in Lösung etwa gleich. Da die Doppelbrüche in Lösung mit D^2 ansteigen, kann für ihre Entstehung kein G-Wert im üblichen Sinn angegeben werden. Zu Bestrahlungsbeginn entstehen fast nur Einzelbrüche, mit zunehmender Dosis vergrößert sich aber das Verhältnis von Doppel- zu Einzelbrüchen. Es ist somit zu erwarten, daß in wäßriger Lösung bei der Bestrahlung eines Systems, bei dem das Testereignis erst nach einem Doppelbruch eintritt, die Dosis-Effekt-Kurven eine anfängliche Schulter aufweisen (z. B. Inaktivierung von T7-Phagen in Puffer; vgl. Abb. 92). In trockener DNS nimmt, wie schon erwähnt, die Zahl der Doppelbrüche proportional zur Dosis zu. Die von verschiedenen Autoren gemessenen G-Werte liegen zwischen 0,1 und 0,15; sie sind unter Sauerstoff nur wenig größer als unter Stickstoff oder im Vakuum.

Abschließend sei kurz angemerkt, daß bei der Bestrahlung von DNS mit *UV-Licht* Brüche der Polynucleotidstränge so selten sind, daß ihnen wahrscheinlich keine biologische Bedeutung zukommt; denn selbst bei einer UV-Dosis, die 99% bestrahlter T7-Phagen inaktiviert, konnten keine Strangbrüche in der DNS nachgewiesen werden (Freifelder u. Davison, 1963).

10.5. Intermolekulare Vernetzungen

Bei der *Bestrahlung von trockener DNS* entstehen neben Brüchen in den Polynucleotidketten auch noch Vernetzungen zwischen einzelnen DNS-Molekülen. Das zeigt sich anschaulich aus den Sedimentationsdiagrammen auf Abb. 75. Zunächst ist aus der Sedimentationsverteilung der Kontrolle zu ersehen, wie inhomogen die Molekulargewichte von getrockneter Thymus-DNS verteilt sind. Denn bei einheitlicher Molekülgröße sollten alle Moleküle gleich schnell im Schwerefeld der Zentrifuge wandern und eine scharfe Linie ergeben. Nach Bestrahlung ist das Maximum der Verteilung nach kleineren S-Werten hin verschoben (S = Svedberg, Einheit des Sedimentationskoeffizienten; $1 S = 10^{-13}$ sec^{-1}). Der Hauptteil der Moleküle wandert also langsamer, d. h. ihr

Molekulargewicht ist kleiner als der Mittelwert der Kontrolle. Das ist ein weiterer Nachweis für das Auftreten von Doppelbrüchen bei der Bestrahlung von trockener DNS. Außer der Verschiebung des Maximums der Verteilung nach links stellt man im Sedimentationsdiagramm eine Zunahme der DNS im Bereich zwischen 30 und 55 S fest. Diese Fraktion besteht aus untereinander vernetzten Molekülen mit Molekulargewichten zwischen 20 und $100 \cdot 10^6$ Dalton. Ihr Anteil am insgesamt vorhandenen Material ist nach Bestrahlung in Sauerstoffatmosphäre wesentlich geringer als nach Bestrahlung im Vakuum (Abb. 75). Die G-Werte für Vernetzungen betragen in Sauerstoff $G = 0,16$ und im Vakuum 0,37 (Hagen u. Wellstein, 1965). In diesem Punkt ergibt sich eine bemerkenswerte Übereinstimmung mit den an bestrahlten Proteinen erhaltenen Befunden, wonach durch die Anwesenheit von Sauerstoff die Dimerisierung zum Teil verhindert wird, so daß aufgefaltete Monomere entstehen (vgl. Kap. 9.5). Das zeigt, daß auch bei der Entstehung von Vernetzungen in bestrahlter DNS freie Radikale beteiligt sind. Diese können mit Sauerstoff nach Gl. (9.7) unter Bildung von Peroxyradikalen reagieren, wodurch ein Teil der nach Gl. (9.8) entstehenden Vernetzungen verhindert wird.

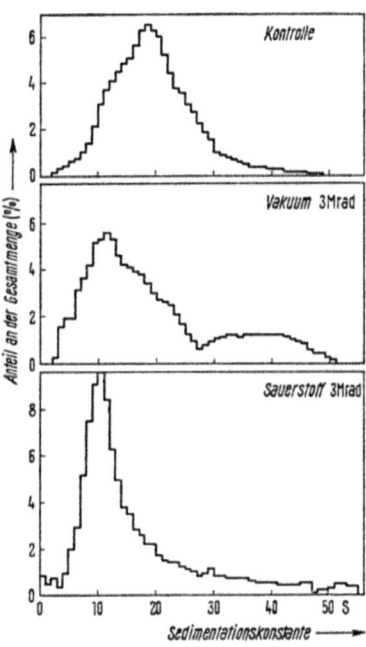

Abb. 75. Sedimentationsdiagramme von trocken bestrahlter Kalbsthymus-DNS. (Hagen u. Wellstein, 1965)

Bei der Bestrahlung von *DNS in wäßriger Lösung* ist die Situation wesentlich komplexer als im Trockenen. Die Vernetzungsrate wird durch zahlreiche Parameter beeinflußt wie Größe, Konformation und Konzentration der Makromoleküle, Ionenstärke des Lösungsmittels, polare Effekte, usw. Wie Befunde an synthetischen Makromolekülen ergaben (vgl. Henglein u. Schnabel, 1966), existiert eine optimale Konzentration für die Erzeugung von Vernetzungen. Zu höheren Konzentrationen hin nimmt die Vernetzungsrate pro Dosiseinheit ab und nähert sich monoton dem nach Bestrahlung im Trockenen beobachteten Wert. Nach kleineren Konzentrationen hin nimmt die Häufigkeit der Vernetzungen ebenfalls ab, bis unterhalb einer kritischen Konzentration überhaupt keine Vernetzungen mehr nachzuweisen sind. Diese kritische Konzentration ist um so kleiner je größer das Molekulargewicht der bestrahlten Moleküle ist. Wenn man im Bereich mittlerer Konzentrationen bestrahlt, kann es z. B. vorkommen, daß zunächst Vernetzungen entstehen; mit zunehmender Dosis wird durch die gleichzeitig erfolgende Degradierung das Molekulargewicht der Bruchstücke so klein, daß die kritische Konzentration unterschritten wird und somit bei höheren Dosen keine Vernetzungsreaktionen mehr auftreten.

Leider ist die Vernetzungsrate von DNS bei Bestrahlung in wäßriger Lösung bisher noch nicht in Abhängigkeit von den verschiedenen Parametern untersucht worden. Es konnte lediglich festgestellt werden, daß auch in Lösung vernetzte Moleküle als Folge der Bestrahlung entstehen. Bohne et al. (1968) bestrahlten DNS-Lösungen von T1-Bakteriophagen (0,2 mg/ml) und ermittelten durch Messung der Viscosität und der Sedimentationsgeschwindigkeit bei verschiedenen Konzentrationen die Verteilung der Molekulargewichte. Bei der Zentrifugation unbestrahlter Phagen-DNS ist der Gradient, d. h. der Übergang von Lösungsmittel zu Lösung ganz scharf (Abb. 76, senkrechte Linie); das zeigt, wie einheitlich das Molekulargewicht von DNS-Präparationen

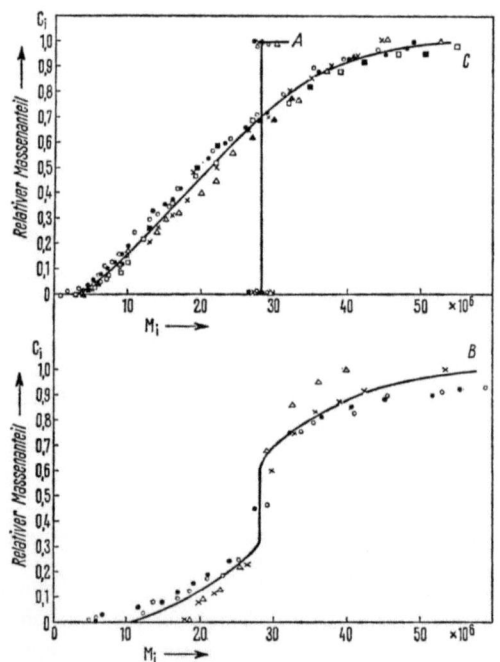

Abb. 76. Molekulargewichtsverteilung von unbestrahlter und bestrahlter DNS aus T1-Bakteriophagen. C_i ist der Anteil der Moleküle, deren Molekulargewicht kleiner als M_i ist. A: unbestrahlte DNS; B: 1 krad ^{60}Co-γ-Strahlung; C: 4 krad ^{60}Co-γ-Strahlung in Lösung; Konzentration: 0,2 mg/ml. (Bohne et al., 1968)

aus Bakteriophagen bei schonender Isolierung ist. Nach einer Dosis von 1 krad finden wir einen Teil der Moleküle noch unverändert (Abb. 76, senkrechter Teil von Kurve B), etwa ein Drittel ist degradiert und ein weiteres Drittel ist größer als zuvor. Nach 4 krad haben nur noch wenige Moleküle die ursprüngliche Größe; etwa 70% des bestrahlten Materials hat kleinere Molekulargewichte als die unbestrahlte DNS, bei ca. 30% ist infolge von Vernetzungen das Molekulargewicht größer als das der Kontrolle. Oberhalb von 8 krad überwiegt die Degradierung gegenüber den Vernetzungen. Nach Charlesby (1960) kann man das Verhältnis der Brüche zu den Vernetzungen berechnen, wenn das Massenmittel M_w und das Zahlenmittel M_n der Verteilung bekannt sind. Im hier beschriebenen Fall kommt auf 4,7 Doppelbrüche eine Vernetzung (Bohne et al., 1968). Es ist zu erwarten, daß dieses Verhältnis stark von den jeweiligen Versuchsbedingungen abhängt.

10.6. Zerstörung der Wasserstoffbindungen

Die Zahl der in einem DNS-Molekül durch Bestrahlung zerstörten Wasserstoffbindungen kann beispielsweise durch elektrometrische Titration der zur Denaturierung der DNS benötigten Säuremenge ermittelt werden (vgl. Cox et al., 1958). Daneben benutzt man zur Bestimmung des Denaturierungsgrades der DNS den sog. *„Hyperchrom-Effekt"*. Dieser kommt dadurch zustande, daß die optische Absorption nativer doppelsträngiger DNS geringer ist, als nach der Zahl der vorhandenen Nucleotide zu erwarten wäre; d. h. die Extinktion der freien oder im Einzelstrang gebundenen Basen ist um etwa 30% höher, als wenn sie in der intakten doppelsträngigen DNS über Wasserstoffbrücken verknüpft sind. Als Ursache für diese Extinktionsänderung werden Dispersionskräfte, polare Effekte durch das Lösungsmittel, Einflüsse der Excitonen-Wechselwirkung auf die Oszillatorstärke und anderes mehr diskutiert (vgl. Scholes et al., 1960, und Scholes, 1963).

Wenn als Folge einer Bestrahlung die Zahl der Wasserstoffbrücken abnimmt, so sollte sich eine Erhöhung der optischen Absorption ergeben. Man findet dies in den meisten Fällen auch. Aber diese Zunahme allein ist noch kein Maß für die aufgebrochenen Wasserstoffbindungen, da durch die Bestrahlung gleichzeitig ein Teil der Basen zerstört wird, wodurch sich deren Absorption verringert. Diese beiden gegenläufigen Prozesse können aber durch Messung der Extinktion in neutraler und saurer Lösung voneinander unterschieden werden. Wie Abb. 77 zeigt, nimmt bei Säuredenaturierung von unbestrahlter doppelsträngiger DNS (pH $<$ 3,5) die Extinktion durch den Hyperchrom-Effekt um 30—40% zu. Demgegenüber ist das Absorptionsvermögen von bestrahlter DNS im neutralen Bereich höher und im sauren Bereich geringer als bei einer unbestrahlten Kontrolle. Die Extinktionsabnahme unterhalb von pH 3,5 rührt allein von der Zerstörung der Basen her, während die Zunahme in neutraler Lösung durch den Hyperchrom-Effekt bedingt ist, dem eine Abnahme durch Basenzerstörung überlagert ist. Trägt man die Extinktion bei pH 2,5 als Funktion der Dosis auf, so ergibt sich bei nicht zu hohen Dosen eine lineare Abnahme (Abb. 78). Die gleiche Kurve erhält man, wenn die DNS nach der Bestrahlung mit Ameisensäure hydrolysiert wird, wodurch alle Basen freigesetzt werden. Das zeigt, daß die im sauren Bereich gemessene Extinktion ein Maß für die

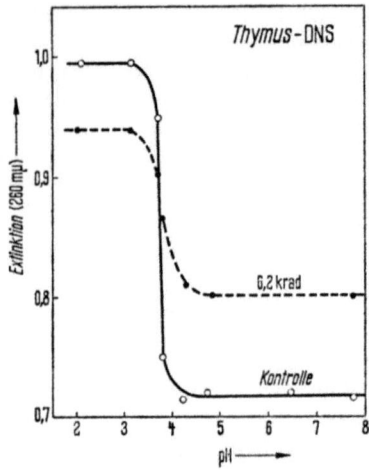

Abb. 77. Einfluß des pH-Wertes auf die optische Dichte von unbestrahlter und bestrahlter Kalbsthymus-DNS. Bestrahlung in Lösung (0,006%) mit 6,2 krad ^{60}Co-γ-Strahlen, Messung bei einer Konzentration von 0,005%. (Collyns et al., 1965)

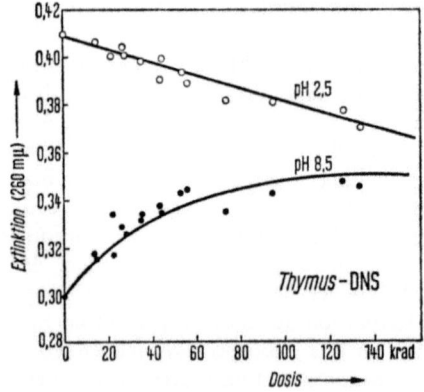

Abb. 78. Veränderung der optischen Absorption von Kalbsthymus-DNS bei pH 2,5 und 8,5 nach Bestrahlung in aerober Lösung (0,1%) mit ^{60}Co-γ-Strahlen. (Collyns et al., 1965)

Zahl der unzerstörten Basen ist, vorausgesetzt, die entstehenden Bestrahlungsprodukte absorbieren nicht auch bei 260 mµ, was jedoch nicht der Fall ist (vgl. Weiss, 1964). Wenn bei hohen Dosen alle Wasserstoffbrücken zerstört sind, erhält man im sauren und neutralen Bereich übereinstimmende Absorptionswerte, die sich mit zunehmender Bestrahlungsdauer im gleichen Maße verringern, wie der Basenabbau fortschreitet.

Abb. 78 zeigt weiterhin, daß der Bruch von Wasserstoffbindungen nicht mit der Zerstörung der Basen korreliert werden kann. Bei 140 krad sind z. B. noch mehr als 90%/0 der Basen unverändert, während sich der Hyperchrom-Effekt auf etwa 20%/0 seines Ausgangswertes verringert hat. Allerdings kann daraus nicht unmittelbar die Zahl der zerstörten H-Brücken entnommen werden, da zwischen der Absorptionsänderung bei Denaturierung und der Zahl der intakten Wasserstoffbindungen keine lineare Beziehung besteht. Der genaue Zusammenhang ist jedoch noch nicht bekannt, so daß man auf halbempirische Gleichungen angewiesen ist. Aus den auf Abb. 78 dargestellten Kurven berechneten Collyns et al. (1965) eine Ausbeute für die Zerstörung der Wasserstoffbindungen von $G = 6,6$. Wie Hagen u. Wild (1964) gezeigt haben, steigt dieser Wert stark mit der Dosis an. Dieser Befund dürfte wesentlich zur Erklärung beitragen, warum die bisher von verschiedenen Autoren veröffentlichten G-Werte für den Bruch der Wasserstoffbindungen in doppelsträngiger DNS Schwankungen zwischen 2,7 und 60 aufweisen (vgl. die Tabellen bei Collyns et al., 1965, u. Ginoza, 1967).

Nach Scholes et al. (1960) werden bei kleinen Dosen pro Einzelstrangbruch 14—15 Wasserstoffbrücken unterbrochen, nach Peacocke u. Preston (1959) etwa 16. An der Stelle eines Einzelstrangbruches sind also im Mittel nach beiden Seiten hin je 3—4 Nucleotidpaare nicht mehr über Wasserstoffbrücken verbunden. Dieser Wert ist übrigens in Übereinstimmung mit dem bereits erwähnten Befund von Hagen (1967), daß Einzelbrüche, die nicht weiter als 3 Nucleotidpaare auseinanderliegen, einen Doppelbruch ergeben (vgl. Kap. 10.4). Diese relativ große Zahl zerstörter Wasserstoffbindungen pro Einzelstrangbruch kann damit erklärt werden, daß nach dem Bruch eines Stranges Wassermoleküle in die Doppelhelix der DNS eindringen. Dadurch werden die Wasserstoffbrücken zwischen komplementären Basen in gewissem Umfang durch Bindungen zwischen den einzelnen Basen und Wassermolekülen ersetzt, so daß die Polynucleotidstränge reißverschlußartig getrennt werden (Scholes et al., 1960). Natürlich muß dieser Prozeß auf irgendeine Weise begrenzt sein, sonst gäbe es in wäßriger Lösung überhaupt keine doppelsträngige DNS. Auf Grund thermodynamischer Überlegungen kann man abschätzen, daß in einem System von zwei umeinander verdrillten Ketten eine Entspiralisierung zunächst einen Entropiegewinn pro entspiralisierter Bindung bringt; dieser Wert läuft jedoch über ein Maximum und unterschreitet schließlich einen Grenzwert, wenn die entspiralisierte Kette eine bestimmte „Gleichgewichtslänge" erreicht hat. Temperley (1959) hat berechnet, daß bei der DNS das entspiralisiert Stück 15 bis 20 Wasserstoffbindungen enthält.

Die Einwirkung von Strahlen auf die Stabilität der Wasserstoffbindungen läßt sich außerdem durch sog. *Schmelzpunktkurven* nachweisen. Beim Erwärmen von doppelsträngiger DNS in Lösung nimmt oberhalb von etwa 65 °C die Extinktion infolge der eintretenden Denaturierung zu und erreicht bei etwa 90° wieder ein konstantes Niveau. Die Temperatur, bei der die Extinktionszunahme 50% des Maximalwertes erreicht hat, definiert man als „Schmelzpunkt". Mit zunehmender Strahlendosis verringert sich die Schmelztemperatur (vgl. Hagen u. Wild, 1964) was ein weiterer Hinweis darauf ist, daß die Struktur der Doppelhelix durch die Strahleneinwirkung labilisiert wird. Die Schmelzpunktserniedrigung tritt schon bei wesentlich kleineren Dosen ein als die Zerstörung der Basen. Somit muß man annehmen, daß auch für diesen Effekt das Auftreten von Einzelbrüchen ausschlaggebend ist, da hierdurch die Stabilität des Moleküls in Längsrichtung geringer wird und für eine Entspiralisierung der Helix zusätzliche Ausgangspunkte geschaffen werden.

Als letztes Kriterium für die Veränderung der Wasserstoffbrücken durch Bestrahlung möchten wir die *Erzeugung von denaturierten Zonen* anführen, wie sie sich durch Chromatographie auf Säulen aus methyliertem Albumin auf Kieselgur (MAK) nachweisen lassen. Nach Bestrahlung von DNS in wäßriger Lösung nimmt der Anteil des eluierbaren Materials exponentiell mit der Dosis ab (Ullrich u. Hagen, 1968). Degradiert man die DNS nach der Bestrahlung mit Ultraschall auf ein Viertel ihres Molekulargewichts, so erhöht sich die Elution auf das Vierfache. Das zeigt, daß dabei das Molekül in geschädigte und ungeschädigte Abschnitte zerlegt wird. Es wurde nachgewiesen (Ullrich u. Hagen, 1968), daß die an die MAK-Säule gebundenen DNS-Moleküle „denaturierte Zonen" enthalten. Dies sind kleine Regionen, in denen die beiden Nucleotidstränge nicht mehr über Wasserstoffbrücken verbunden sind, wie man sie auch auf thermischem Wege oder durch Scherkräfte erzeugen kann (vgl. Hershey et al., 1963). Derartige Schäden können nicht renaturiert werden. Da eine Erhöhung der Zahl der Einzelstrangbrüche durch DN-ase-Einwirkung die Zahl der denaturierten Zonen nicht vergrößert (Ullrich u. Hagen, 1968), besteht somit kein Zusammenhang mit dem oben besprochenen Mechanismus, wonach die meisten der unterbrochenen Wasserstoffbindungen von Einzelstrangbrüchen herrühren. In wäßriger Lösung werden durch Bestrahlung etwa 4mal so viele Einzelstrangbrüche erzeugt wie denaturierte Zonen. Weitere Experimente sind erforderlich, ehe genaueres über die Natur und das Zustandekommen dieser denaturierten Zonen ausgesagt werden kann. Obwohl die Anwendung physiko-chemischer Meßmethoden zur Untersuchung der in bestrahlter DNS auftretenden Veränderungen im Grunde erst den Anfang einer Entwicklung darstellt, sind, wie wir gesehen haben, schon eine Reihe interessanter Ergebnisse erhalten worden. Die konsequente Anwendung und Weiterentwicklung dieser Verfahren dürfte in Zukunft weitere grundlegende Beiträge zur Aufklärung der molekularen Mechanismen der Strahlenwirkung liefern.

Literatur

Alexander, P., J. T. Lett, P. Kopp, and R. Itzhaki: Radiat. Res. 14, 363 (1961).
Beukers, R., and W. Berends: Biochim. Biophys. Acta 41, 550 (1960).
Bohne, L., Th. Coquerelle u. U. Hagen: Studia biophysica 7, 117 (1968).
Charlesby, A.: Atomic radiation and polymers. Oxford: Pergamon Press 1960.
Collyns, B., S. Okada, G. Scholes, J. J. Weiss, and C. M. Wheeler: Radiat. Res. 25, 526 (1965).
Cook, J. B., J. P. Elliott, and S. J. Wyard: Mol. Phys. 13, 49 (1967).
Cox, R. A., W. G. Overend, A. R. Peacocke, and S. Wilson: Nature 176, 919 (1955).
— — — — Proc. roy. Soc. (Lond.) B 149, 511 (1958).
Daniels, M., G. Scholes, J. J. Weiss, and C. M. Wheeler: J. chem. Soc. (Lond.) 1957, 226 (1957).
Dertinger, H.: Z. Naturforsch. 22 b, 1261 (1967 a).
— Z. Naturforsch. 22 b, 1266 (1967 b).
Dewey, D. L.: Int. J. Rad. Biol. 12, 497 (1967).
Dorlet, C., E. van de Vorst, and A. J. Bertinchamps: Nature 194, 767 (1962).
Ehrenberg, A., L. Ehrenberg, and G. Löfroth: Nature 200, 376 (1963).
Eigner, J., and P. Doty: J. mol. Biol. 12, 549 (1965).
Freifelder, D.: Proc. nat. Acad. (Wash.) 54, 128 (1965).
—, and P. F. Davison: Biophys. J. 3, 97 (1963).
Ginoza, W.: Ann. Rev. Microbiol. 21, 325 (1967).
Hagen, U.: Biochim. Biophys. Acta 134, 45 (1967).
— In: Experimental methods in molecular biology. Ed. C. Nicolau. London: John Wiley & Sons 1969 (im Druck).
—, u. H. Wellstein: Strahlentherapie 128, 565 (1965).
—, u. R. Wild: Strahlentherapie 124, 275 (1964).
Heller, H. C., and T. Cole: Proc. nat. Acad. Sci. (Wash.) 54, 1486 (1965).
Hems, G.: Nature 186, 710 (1960).
Henglein, A., and W. Schnabel: In: Current topics in radiation research, Vol. II. Eds. M. Ebert and A. Howard. Amsterdam: North-Holland Publ. Co. 1966, p. 1.
Herak, J. N., and W. Gordy: Proc. nat. Acad. Sci. (Wash.) 54, 1287 (1965).
Hershey, A. D., E. Goldberg, E. Burgi, and L. Ingraham: J. Mol. Biol. 6, 230 (1963).
Hüttermann, J., and A. Müller: Radiat. Res. (im Druck) 1969.
Keck, K.: Z. Naturforsch. 23 b, 1034 (1968).
Köhnlein, W.: Strahlentherapie 122, 437 (1963).
Latarjet, R., B. Ekert, and P. Demerseman: Radiat. Res. Suppl. 3, 247 (1963).
Lett, J. T., K. A. Stacey, and P. Alexander: Radiat. Res. 14, 349 (1961).
Lichter, J. D., and W. Gordy: Proc. nat. Acad. Sci. (Wash.) 60, 450 (1968).
McCargo, M.: Zitiert bei Weiss 1964.

Müller, A.: Int. J. Rad. Biol. 6, 137 (1963).
— Int. J. Rad. Biol. 8, 131 (1964).
— Progr. Biophysics 17, 99 (1967).
Peacocke, A. R., u. B. N. Preston: Zitiert bei Scholes et al., 1960.
Pershan, P. S., R. G. Shulman, B. J. Wyluda u. J. Eisinger: Physics 1, 163 (1964).
Pruden, B., W. Snipes, and W. Gordy: Proc. nat. Acad. Sci. (Wash.) 53, 917 (1965).
Salovey, R., R. G. Shulman, and W. M. Walsh: J. Chem. Phys. 30, 839 (1963).
Schmidt, J., and W. Snipes: Int. J. Rad. Biol. 13, 101 (1967).
Scholes, G.: Progr. Biophysics 13, 59 (1963).
—, J. F. Ward, and J. J. Weiss: J. Mol. Biol. 2, 379 (1960).
—, and J. J. Weiss: J. exp. Cell Res. Suppl. 2, 219 (1952).
— — Biochem. J. 56, 65 (1954).
Setlow, R. B., and J. K. Setlow: Proc. nat. Acad. Sci. (Wash.) 48, 1250 (1962).
Smith, K. C.: Radiat. Res. Suppl. 6, 54 (1966).
Temperley, H. N. V.: Trans. Faraday Soc. 55, 515 (1959).
Ullrich, M., u. U. Hagen: Z. Naturforsch. 23 b, 1176 (1968).
Wacker, A.: Progr. Nucleic Acid Res. 1, 369 (1963).
—, H. Dellweg, and D. Jacherts: J. Mol. Biol. 4, 410 (1962).
—, u. E.-R. Lochmann: Z. Naturforsch. 17 b, 351 (1962).
Weinblum, D., and H. E. Johns: Biochim. Biophys. Acta 114, 450 (1966).
Weinert, H., u. U. Hagen: Strahlentherapie 136, 204 (1968).
Weiss, J. J.: Progr. Nucleic Acid Res. 3, 103 (1964).
Zimmer, K. G., and A. Müller: In: Current topics in radiation research, Vol. I. Eds. M. Ebert and A. Howard. Amsterdam: North-Holland Publ. Co. 1965, p. 1.

11. Kapitel: Inaktivierung der Nucleinsäure-Funktionen

11.1. Funktionen der Nucleinsäuren

Die Nucleinsäuren erfüllen innerhalb des komplizierten biochemischen Geschehens, das die Grundlage dessen bildet, was wir als Leben bezeichnen, zahlreiche wichtige Funktionen. Beispielsweise ist die gesamte genetische Information eines Individuums in Nucleinsäuren enthalten. Diese Funktion wird bei den meisten Organismen von doppelsträngiger DNS erfüllt; bei einigen Viren besteht das Genom aus einzelsträngiger DNS oder RNS, bei ganz wenigen Virusarten aus doppelsträngiger RNS. Um die Erbanlagen von einer Generation auf die nächste zu übertragen, muß z. B. vor jeder Zellteilung eine Verdoppelung des genetischen Materials erfolgen. Diese Fähigkeit zur *Replikation* ist somit ein Charakteristikum jedes Moleküls, durch das Erbinformation übertragen werden soll. Bei der semi-konservativen Replikation doppelsträngiger DNS trennen sich die beiden Stränge, worauf an jedem Strang nach dem Watson-Crick-Mechanismus ein neuer Komplementärstrang synthetisiert wird. Diesen Vorgang kann man auch im Reagenzglas ablaufen lassen. Man fügt dabei zu der zu kopierenden DNS, die man als Matrize oder „primer" bezeichnet, DNS-Polymerase sowie Desoxyribonucleosid-Triphosphate hinzu. Aus diesen synthetisiert das Enzym unter Abspaltung von Pyrophosphat entlang eines Stranges der Matrizen-DNS den dazu komplementären Strang.

Bei der Biosynthese der Proteine wird die in der DNS enthaltene Information auf die sog. Matrizen-RNS (oder Messenger-RNS, mRNS) übertragen. Der Mechanismus dieser *Transkription* ist vergleichbar mit dem der DNS-Synthese. Auch er erfordert die Hilfe einer Polymerase sowie einen Vorrat von Ribonucleosid-Triphosphaten. Allerdings wird die DNS dabei nicht in einem Stück kopiert wie bei der Replikation, sondern abschnittsweise, wozu es auf der DNS verschiedene Start- und Stoppstellen für die RNS-Polymerase zu geben scheint. Die Abschnitte sind verschieden lang, folglich ist das Molekulargewicht der mRNS sehr heterogen und liegt in der Größenordnung von 100 000 bis 500 000 oder noch höher. Diese Umschrift (Transkription) der genetischen Information von der DNS auf die kleineren mRNS-Moleküle bringt für die Zelle den Vorteil einer größeren Beweglichkeit der informationstragenden Moleküle. Die mRNS wandert dann zu den Ribosomen, an denen die Synthese der Proteine stattfindet. Die Übersetzung der

Nucleotid-Sequenz der DNS in eine bestimmte Aminosäure-Sequenz nennt man *Translation*. Sie benötigt eine weitere Art von Nucleinsäuren, und zwar die sog. Transfer-RNS (tRNS). Jede Aminosäure ist an eine spezifische tRNS gebunden, die das für „ihre" Aminosäure charakteristische Codon auf der mRNS erkennt, so daß die betreffende Aminosäure in der durch die DNS festgelegten Reihenfolge in das Protein eingebaut wird.

Der in einer Zelle vorhandene gesamte Informationsgehalt der DNS wird nun nicht dauernd abgelesen und zu Proteinen verbaut, weder in den spezialisierten Zellen eines höher entwickelten Organismus noch bei primitiven Einzellern. Vielmehr gibt es eine ausgeprägte *Regulation* der Aktivität der einzelnen DNS-Abschnitte. Wenn z. B. E. coli-Zellen in Abwesenheit von Lactose, jedoch mit Glucose als Energiequelle aufwachsen, dann finden sich nur Spuren der beiden zur Verarbeitung von Lactose notwendigen Enzyme Galaktosidpermease und β-Galaktosidase. Nach Überführung in ein Medium, das keine Glucose dafür aber Lactose enthält, beginnen die Zellen mit der Produktion beider Enzyme und synthetisieren bis zur 10 000fachen Menge im Vergleich zum Wachstum in Glucose; man sagt, die Enzyme seien „induziert" worden. Neben diesen universellen Funktionen kennt man bei Viren und Bakterien noch die speziellen Funktionen der Infektiosität bzw. der Transformation, auf die wir im folgenden ebenfalls zu sprechen kommen. Weitere Einzelheiten über die hier nur kurz skizzierten Prozesse und Funktionen findet der Leser in einer auch für den Laien leicht verständlichen Fassung bei Weidel (1964) und in wesentlich ausführlicherer Form bei Bresch (1965).

Durch Bestrahlung können die verschiedenen Nucleinsäure-Funktionen gehemmt oder zerstört werden. Aber schon aus der Anzahl sowie aus der Vielfalt der genannten Prozesse wird deutlich, daß der Begriff „Inaktivierung" bei Nucleinsäuren ein äußerst vielschichtiges Phänomen ist. Im Gegensatz zu den Enzymen, die wenigstens hinsichtlich ihrer Inaktivierungskinetik ein einheitliches Verhalten aufweisen (vgl. Kap. 9.2), wird beinahe jede Nucleinsäure-Funktion nach einer anderen Kinetik inaktiviert. Da der Inaktivierungsmechanismus in keinem der hier diskutierten Fälle vollständig aufgeklärt ist, wollen wir in diesem Kapitel in erster Linie die unterschiedlichen Inaktivierungskinetiken und die aus ihnen erschließbaren Besonderheiten der betreffenden Strahlenschädigung diskutieren. Im Einzelfall werden wir dann, soweit verfügbar, noch zusätzliche Befunde anführen, sofern sie weitere Einblicke in die Prozesse der Inaktivierung ermöglichen.

11.2. Infektiosität

Unter der Infektiosität versteht man die Vermehrungsfähigkeit von Viren mit Hilfe einer geeigneten Wirtszelle. Handelt es sich bei der Wirtszelle um ein Bacterium, so beginnt, wie wir in Kap. 12.1 noch genauer ausführen wollen, der Infektionsvorgang der Bakterien-Viren, der sog. Bakteriophagen mit der Injektion ihrer DNS (bzw. RNS) in das Innere des Bacteriums. Nach ca. 20 min kommt es zur Lysis, wobei das Bacterium platzt und etwa 100—200 neue Phagen entläßt. Aus diesem Vermehrungsmechanismus wird deutlich, daß die DNS die gesamte Information für den Aufbau der Phagen einschließlich ihres Hüllenproteins enthält. Der Gedanke liegt deshalb nahe, die DNS aus Bakteriophagen zu isolieren und mit ihr alleine sog. Sphäroplasten (das sind Bakterien, denen man durch Lysozym-Behandlung Teile der Zellwand entfernt hat) zu infizieren und dadurch zur Produktion von kompletten Phagen zu veranlassen. Dieses System funktioniert besonders gut bei der einzelsträngigen, ringförmigen DNS des Bakteriophagen ΦX 174 (Guthrie u. Sinsheimer, 1963). Das Arbeiten mit dieser sog. „infektiösen" DNS ist aber auch bei T1-Phagen und einigen weiteren Viren möglich. Die freigesetzten Phagen, deren Anzahl über mehrere Größenordnungen der Konzentration der infizierenden DNS proportional ist, können mit den üblichen Methoden nachgewiesen werden (vgl. Kap. 12.1).

Bestrahlt man reine gefriergetrocknete ΦX 174-DNS im Vakuum mit Co-γ-Strahlen, so findet man eine exponentielle Dosis-Effekt-Kurve (Abb. 79). Aus der D_{37} von 320 krad läßt sich nach Gl. (5.5) das Molekulargewicht des Treffbereichs errechnen; es beträgt $1{,}8 \cdot 10^6$ Dalton und stimmt mit dem Molekulargewicht der ΦX-DNS von $1{,}7 \cdot 10^6$ Dalton (Sinsheimer, 1959) gut überein. Das heißt, eine einzige primäre Wechselwirkung zwischen Strahlung und der ΦX-DNS, die mit der Über-

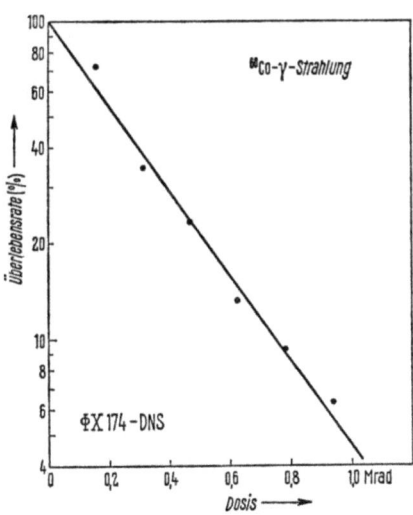

Abb. 79. Inaktivierung von gefriergetrockneter infektiöser ΦX 174-DNS im Vakuum durch ^{60}Co-γ-Strahlen. (Jung, 1968)

tragung einer mittleren Energie von 60 eV verbunden ist (vgl. Kap. 4.4), führt bereits dazu, daß keine intakten Phagen mehr gebildet werden können, also zur Zerstörung der Infektiosität.

Nach Blok (1967) enthalten 25 bis 50% der in Lösung inaktivierten ΦX-DNS-Moleküle einen Bruch in der Polynucleotidkette. Aus diesem Verhältnis und dem Energieaufwand pro Inaktivierung berechnet sich ein G-Wert für einen DNS-Bruch von 0,4 bis 0,8. Damit ergibt sich eine gute Übereinstimmung mit den Befunden in Kap. 10.4, wonach die bei der Bestrahlung in Lösung oder im Trockenen erhaltenen G-Werte für den Bruch eines Einzelstranges übereinstimmend zwischen 0,3 und 0,8 liegen. Daß durch einen DNS-Bruch, der das zirkulare ΦX-Genom in eine lineare Struktur überführt, die Infektiosität verloren geht, konnte auch direkt an Experimenten mit DN-ase gezeigt werden (Fiers u. Sinsheimer, 1962). Die verbleibenden 50—70% der Strahleninaktivierung dürften auf Basenschädigungen beruhen. Da in Lösung 20 bis 40% der Radikalangriffe am Zucker und 60—80% an den Basen erfolgen (vgl. Kap. 10.3), könnte man erwarten, daß annähernd jede Basenveränderung zur Inaktivierung führt. Allerdings ist diese Frage noch nicht eindeutig beantwortet, da in einigen Fällen auch schon bis zu 10 veränderte Basen pro inaktiviertem ΦX-DNS-Molekül gefunden wurden (vgl. Blok, 1967).

11.3. Transformation

Die Transformationsfähigkeit gehört zu den klassischen Beweisen dafür, daß die DNS Trägerin der biologischen Erbinformation ist. Sie wurde von Griffith (1928) bei den Pneumokokken entdeckt und in der Zwischenzeit auch an einigen weiteren Bakterienarten beobachtet (z. B. Haemophilus influenzae und Bacillus subtilis), aber keineswegs bei allen (vgl. Übersichtsartikel von Ravin, 1961). Bei der Transformation werden von sog. „kompetenten" Bakterien spezifische DNS-Bruchstücke aus dem Milieu aufgenommen und die darin enthaltene genetische Information durch Rekombination auf das Bakterien-Chromosom übertragen und anschließend auch weitervererbt. Zum Nachweis der Transformation extrahiert man DNS aus Bakterien, die eine bestimmte genetische Eigenschaft („Marker") besitzen, wie etwa die Resistenz gegen Streptomycin. Diese transformierende DNS wird anschließend mit Mutanten der gleichen Bakterienart, die den betreffenden Marker nicht besitzen, inkubiert. Danach untersucht man die Koloniebildung auf einem Nährboden bei einer bestimmten Streptomycin-Konzentration, wobei nur solche Bakterien Kolonien bilden, die durch Transformation ihre Streptomycin-Resistenz erworben haben. Neben den diversen Antibiotica-resistenten Mutanten sind auch solche für Transformationsversuche geeignet, die einen bestimmten Syntheseschritt nicht ausführen können und somit die betreffende Substanz im Nährmedium für ihr Wachstum benötigen (auxotrophe Mutanten).

Der strahlenbiologische Transformationstest besteht darin, die transformierende DNS — früher sagte man „transformierendes Prinzip" — zu bestrahlen und die Zahl der transformierten Zellen in einer bestimmten Population als Funktion der Dosis auszuzählen. Da ionisierende Strahlen und UV-Licht die transformierende DNS auf verschiedene Weise inaktivieren, wollen wir beide Strahlenarten getrennt besprechen.

a) Ionisierende Strahlung

Werden Sporen oder vegetative Zellen von B. subtilis mit γ-Strahlung oder Elektronen bestrahlt und die daraus extrahierte DNS mit Indol-bedürftigen Zellen inkubiert, so nimmt die Transformationshäufigkeit des Indol-Markers exponentiell mit der Dosis ab (Abb. 80).

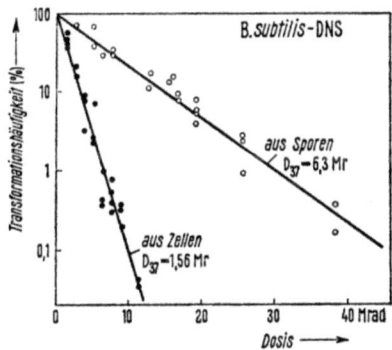

Abb. 80. Inaktivierung von transformierender DNS von Bacillus subtilis durch Bestrahlung von vegetativen Zellen bzw. trockenen Sporen mit 1 MeV-Elektronen. (Tanooka u. Hutchinson, 1965)

In vegetativen Zellen ($D_{37} = 1{,}56$ Mrad) ist dabei die DNS 4mal strahlenempfindlicher als in trockenen anaerob bestrahlten Sporen ($D_{37} = 6{,}3$ Mrad). Diese erhöhte Empfindlichkeit könnte auf den Angriff der in feuchten Zellen erzeugten Wasserradikale zurückzuführen sein (vgl. Kap. 6.3); außerdem ist ein Beitrag des Sauerstoffs zur Inaktivierung in den vegetativen Zellen nicht auszuschließen. Führt man andererseits mit den bestrahlten Zellen bzw. Sporen einen Kolonietest durch, so findet man D_{37}-Werte von 27 krad bzw. 115 krad (Tanooka u. Hutchinson, 1965). Auch hier unterscheiden sich die beiden Strahlenempfindlichkeiten um einen Faktor 4; insgesamt allerdings ist die Transformation etwa 60mal unempfindlicher als die Koloniebildung. Damit liegt nahe anzunehmen, daß im Falle der Transformation nur ein kleiner DNS-Abschnitt, etwa die Größe des transformierenden Markers, strahlenempfindliches Target ist. Aus der D_{37} von 6,3 Mrad errechnet man für den Indol-Marker von B. subtilis ein Treffbereichs-Molekulargewicht von etwa 100 000.

Indessen ist es nicht die Regel, daß man bei Transformationsexperimenten exponentielle Dosis-Effekt-Kurven erhält. Wie Abb. 81 zeigt, nimmt bei der Bestrahlung trockener isolierter DNS durch 10 MeV-Protonen die Transformation zunächst rasch ab, um bei höheren Dosen in einen exponentiellen Teil einzumünden. Ein ähnliches Verhalten findet man auch bei anderen Markern und verschiedenen Strahlenarten (Guild u. Defilippes, 1957; Lerman u. Tolmach, 1959). Die von vielen

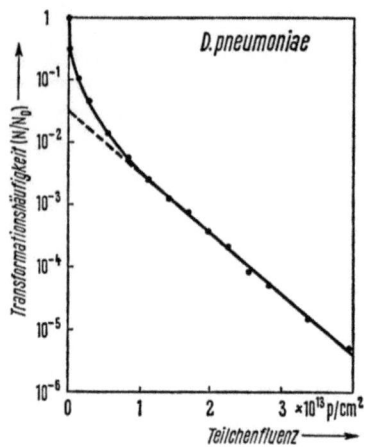

Abb. 81. Inaktivierung von trockener transformierender DNS von Diplococcus pneumoniae durch 10 MeV-Protonen. (Guild u. Defilippes, 1957)

Autoren gepflegte Auswertung des exponentiellen Teils solcher Transformationskurven nach Gl. (5.5) liefert zumeist MG_T-Werte von ca. $2 \cdot 10^6$ Dalton, also etwa die Größe eines Markers (Guild und Defilippes, 1957; Hutchinson, 1962). Im Hinblick auf die Bedeutung strahleninduzierter Doppelstrangbrüche wäre jedoch zu erwägen, ob man diese Auswertung nicht durch eine Betrachtungsweise ersetzen sollte, die die Abhängigkeit der Transformationswahrscheinlichkeit von der Länge der transformierenden DNS-Moleküle berücksichtigt (Cato und Guild, 1968).

b) UV-Licht

Anders ist die Situation bei Einwirkung von ultraviolettem Licht. Zunächst ist interessant, daß es z. B. Marker gibt, die zwar gegenüber der Einwirkung von Röntgenstrahlen, Hitze, Chemikalien und DN-ase gleiche Empfindlichkeit aufweisen, sich in ihrer Sensibilität gegen UV-Licht aber um einen Faktor 5 bis 10 unterscheiden (Lerman u. Tolmach, 1959). Weiter beobachtet man, daß die Neigung der UV-Transformationskurven mit zunehmender Dosis kontinuierlich geringer wird, also nicht, wie im Falle der ionisierenden Strahlung, asymptotisch in einen exponentiellen Verlauf übergeht. Die UV-Kurven lassen sich, wie Rupert u. Goodgal (1960) gezeigt haben, durch die Formel

$$N/N_0 = 1/(1+kD)^2 \qquad (11.1)$$

beschreiben. Hieraus folgt, daß man eine durch 1 gehende Gerade erhält, wenn man $\sqrt{N_0/N}$ über der UV-Dosis aufträgt. Dies ist tatsächlich der Fall, wie Abb. 82 am Beispiel der Transformation der Cathomycin- bzw. Streptomycin-Resistenz bei Haemophilus influenzae zeigt. Diese Auftragung hat den Vorteil, daß Empfindlichkeitsunterschiede zwischen zwei Markern, die bei logarithmischer Auftragung von der Dosis abhängen, durch den Faktor k quantitativ angegeben werden können.

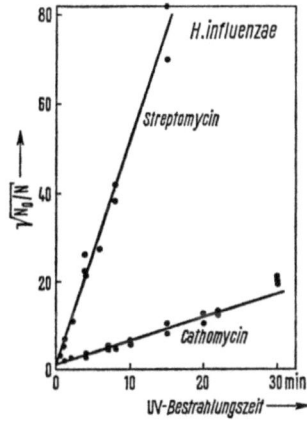

Abb. 82. Inaktivierung des Streptomycin- und Cathomycin-Markers von transformierender DNS aus Haemophilus influenzae durch UV-Licht von 2537 Å Wellenlänge. (Rupert u. Goodgal, 1960)

Theoretischer Ansatz: Es erhebt sich nun die Frage, durch welche Modell-Vorstellung diese ungewöhnliche Dosis-Abhängigkeit einer Strahlenwirkung, die uns im Verlauf der vergangenen zehn Kapitel noch nicht begegnet ist, beschrieben werden kann. Dies ist um so notwendiger, als auch bei Einwirkung von Hitze, Stickstoff-Lost, Hydrazin, Hydroxylamin, Dimethylsulfat, salpetriger Säure und DN-ase auf transformierende DNS ähnliche Dosis-Effekt-Kurven beobachtet werden (Lerman u. Tolmach, 1959; Bresler et al., 1967). Ein Ansatz zur Lösung dieses Problems wurde von Bresler u. Mitarb. (1967) mitgeteilt. Der Grundgedanke ihrer Theorie besteht darin, nicht den betreffenden Marker, sondern zunächst das ganze DNS-Molekül als empfindlichen Treffbereich anzusehen. Die Abnahme der Strahlenempfindlichkeit mit steigender Dosis, die aus der Krümmung der Dosis-Wirkungskurve zu ersehen ist, wird mit einer Verkürzung der wirksamen Rekombinationsstrecke infolge der statistisch verteilten Strahlenschäden erklärt. Diese Annahme ist insofern berechtigt, als bei der Untersuchung der gleichzeitigen Transformation zweier eng benachbarter Marker die Zahl der simultan transformierten Zellen etwa gleich derjenigen der einfach transformierten ist. Das Schema der Rekombination zwischen dem transformierenden DNS-Stück und dem Bakterien-Chromosom ist auf Abb. 83 wiedergegeben. In unbestrahltem Zustand führt jede Rekombination, die den Marker M^+ mit einschließt, zu einer erfolgreichen

Transformation (Abb. 83; A und C). Keine Transformation soll erfolgen, wenn die Rekombination einen Strahlenschaden mit einschließt, weil dadurch eine Art Letalmutation entsteht (B). Wird mit zunehmender Dosis die Zahl der Schäden auf dem DNS-Molekül erhöht, so verringert sich die Zahl der Rekombinationsmöglichkeiten, die zu einer erfolgreichen Transformation führen.

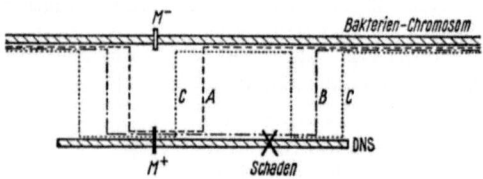

Abb. 83. Schema der genetischen Rekombination zwischen einem transformierenden DNS-Molekül mit dem Marker M^+ und einem Bakterien-Chromosom, das in dem betreffenden Marker defekt ist (M^-). (Nach Bresler et al., 1967)

Wenn nun die Rekombination ein sehr seltenes Ereignis darstellt, dann hat man als Treffbereich die Verteilung der Entfernungen vom Marker zu dem nächstgelegenen Schaden anzusehen. Die Rekombinationswahrscheinlichkeit ist dabei proportional zu dieser Verteilung. (Unter dieser Voraussetzung wurde die Theorie 1964 von Bresler et al. durchgerechnet). Wenn die Rekombination aber relativ häufig auftritt, was bei den hier diskutierten Bakterien der Fall ist, dann findet auch eine Transformation statt, wenn die Rekombination sowohl vor als auch hinter einem Strahlenschaden erfolgt (Abb. 83, Beispiel C). In diesem Fall wird die Rekombinationswahrscheinlichkeit (W) durch den Ausdruck von Haldane (1919) als Funktion der Rekombinationslänge l beschrieben:

$$W(l) = \frac{1}{2}(1 - e^{-2\omega l}). \qquad (11.2)$$

Rechnet man die Transformationsrate nach den genannten Voraussetzungen aus, dann ergibt sich nach längerer Rechnung (siehe Bresler et al., 1967) angenähert:

$$N/N_0 = 1 \Big/ \Big(1 + \frac{z}{2\omega L}\Big)^2. \qquad (11.3)$$

L ist dabei die mittlere Länge der transformierenden DNS-Moleküle, z die mittlere Zahl der Schäden pro Molekül und $1/\omega$ die genetische Längeneinheit. Da z natürlich proportional zur Dosis ist, entspricht diese Formel genau dem von Rupert u. Goodgal (1960) empirisch postulierten Ausdruck (11.1).

Wendet man die Theorie von Bresler et al. auf gekoppelte Marker an, die auf dem DNS-Molekül genügend weit auseinander liegen, dann ist zu erwarten, daß die Transformationsrate gemäß

$$N/N_0 = 1/(1 + kD)^4 \qquad (11.4)$$

von der Dosis abhängt. Dies konnte von Rupert (1968) für zwei Paare von gekoppelten Markern bei Haemophilus influenzae nachgewiesen werden, wobei jeder Marker für sich nach Gl. (11.1) seine Transformationsfähigkeit verlor.

Über die *Art der Schäden*, die zum Verlust der Transformationsfähigkeit führen, ist noch wenig bekannt. Dies gilt besonders für die ionisierende Bestrahlung. Lediglich im Falle der UV-Bestrahlung weiß man, daß ein Teil der Inaktivierung transformierender DNS auf die Bildung von Thymin-Dimeren zurückgeht. Wie in Kap. 10.3 bereits erwähnt, werden die Dimere bei 2800 Å mit großer Ausbeute gebildet, während bei 2400 Å ihre Spaltung begünstigt wird. Ganz entsprechend werden in Abb. 84 die beiden Marker für Streptomycin- und Cathomycin-Resistenz von H. influenzae bei 2800 Å nach der bekannten Dosis-Wirkungskurve inaktiviert. Wenn man jedoch nach verschiedenen Dosen eine zweite Bestrahlung bei 2400 Å vornimmt, so steigt die Transformationsrate als Folge der Spaltung eines Teiles der Thymin-Dimere wieder an. Allerdings wird nicht die gesamte Inaktivierung durch UV-induzierte Thymin-Dimere verursacht (vgl. Kap. 10.3).

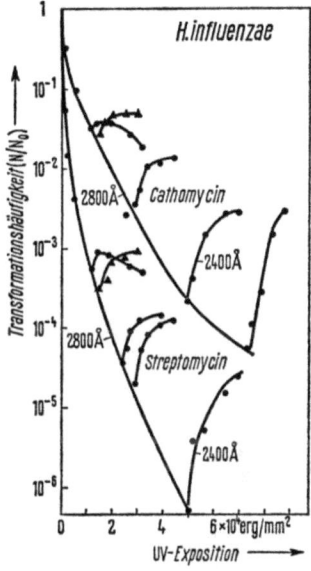

Abb. 84. Inaktivierung des Streptomycin- und Cathomycin-Markers von transformierender DNS aus Haemophilus influenzae durch UV-Licht von 2800 Å Wellenlänge und „Reaktivierung" durch eine nachfolgende Bestrahlung bei 2400 Å. (Setlow u. Setlow, 1962)

11.4. Matrizen-Funktion

Wie bereits in Kap. 11.1 erwähnt, kann man mit DNS als Matrize die Synthese neuer DNS (Replikation) bzw. von Messenger-RNS (Transkription) in vitro ablaufen lassen. Zur Messung dieser sog. „Matrizen-Funktion" (priming-ability) verwendet man bestrahlte DNS als Matrize oder „primer" und inkubiert sie mit DNS- bzw. RNS-Polymerasen und den entsprechenden Nucleosid-Triphosphaten. Im allgemeinen markiert man dabei die Triphosphate mit ^3H, ^{14}C oder ^{32}P und studiert ihre Überführung in Säure-unlösliche Nucleinsäure. Einen solchen Test führte Harrington (1964) durch, und zwar sowohl für das DNS- als auch für das RNS-Polymerase-System. In beiden Fällen ergaben sich nach ionisierender Bestrahlung der Matrizen-DNS in stark verdünnter Lösung gekrümmte Dosis-Effekt-Kurven (Abb. 85), die einen ähnlichen Verlauf aufweisen, wie diejenigen, die man bei Transformationsexperimenten erhält. Dabei ist besonders bemerkenswert, daß die Matrizen-Funktion der bestrahlten Thymus-DNS für die DNS-Synthese etwa 40mal strahlenempfindlicher ist als für die RNS-Synthese.

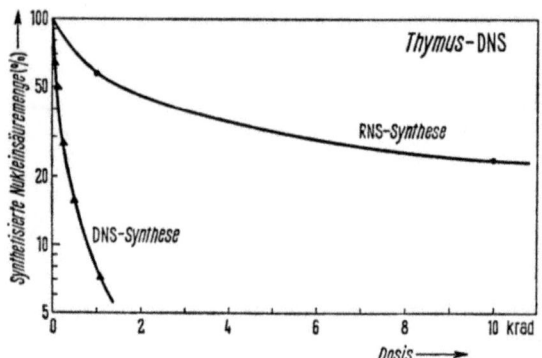

Abb. 85. Inaktivierung der Matrizen-Funktion von Kalbsthymus-DNS für die DNS- bzw. RNS-Synthese durch Bestrahlung in Phosphatpuffer (0,05 mg/ml) mit ^{60}Co-γ-Strahlen. (Nach Harrington, 1964)

Diese unterschiedliche Empfindlichkeit der beiden Prozesse ist verständlich, wenn man in Betracht zieht, daß bei der DNS-Synthese das gesamte Molekül durchgehend abgelesen wird, während die RNS-Synthese abschnittsweise erfolgt; damit ist der Treffbereich für das DNS-Polymerase-System wesentlich größer als der für die RNS-Synthese.

Die Krümmung der erhaltenen Dosis-Wirkungskurven kann durch drei Mechanismen erklärt werden:

1. Es liegen unterschiedlich große Treffbereiche vor, was nach der inhomogenen Molekulargewichtsverteilung der synthetisierten mRNS (vgl. Kap. 11.1) eine mit der Realität durchaus zu vereinbarende Vorstellung ist. Da bei kleinen Dosen vorwiegend die großen DNS-Abschnitte inaktiviert werden, verläuft die Dosis-Wirkungskurve anfänglich steil und wird mit fortschreitender Inaktivierung flacher (vgl. Abb. 6).

2. Durch die Bestrahlung werden neue Bindungsstellen für die Polymerase geschaffen, von denen aber keine RNS-Synthese ausgeht (Weiss u. Wheeler, 1967). Angenommen, auf der unbestrahlten DNS gäbe es n natürliche Startpunkte, und durch Bestrahlung werden r neue Bindungsstellen erzeugt. Da nur von den ursprünglichen Startstellen aus eine Synthese von mRNS erfolgt, wird durch Bestrahlung die Menge M an mRNS gegenüber einer unbestrahlten Kontrolle (M_0) im Verhältnis der auf der DNS vorhandenen Acceptorstellen für das Enzym abnehmen:

$$M/M_0 = n/(n+r) . \tag{11.5}$$

Da r proportional zur Dosis gesetzt werden kann, ergibt sich hieraus mit Hilfe einer geeigneten Konstanten k:

$$M/M_0 = 1/(1+kD) .\tag{11.6}$$

Trägt man also M_0/M über der Dosis auf, so sollte dies zu einer linearen Beziehung führen. Wir kommen hierauf gleich noch zu sprechen.

3. Eine dritte Möglichkeit diskutieren Hagen u. Mitarb. (1969). Danach wird durch die Strahlung die Zahl der Startstellen nicht nennenswert verändert; es werden vielmehr Schäden auf der DNS induziert, an denen die RNS-Synthese zum Stillstand kommt. Durch eine der Theorie von Bresler et al. (1964) ähnliche Betrachtung kommen Hagen u. Mitarb. (1969) zu dem Resultat, daß die relative Matrizen-Funktion der DNS gemäß Gl. (11.1) mit der Dosis abnehmen sollte: Das heißt, bei Auftragung von M_0/M ergibt sich eine quadratische Beziehung. Der auf Abb. 86 durchgeführte Vergleich zeigt, daß die Meßpunkte (Hagen et al., 1969) sowohl durch eine lineare Beziehung als auch durch einen in D quadratischen Ausdruck beschrieben werden können. Damit gestattet diese formale Analyse der Dosis-Effekt-Kurven keine Entscheidung zwischen den beiden zur Diskussion stehenden Mechanismen 2 und 3.

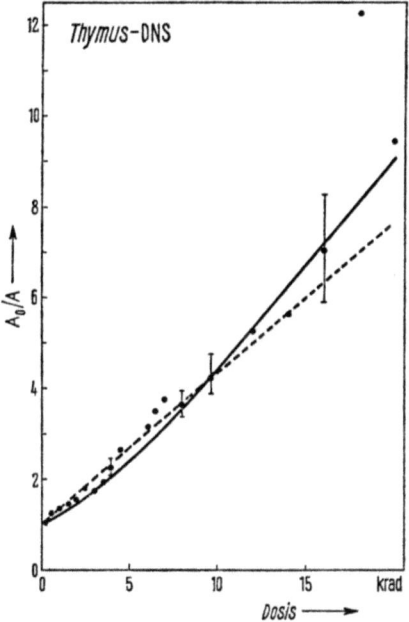

Abb. 86. Inaktivierung der Matrizen-Funktion von Kalbsthymus-DNS für die RNS-Synthese durch Bestrahlung in wäßriger Lösung (0,5 mg/ml) mit ^{60}Co-γ-Strahlen. ——— Beschreibung der Meßpunkte durch Gl. (11.1); --------- Beschreibung der Meßpunkte durch Gl. (11.6). (Hagen et al., 1969)

Um zu entscheiden, welcher der verschiedenen Mechanismen wesentlich zur Inaktivierung der Matrizen-Funktion beiträgt, wurde die an der bestrahlten DNS synthetisierte RNS näher untersucht sowie die Bindungsfähigkeit des Enzyms an die bestrahlte DNS bestimmt. Wie Abb. 87 a deutlich zeigt, nimmt die Länge der synthetisierten RNS-

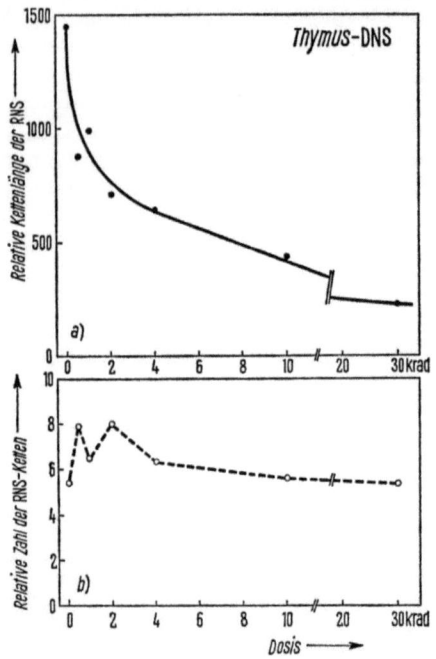

Abb. 87 a u. b. Länge und Zahl der an bestrahlter Thymus-DNS synthetisierten RNS-Moleküle. a Relative Kettenlänge der RNS bestimmt aus dem Verhältnis von inkorporiertem [8-^{14}C]-AMP zu [γ-^{32}P]-ATP. b Relative Zahl der synthetisierten RNS-Ketten bestimmt aus dem Einbau von [γ-^{32}P]-ATP in die RNS. (Hagen et al., 1969)

Ketten etwa in der gleichen Weise ab wie die Gesamtmenge der neu gebildeten RNS (vgl. Abb. 85). Dagegen wird die Zahl der Kettenanfänge durch Bestrahlung nur geringfügig beeinflußt (Abb. 87 b). Die Strahlenschäden auf der Matrizen-DNS verändern somit den Synthesevorgang dahingehend, daß nicht mehr die gesamte Strecke zwischen den Start- und Stoppstellen transkribiert wird, sondern nur noch der Abschnitt vom Startpunkt bis zur nächstgelegenen kritischen Läsion. Allerdings spielen auch die beiden anderen Mechanismen bei der Inaktivierung der Matrizen-Funktion eine gewisse Rolle. So konnte bei der Sedimentation der RNS im Saccharosegradienten gezeigt werden, daß zu Bestrahlungsbeginn die großen RNS-Moleküle prozentual schneller abnehmen als die kleinen. Dies würde die Erklärung 1 stützen. Ferner konnte gezeigt werden, daß hochbestrahlte DNS eine erhöhte Bindungsfähigkeit gegenüber der RNS-Polymerase besitzt, was für die Möglichkeit 2 spricht (Kröger u. Schuchmann, 1966). Dieser Effekt trägt jedoch nur wenig zur Inaktivierung der DNS-Funktion im Bereich kleiner Dosen bei.

Welches ist nun die *Natur der kritischen Läsionen?* Prinzipiell könnten Doppelbrüche, Einzelbrüche, Basenschäden oder Veränderungen der Wasserstoffbrücken die RNS-Synthese blockieren. Hinweise auf die kritischen Läsionen gibt nun ein Vergleich der Matrizen-Funktion verschiedener DNS-Präparate mit ihrem Molekulargewicht (Abb. 88). Die

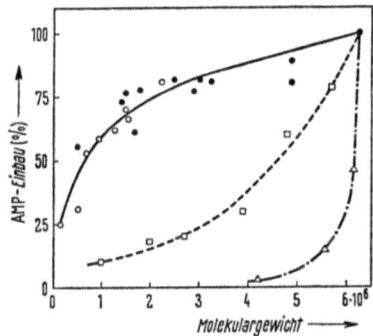

Abb. 88. Matrizen-Funktion (AMP-Einbau in die RNS) von Kalbsthymus-DNS in Abhängigkeit von ihrem Molekulargewicht nach Einwirkung verschiedener Agenzien. ☐ ^{60}Co-γ-Strahlung; △ UV-Licht; ● DN-ase I; ○ Ultraschall. (Hagen et al., 1969)

DNS-Präparate wurden dabei mit γ-Strahlen und UV bestrahlt sowie mit DN-ase und Ultraschall degradiert. Diese auf den ersten Blick ungewöhnliche Auftragung ermöglicht zunächst direkt die Abschätzung der Wirksamkeit von Doppelstrangbrüchen auf die Matrizen-Funktion, denn diese bewirken im Gegensatz zu anderen Strahlenschäden eine Verringerung des Molekulargewichtes. Wie Abb. 88 zeigt, gibt es offenbar keine eindeutige Korrelation zwischen der Matrizen-Funktion der Thymus-DNS und ihrem Molekulargewicht. Die Ultraschall-Degradierung der DNS führt erst bei kleinem Molekulargewicht zu einer nennenswerten Beeinträchtigung der Matrizen-Funktion, wo man bereits in der Größenordnung der genetischen Marker liegt. Damit fallen also die Doppelbrüche, wie sie durch Ultraschall-Behandlung erzeugt werden, als Schadensereignis für die Matrizen-Funktion aus. Interessanterweise liegen nun die DN-ase- und Ultraschall-Meßpunkte auf einer Kurve, obwohl die DN-ase-Degradierung auf einer Akkumulation von Einzelstrangbrüchen beruht. Hieraus folgt, daß also auch Einzelbrüche nicht zur Inaktivierung der Matrizen-Funktion führen. Andererseits ist es auch unwahrscheinlich, daß Veränderungen im Wasserstoffbrückensystem für den Verlust der Matrizen-Funktion verantwortlich sind. Denn durch Erhitzen vollständig denaturierte Thymus-DNS besitzt immer noch etwa die Hälfte der Matrizen-Aktivität eines nativen Moleküls, während bei Bestrahlung eine Abnahme bis fast auf Null erreicht werden kann. Damit bleiben nur bestimmte Basenveränderungen als potentielle Schadenstypen übrig, die bei γ-Bestrahlung zur Inaktivierung der Matrizen-Funktion führen könnten.

Für diese Anschauung spricht beispielsweise, daß, bezogen auf gleiches Molekulargewicht (Abb. 88), UV-Licht die Matrizen-Funktion von DNS besonders effektiv inaktiviert; denn UV-Licht ruft hauptsächlich Basenveränderungen hervor, entfaltet aber nur eine geringe Wirksamkeit hinsichtlich der Erzeugung von Brüchen. Allerdings ist damit die Frage nach der Natur der kritischen Läsion noch nicht völlig widerspruchsfrei beantwortet, da es auch einige experimentelle Befunde gibt (zusammengestellt bei Weiss u. Wheeler, 1967), die gegen die Anschauung sprechen, Basenschäden seien die kritischen Läsionen bei der Strahleninaktivierung der DNS-Matrizen-Funktion.

11.5. Enzyminduktion

Der Test der Matrizen-Funktion von DNS stellt nicht die einzige Möglichkeit dar, die Inaktivierung eines Transkriptionsprozesses messend zu verfolgen. Will man den Vorgang der Transkription an einem Marker pauschal testen, so stellt die Methode der Enzyminduktion ein geeignetes Verfahren dar. Induziert man z. B. in E. coli 15 T$^-$L$^-$ die Synthese von β-Galaktosidase, so findet man nach einer Anlaufzeit von etwa 5 min einen linearen Anstieg des von den Zellen synthetisierten Enzyms (Abb. 89). Mit zunehmender Strahlendosis nimmt die Neigung

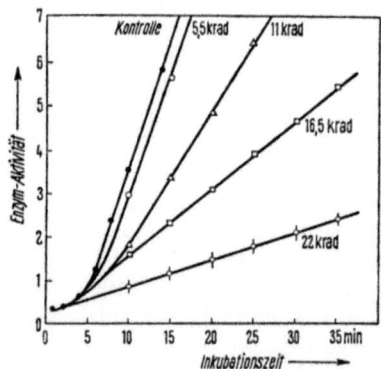

Abb. 89. Inaktivierung der in E. coli T$^-$L$^-$ induzierbaren β-Galaktosidase-Aktivität durch ^{60}Co-γ-Strahlen. Die pro Milliliter Bakterienkultur enthaltene Galaktosidase-Menge wurde zu verschiedenen Zeiten nach Induktionsbeginn bestimmt, d. h. in Abhängigkeit von der Dauer der Inkubation in $5 \cdot 10^{-4}$-molarem Thio-β-D-Galaktopyranosid. (Pollard u. Barone, 1966)

des linearen Teils der Kurven, d. h. die Menge der pro Zeiteinheit synthetisierten Galaktosidase ab. Allerdings ist bei kleinen Dosen (5,5 krad) gegenüber der unbestrahlten Kontrolle nur eine minimale Abnahme der Syntheserate festzustellen, so daß sich bezüglich der Syntheserate pro Zeiteinheit eine Dosis-Effekt-Kurve mit einer ausgeprägten Schulter ergibt. Bei der hier getesteten Abnahme der Enzym-Produktion handelt es sich wahrscheinlich um die Folge eines gestörten Transkriptionsvorganges; denn wie wir im nächsten Abschnitt noch sehen werden, sind die späteren Schritte auf dem Weg zur Enzymsynthese, d. h. die eigentlichen Schritte der Translation, wesentlich strahlenresistenter als die Enzyminduktion. Dieser Befund wird durch die Experimente von Pauly (1963) unterstrichen, die ergaben, daß bei Bestrahlung von Bacterium cadaveris die Geschwindigkeit von Protein-, Enzym- und RNS-Synthese exponentiell mit der Dosis abnehmen, wobei die D_{37} für die drei getesteten Funktionen praktisch gleich ist und etwa 30 krad beträgt. Daraus kann man schließen, daß durch die Strahleneinwirkung primär die RNS-Synthese blockiert wird, während die Hemmung der Proteinsynthese einen davon abhängenden sekundären Effekt darstellt.

11.6. DNS-mRNS-Hybride

Eine weitere Eigenschaft der DNS, die ebenfalls in den Funktionskomplex der Transkription gehört, ist ihre Fähigkeit, Hybride mit der entsprechenden Matrizen-RNS zu bilden. Allerdings ist uns erst eine Untersuchung zu diesem Punkt bekanntgeworden: Robev u. Marinova (1967) mischten bestrahlte DNS von E. coli B mit ^{32}P-markierter mRNS von E. coli B und bestimmten im Anschluß an eine 3½stündige Inkubation bei 78 °C den Prozentsatz der Hybrid-Komplexe nach alkalischer Hydrolyse und chromatographischer Trennung der Ribonucleotide. Wie Abb. 90 zeigt, ist bei kleinen Dosen nur eine relativ

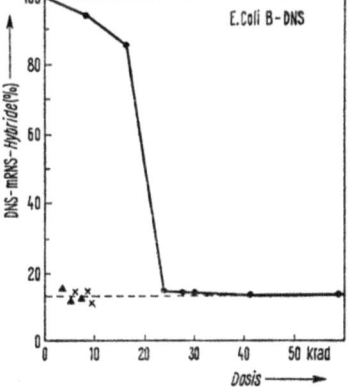

Abb. 90. Verhinderung der Bildung von DNS-mRNS-Hybriden durch Bestrahlung der DNS aus E. coli B in wäßriger Lösung (1,2 mg/ml) mit Röntgenstrahlen. ● Bestrahlte DNS von E. coli B + mRNS von E. coli B, Hybridisierung durch 3½stündige Inkubation bei 78° C; ▲ DNS von E. coli B + mRNS von E. coli B ohne Inkubation; x DNS von B. subtilis + mRNS von E. coli B mit Inkubation. (Robev u. Marinova, 1967)

geringe Wirkung festzustellen, jedoch bricht oberhalb von 20 krad die Hybridisierung innerhalb eines relativ kleinen Dosisbereichs völlig zusammen. Nur eine geringe Hybridisierung erhält man erwartungsgemäß, wenn man die beiden Nucleinsäuren nicht inkubiert oder wenn man DNS von B. subtilis mit mRNS von E. coli zu hybridisieren versucht. Die Form der Dosis-Effekt-Kurve legt die Erklärung nahe, daß die mRNS die DNS auch dann noch als „komplementär" anerkennt, wenn sie bereits mehrere strahleninduzierte Veränderungen aufweist. Bei hohen Dosen wird aber durch Akkumulation von Schäden ein kritischer Punkt erreicht, von dem ab die Hybridisierung nicht mehr möglich ist.

11.7. Translation

In diesem Abschnitt wollen wir uns einen Überblick verschaffen über die Strahlenempfindlichkeit derjenigen Nucleinsäure-Funktionen, die an der Translation, also an der Übersetzung der Information vom System Nucleinsäure auf das System Protein beteiligt sind. Hierzu gehören die Funktionen der mRNS, der Transfer-RNS (tRNS) und der Ribosomen.

a) Matrizen-RNS

Zum Test der mRNS-Funktion kann man ein ähnliches Experiment durchführen, wie im Falle der Enzyminduktion; allerdings mit einem Unterschied: man induziert erst die Galaktosidase-Produktion, läßt also eine große Zahl von mRNS-Molekülen entstehen und bestrahlt dann die induzierte Zelle. Dieser Versuch wurde ebenfalls von Pollard u. Barone (1966) durchgeführt, aber es konnte bis zu einer Dosis von 12 krad keine Beeinträchtigung der Enzym-Produktion festgestellt werden. Dies ist aber auch nicht verwunderlich, denn die mRNS-Moleküle repräsentieren mit ihren Molekulargewichten zwischen 10^5 und 10^6 Dalton relativ kleine Treffbereiche und sind deshalb entsprechend strahlenresistent, so daß bei 12 krad und einer mittleren Trefferenergie von 60 eV nur eine Inaktivierung zwischen 0,2 und 2% zu erwarten ist. Diese Art von Experimenten zeigt demnach deutlich, daß die Verringerung der Enzym-Produktion, die man bei Bestrahlung der Bakterien vor der Induktion erhält, nicht von einer Veränderung der mRNS oder der Folgeschritte der Translation herrührt, sondern von einer Schädigung im Bereich der Transkription.

b) Transfer-RNS

Bei der Transfer-RNS handelt es sich um relativ kleine RNS-Moleküle, die aus etwa 70 Nucleotiden bestehen und deren Molekulargewicht etwa 25 000 beträgt. Ihre Funktion besteht darin, eine Aminosäure zu binden und an den Ribosomen deren Einbau an der richtigen Stelle innerhalb eines Proteins zu bewirken. Die Bindungsfähigkeit der tRNS kann man dadurch testen, daß man radioaktiv markierte Aminosäuren in vitro mit sog. „löslicher RNS" (tRNS) aus Hefe inkubiert, die RNS nach einigen Minuten ausfällt und die Menge der gebundenen Aminosäuren in der säureunlöslichen Fraktion bestimmt. Wird die Transfer-RNS in trockenem Zustand bei $-80\,°C$ mit 1 MeV-Elektronen bestrahlt, so verringert sich ihre Kapazität zur Bindung der verschiedenen Aminosäuren exponentiell mit der Dosis (Fawaz-Estrup u. Setlow, 1964). Allerdings ist die Neigung der Dosis-Wirkungskurven für die einzelnen Aminosäuren und damit für die verschiedenen Arten von Transfer-RNS verschieden. Die aus den 37%-Dosen nach Gl. (5.5) bestimmten Treffbereichs-Molekulargewichte liegen je nach Aminosäure zwischen 6500 und 23 000 (Tab. 14) und damit durchaus in der Größen-

Tabelle 14. *37%-Dosen für die Inaktivierung der Fähigkeit von Transfer-RNS zur Bindung verschiedener Aminosäuren und die daraus berechneten Treffbereichs-Molekulargewichte* MG_T. (Nach Fawaz-Estrup u. Setlow, 1964)

Aminosäure-tRNS-Komplex	D_{37} [Mrad]	MG_T
Valin	86	6 500
Methionin	62	9 500
Prolin	58	10 000
Isoleucin	46	12 500
Alanin	43	13 500
Leucin	25	23 000

ordnung der realen Werte. Die Absorption einer Strahlenenergie von 50 bis 200 eV führt also fast in jedem Fall zum Verlust der Fähigkeit der verschiedenen Arten von tRNS, ihre spezifischen Aminosäuren zu binden.

c) Ribosomen

Der letzte Reaktionsschritt bei der Translation erfolgt an cytoplasmatischen Ribonucleoprotein-Partikeln, den sog. Ribosomen. In E. coli hat die funktionsfähige Partikel eine Sedimentationskonstante von 70 S und ein Molekulargewicht von $2,6 \cdot 10^6$ Dalton. Durch Verringerung der Magnesiumionen-Konzentration können die Ribosomen in zwei Untereinheiten mit Sedimentationskonstanten von 50 S und 30 S dissoziiert werden. Bei der Proteinsynthese heftet sich die Transfer-RNS an das 50 S-Teilchen und die Matrizen-RNS an das 30 S-Teilchen an. Zum Test der ribosomalen Aktivität kann folgendes Experiment durchgeführt werden: Man extrahiert Ribosomen aus E. coli und bringt sie nach mehrfacher Reinigung in ein geeignetes in vitro-System, das Polyuridylsäure als mRNS enthält. Das Codon, das bei der Aufklärung des genetischen Code als erstes bestimmt wurde, war UUU, also eine Sequenz von 3 Uracil-Molekülen, wodurch die Aminosäure Phenylalanin codiert wird. Damit veranlaßt also Poly-U die Synthese von

Polyphenylalanin, vorausgesetzt, es sind tRNS und Phenylalanin in der Reaktionslösung zugegen. Werden gefriergetrocknete Ribosomen mit Co-γ-Strahlung bestrahlt, so verringert sich ihre Aktivität und damit die Menge des pro Zeiteinheit synthetisierten Polyphenylalanins exponentiell mit der Dosis (Abb. 91). Die D_{37} beträgt 270 krad, woraus sich

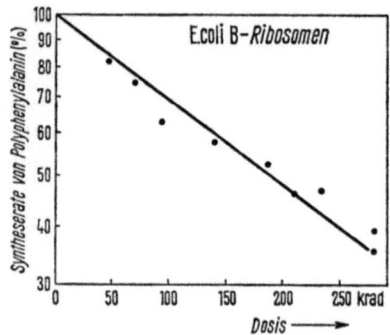

Abb. 91. Inaktivierung von gefriergetrockneten Ribosomen von E. coli B durch ^{60}Co-γ-Strahlung; weitere Erläuterungen im Text. (Kućan, 1966)

nach Gl. (5.5) ein treffertheoretisches Molekulargewicht von $2,2 \cdot 10^6$ errechnet. Dieser Wert stimmt mit dem realen Molekulargewicht der 70 S-Partikel von $2,6 \cdot 10^6$ recht gut überein; d. h. auch ein Ribosom wird durch ein einziges Energieverlust-Ereignis von 60 eV mit einer Wahrscheinlichkeit von etwa 1 inaktiviert. Im Hinblick darauf, daß beide Untereinheiten des Ribosoms bei der Proteinsynthese wirksam sind, ist es nicht unplausibel, daß die Veränderung einer Untereinheit die Funktionsfähigkeit des gesamten Komplexes zerstört.

Damit haben wir die wichtigsten Nucleinsäure-Funktionen und ihre Inaktivierung durch ionisierende Strahlen diskutiert. Es ergab sich dabei, daß die an der Translation beteiligten Komponenten infolge ihrer kleineren Molekulargewichte wesentlich strahlenresistenter sind als die Funktionen der Transkription und Replikation. Von den beiden letzteren ist die RNS-Synthese wiederum resistenter als die DNS-Synthese, was ebenfalls auf die Größe der transkribierten Molekül-Abschnitte zurückgeführt werden kann. Wir müssen daraus schließen, daß die strahleninduzierte Störung der DNS-Replikation das kritische Ereignis ist, das in erster Linie zum reproduktiven Tod, beispielsweise zur Inaktivierung eines Bakteriums, führt. Diese Folgerung, daß die DNS der wichtigste strahlenempfindliche Trefferbereich in Viren und Zellen darstellt, wird in den beiden folgenden Kapiteln noch durch zahlreiche weitere Beispiele belegt werden. Allerdings besteht ebenfalls die Möglichkeit, daß in speziellen Einzelfällen auch die Transkription einen meßbaren Beitrag zur Strahlenschädigung von cellulären Systemen leistet.

Im Verlauf dieses Kapitels hat sich wiederum deutlich gezeigt, daß die Registrierung von Dosis-Effekt-Kurven keineswegs von der Aufgabe entbindet, durch physiko-chemische Messungen das inaktivierende Ereignis als solches zu erschließen. Gerade dieses Kapitel, das besonders reich an den verschiedenartigsten und nicht eindeutig zu interpretierenden Dosis-Effekt-Kurven war, dürfte den Eindruck vermittelt haben, daß die Dosis-Wirkungsbeziehung noch nicht das „Experiment an sich" darstellt, sondern mehr als eine Art von Vorversuch angesehen werden muß, aus dem sich Hinweise auf gezielte physiko-chemische Untersuchungen gewinnen und in besonders günstigen Fällen auch Arbeitshypothesen ableiten lassen. Dann aber beginnt der wesentliche Teil der experimentellen Arbeit, nämlich durch physikalische, physiko-chemische oder chemische Messungen die einzelnen Schritte der postulierten Hypothese zu beweisen. Gar zu viele Forscher haben während der vergangenen 20 Jahre die Treffer- und Treffbereichstheorie dahingehend mißverstanden, daß sie sich mit der mathematischen Analyse ihrer Resultate begnügten, ohne die Einzelheiten der daraus abgeleiteten Folgerungen im Experiment zu prüfen, wie dies bei einer exakten Naturwissenschaft zu fordern ist. Dies führte dazu, daß in der einschlägigen Originalliteratur zahlreiche Dosis-Wirkungskurven zu finden sind, deren Informationsfähigkeit dadurch beeinträchtigt ist, daß die entsprechenden weiterführenden Experimente fehlen. Eine Aufgabe der modernen Strahlenbiologie besteht darin, die molekularen Mechanismen der Strahlenwirkung aufzuklären. Dieses Ziel ist jedoch, wie gesagt, durch Analyse von Dosis-Effekt-Kurven allein nicht zu erreichen, sondern fordert weiterführende Untersuchungen mit Hilfe der leistungsfähigen und hochentwickelten physiko-chemischen Methoden, die heute zur Verfügung stehen.

Literatur

Blok, J.: In: Radiation research. Ed. G. Silini. Amsterdam: North-Holland Publ. Co. 1967, p. 423.
Bresch, C.: Klassische und molekulare Genetik. Berlin-Heidelberg-New York: Springer 1965.
Bresler, S. E., V. L. Kalinin, and D. A. Perumov: Biopolymers 2, 135 (1964).
— — — Mutation Res. 4, 389 (1967).
Cato, A., and W. R. Guild: J. Mol. Biol. 37, 157 (1968).
Fawaz-Estrup, F., and R. B. Setlow: Radiat. Res. 22, 579 (1964).
Fiers, W., and R. L. Sinsheimer: J. Mol. Biol. 5, 424 (1962).
Griffith, F.: J. Hyg. 27, 113 (1928).
Guild, W. R., and F. M. Defilippes: Biochim. Biophys. Acta 26, 241 (1957).
Guthrie, G. D., and R. L. Sinsheimer: Biochim. Biophys. Acta 72, 290 (1963).
Hagen, U., M. Ullrich, E. E. Petersen u. H. Kröger: im Druck (1969).
Haldane, J. B. S.: J. Genetics 8, 299 (1919).
Harrington, H.: Proc. nat. Acad. Sci. (Wash.) 51, 59 (1964).
Hutchinson, F.: In: Biological effects of ionizing radiation at the molecular level. Vienna: Internat. Atomic Energy Agency 1962, p. 15.

Jung, H.: Habilitationsschrift, Universität Heidelberg 1968.
Kröger, H., u. L. Schuchmann: Biochem. Z. **346**, 191 (1966).
Kućan, Z.: Radiat. Res. **27**, 229 (1966).
Lerman, L. S., and L. J. Tolmach: Biochim. Biophys. Acta **33**, 371 (1959).
Pauly, H.: Int. J. Rad. Biol. **6**, 221 (1963).
Pollard, E. C., and T. F. Barone: Radiat. Res. Suppl. **6**, 124 (1966).
Ravin, A. W.: Adv. Genetics **10**, 61 (1961).
Robev, S., and Z. Marinova: Nature **213**, 935 (1967).
Rupert, C. S.: Photochem. Photobiol. **7**, 437 (1968).
—, u. S. H. Goodgal: Nature **185**, 556 (1960).
Setlow, R. B., and J. K. Setlow: Proc. nat. Acad. Sci. (Wash.) **48**, 1250 (1962).
Sinsheimer, R. L.: J. Mol. Biol. **1**, 43 (1959).
Tanooka, H., and F. Hutchinson: Radiat. Res. **24**, 43 (1965).
Weidel, W.: Virus und Molekularbiologie. Berlin-Heidelberg-New York: Springer 1964.
Weiss, J. J., and C. M. Wheeler: Biochim. Biophys. Acta **145**, 68 (1967).

12. Kapitel: Strahlenwirkung auf Viren

12.1. Eigenschaften der Viren

Viren sind biologische Objekte, die keinen eigenen Stoffwechsel unterhalten und sich nur mit Hilfe des genetischen und metabolischen Apparates einer Wirtszelle vermehren können. Es handelt sich also sozusagen um „Parasiten auf molekularem Niveau". Ist die Wirtszelle ein Bacterium, so spricht man von Bakteriophagen oder kurz von Phagen. Da diese Bakterien-Viren gründlicher hinsichtlich ihrer Reaktion auf ionisierende Strahlen untersucht worden sind, stammt ein großer Teil des im folgenden benutzten experimentellen Materials von Untersuchungen an Bakteriophagen.

Viren bestehen aus einer mehr oder weniger strukturierten Proteinhülle (Capsid), die den Träger der genetischen Information, d. h. irgendeinen Nucleinsäuretyp umschließt. *RNS-Viren* enthalten meist einsträngige Nucleinsäure, wenn auch einige wenige mit Doppelstrang-RNS bekannt sind. *DNS-Viren* besitzen einzel- und doppelsträngige DNS, die entweder fadenförmig oder als Ring geschlossen ist. In den Tab. 15 und 16 werden wir einige Vertreter der beiden genannten Gruppen kennenlernen. Der Vermehrungsprozeß der Viren ist die sog. *Infektion*, die entsprechend der vielfältigen Beschaffenheit der Wirtszellen bei den einzelnen Virusarten von sehr verschiedener Art sein kann. Sie beginnt mit dem *Eindringen* des Virus in die Wirtszelle. Dieses Problem, das von den verschiedenen Virusarten in mannigfaltiger Weise bewältigt wird, haben die T-Phagen der Darmflora-Bakterien Escherichia coli besonders elegant gelöst. Diese Phagen besitzen einen „Kopf", der die Nucleinsäure enthält, und einen „Schwanz", mit dessen Ende sie sich an besondere „Receptoren" in der Außenwand ihrer Wirtsbakterien festsetzen („adsorbieren"). Darauf wird durch im Schwanz befindliche Enzyme ein Loch in die Zellwand gedaut, durch das anschließend die DNS injiziert wird. Die nun beginnende *Latenzphase*, die bei den Coli-Phagen etwa 15 min dauert, ist dadurch gekennzeichnet, daß sich keine funktionsfähigen Viren in der Wirtszelle nachweisen lassen. In ihrer ersten Phase, der sog. *Eclipse*, erfolgt die Synthese der sog. *frühen Enzyme*. Sind diese Enzyme, vorwiegend Polymerasen und Nucleasen, bereitgestellt, dann beginnt die *Nucleinsäure-Synthese*. Bei den Doppelstrang-Viren verläuft dieser Vorgang semikonservativ im Sinne des Watson-Crick-Modells; bei den RNS-Viren ist er noch nicht in allen Einzelheiten aufgeklärt. Die ringförmige Einstrang-DNS des Phagen ΦX 174, die bekanntlich auch ohne Capsid sog. Protoplasten infizieren kann (vgl. Kap. 11.2), wird kurz nach dem Eindringen zu einem gleichfalls ringförmigen Doppelstrang ergänzt, der sog. replikativen Form (RF), die ebenfalls infektiös ist. Von diesen Doppelsträngen werden durch semikonservative Replikation mehrere Kopien angefertigt, die als Vorlage zur Synthese der einzelsträngigen ΦX-DNS dienen.

Wenn eine größere Anzahl von neu synthetisierten DNS-Molekülen vorhanden ist, kommt es zur Synthese des Capsidproteins und anschließend zur *Reifung der Viren*, d. h. zur Vereinigung von DNS und Capsid. Auch die Mechanismen dieses Vorgangs sind noch weitgehend unbekannt. Die *Austrittsphase* ist genau wie die Eindringphase recht vielgestaltig. Die meisten Phagen zerstören durch einen enzymatischen Prozeß die Zellwand des Wirtsbacteriums, es kommt zur *Lysis* (Zerstörung der Zelle), wobei je nach Phagenart 100—200 neue Phagen entlassen werden. Andere Viren werden einfach „ausgeschwitzt" oder bilden eine Ausstülpung in der Zellwand des Wirts und werden dann abgeschnürt, wobei die Wirtszelle intakt bleibt.

Die T-Phagen von E. coli: Strahlenbiologisch besonders ausführlich untersucht sind die 7 Phagen der T-Serie von E. coli, die alle doppelsträngige DNS besitzen. Man teilt sie gewöhnlich in 2 Klassen ein, die geradzahligen und die ungeradzahligen T-Phagen. Bei den ersteren, also bei T2, T4 und T6, ist die Vermehrung unabhängig von der Integrität des Bakterien-Genoms und es gibt Anzeichen dafür, daß dieses sogar bei der Infektion zerstört wird. Da die Phagen dieser Gruppe außerdem an Stelle der DNS-Base Cytosin das 5-Hydroxymethylcytosin enthalten, unterscheiden sie sich auch hinsichtlich der Eclipse von den ungeradzahligen T-Phagen; denn es müssen vor der DNS-Vermehrung erst die erforderlichen Enzyme synthetisiert werden, beispielsweise solche, die Cytosin in Hydroxymethylcytosin umwandeln (Hydroxymethylasen). Diese Schritte erfordern zusätzliche genetische Information, und so ist es nicht verwunderlich, daß die geradzahligen T-Phagen die 3- bis 4fache DNS-Menge der ungeradzahligen besitzen (vgl. Tab. 16). Die letzteren enthalten Cytosin und zerstören das E. coli-Genom nicht (Ausnahme: T5).

Temperente Phagen: Phagen, die sich in der genannten Weise vermehren, heißen *virulent*. Es gibt jedoch auch den Fall, daß Phagen nach dem Eindringen in den Wirt ein „friedliches Dasein" führen; es kommt zu keiner virulenten Vermehrung. Solche Phagen bezeichnet man als *temperente Phagen*, die Wirtszelle als *lysogenes Bacterium*. Der bekannteste Vertreter dieser Art ist der Phage λ, der doppelsträngige zirkulare DNS besitzt; sein Wirt ist E. coli K 12. Während des „friedlichen" Stadiums, dem *Prophagen-Stadium*, ist die λ-DNS an einer bestimmten Stelle des Coli-Genoms, nämlich in unmittelbarer Nähe des Galactose-Markers „gal" (vgl. Abb. 113) angeheftet, wird vom Bacterium mitrepliziert und sogar bei der Teilung auf alle Tochterzellen weitervererbt. Der Prophage kann jedoch jederzeit, beispielsweise durch

UV-Bestrahlung, „induziert" werden, d. h. er wird virulent und lysiert die Zelle. Infizieren Nachkommen induzierter λ-Prophagen neue lysogene Coli-Zellen, so beobachtet man, daß sie häufig die „gal"-Information des ursprünglichen Wirts auf die neue Wirtszelle übertragen, oder wie man sagt, „*transduzieren*". Angesichts dieser und anderer Eigenschaften erfreut sich der λ-Phage neuerdings steigender Beliebtheit als strahlenbiologisches Testobjekt. Wir werden ihn in Kap. 12.4 noch verschiedentlich erwähnen.

Nachweis der Phagen: Auf Grund des bisher über den Infektionsvorgang Gesagten läßt sich der Nachweis der Phagen folgendermaßen durchführen: Man bringt die zu zählenden Bakteriophagen zusammen mit einem Überschuß an Wirtsbakterien auf einen Nährboden und bebrütet bei 37 °C etwa 15 Std lang, so daß die Bakterien einen zusammenhängenden Rasen bilden. An den Stellen, an denen sich bei diesem „Plattieren" ein Phage befand, werden durch dessen Nachkommen alle Bakterien in der näheren Umgebung lysiert, was sich durch runde Löcher im Bakterienrasen, sog. „Plaques", zu erkennen gibt, die mit bloßem Auge ausgezählt werden können und deren Durchmesser dem von Bakterienkolonien vergleichbar ist.

12.2. Inaktivierung von Viren mit einsträngiger Nucleinsäure

Die Viren mit einzelsträngiger DNS bzw. RNS stellen die einfachsten Nucleinsäure enthaltenden Objekte dar, so daß die Chance relativ groß sein sollte, durch Experimente an ihnen zu besonders eindeutigen Ergebnissen bezüglich der elementaren Schädigungsmechanismen der Strahlung zu gelangen. Dennoch wird dieser Abschnitt verhältnismäßig kurz ausfallen, da Strahlenwirkungen auf Einstrang-Viren, vielleicht mit Ausnahme des Phagen ΦX 174 und des Tabak-Mosaik-Virus, bis jetzt bei weitem nicht so ausführlich untersucht worden sind wie die auf Viren mit doppelsträngiger DNS. Zunächst wollen wir mit einem *Vergleich der Strahlenempfindlichkeit* der einzelnen Virusarten beginnen. Dazu verwenden wir die 37%-Dosen für die Inaktivierung, d. h. für den Verlust der Plaquebildungsfähigkeit, die unter weitgehend „direkten" Versuchsbedingungen erhalten wurden. Dies ist nicht immer möglich, da sehr viele Viren eine Trocknung aus verdünnter wäßriger Lösung nicht überleben. Damit ist man auf die Resultate von Experimenten angewiesen, die in Lösung unter Zusatz von Radikalfängern (wie Nährbouillon, Histidin u. a.) oder in gefrorenen Suspensionen ausgeführt wurden. Da unter diesen Bestrahlungsbedingungen das Empfindlichkeitsniveau des trockenen Zustandes in den meisten Fällen nicht erreicht wird (vgl. Abb. 56), dürften die zur Verfügung stehenden D_{37}-Werte im allgemeinen etwas zu klein sein. Rechnen wir aus den 37%-Dosen nach Gl. (5.5) das Molekulargewicht des Treffbereichs aus, dann ergibt sich, wie Tab. 15 zeigt, eine relativ gute Übereinstimmung mit dem Molekulargewicht der Nucleinsäure der betreffenden Viren. Daraus kann man mit einem gewissen Vorbehalt, wie er bei allen Treffbereichsanalysen geboten ist, einige Folgerungen ziehen:

1. Bei Einstrang-Viren ist die gesamte Nucleinsäure strahlenempfindlicher Treffbereich.

2. Die Empfindlichkeit der Nucleinsäure wird durch die Proteinhülle nicht meßbar verändert. Dies konnte auch durch direkte Messungen gezeigt werden, wonach die aus Tabak-Mosaik-Virus isolierte RNS und die DNS aus ΦX 174-Phagen die gleiche Strahlenempfindlichkeit aufweisen wie die ganzen Viren (Tab. 15).

Tabelle 15. Empfindlichkeit von Viren mit einzelsträngiger Nucleinsäure gegenüber ionisierender Strahlung. Vergleich der aus den 37%-Dosen (D_{37}) nach Gl. (5.5) berechneten Treffbereichs-Molekulargewichten (MG_T) mit dem Molekulargewicht der DNS bzw. RNS. (Nach Ginoza, 1967)

	MG der DNS bzw. RNS [10^6 Dalton]	D_{37} [krad]	MG_T [10^6 Dalton]	MG_T/MG
DNS-Viren:				
ΦX 174-Phage	1,7	380	1,5	0,9
ΦX 174-DNS	1,7	320—380	1,5—1,8	0,9—1,1
S 13-Phage	1,7	390	1,5	0,9
RNS-Viren:				
Tabak-Mosaik-Virus	2,0—2,2	290—300	1,9—2,0	0,9
Tabak-Mosaik-Virus-RNS	2,0—2,2	300	1,9	0,9
R 17-Phage	0,7—1,1	750	0,8	0,7—1,1
Bushy stunt-Virus	1,5	450	1,3	0,9
Tabak-Ringflecken-Virus	1,5	450	1,3	0,9
Tabak-Nekrose-Virus	1,5	670	0,9	0,6
Rous-Sarkom-Virus	10	45—200	2,9—12,9	0,3—1,3
Geflügelpest-Virus (Newcastle Disease)	7,5—33	50	11,6	0,4—1,5

3. Die Proteinhülle, die bei den meisten Viren etwa die Hälfte des Gesamtgewichts ausmacht und folglich etwa die gleiche Strahlenenergie absorbiert wie die Nucleinsäure, beeinflußt die getesteten Funktionen nicht; d. h. bei der Inaktivierung fällt der Anteil der Viren mit einem Protein-Schaden (z. B. solche, die nicht mehr an die Wirtszelle adsorbieren können) gegenüber denjenigen mit geschädigter Nucleinsäure nicht ins Gewicht.

4. In den meisten Fällen genügt die Aufnahme eines Energiebetrages von durchschnittlich 60 eV zur Inaktivierung eines Einzelstrang-Virus.

Die Glaubwürdigkeit dieser „Behauptungen" ist primär natürlich ebenso groß wie die der Treffbereichstheorie selbst. Aber mit aller Vorsicht, wie sie bei der Diskussion von Treffbereichsanalysen am Platze ist, kann man doch folgern, daß die unterschiedliche Strahlenempfindlichkeit der verschiedenen einzelsträngigen Viren nicht auf echten Resistenz-Unterschieden beruht, sondern in erster Linie ihren Nucleinsäuregehalt widerspiegelt; je größer der DNS-Gehalt, desto empfindlicher ist das Virus. Zum gleichen Ergebnis waren wir bereits bei der Besprechung der Treffbereiche bestrahlter Enzyme gekommen (vgl. Abb. 28).

Zur Beantwortung der Frage nach der *physikalisch-chemischen Natur des Letalereignisses* steht nur die Information zur Verfügung, die in Kap. 11.2 bei der Behandlung der Strahlenwirkung auf infektiöse ΦX-DNS bereits angeführt wurde. Neben Brüchen in der Einstrang-DNS, die in jedem Fall letal wirken, dürften Basenschäden zu der beobachteten Inaktivierung beitragen. Die Größe dieses Beitrags liegt etwa zwischen 50 und 75%, wobei die Inaktivierungswahrscheinlichkeit der Basenveränderung noch nicht genau bekannt ist.

12.3. Inaktivierung von Viren mit doppelsträngiger DNS

Bei den meisten Viren mit doppelsträngiger Nucleinsäure besteht das Genom aus DNS. Bis jetzt sind erst drei Virusarten bekannt geworden, die doppelsträngige RNS besitzen (vgl. Kaplan, 1968), doch sind diese hinsichtlich ihrer Reaktion auf ionisierende Strahlen noch nicht hinreichend untersucht worden, so daß wir uns hier auf DNS-Viren beschränken können. Beginnen wir unsere Diskussion wiederum mit der Gegenüberstellung der DNS-Molekulargewichte mit den aus Gl. (5.5) berechneten MG_T-Werten (Tab. 16). Der Quotient aus MG_T und MG, den man gewöhnlich, aber nicht sehr glücklich, als Inaktivierungswahrscheinlichkeit (killing efficiency) bezeichnet, liegt mit Ausnahme der ersten drei Virusarten, auf die wir noch im einzelnen eingehen werden, zwischen 0,05 und 0,1. Damit sind die Zweistrang-Viren gemessen an ihrem DNS-Gehalt wesentlich unempfindlicher als die Viren mit einzelsträngiger Nucleinsäure, deren Inaktivierungswahrscheinlichkeit ja in der Nähe von 1 liegt. Für diese erhöhte Resistenz gibt es drei Erklärungsmöglichkeiten:

1. Das inaktivierende Ereignis bei Zweistrang-Viren ist seiner physiko-chemischen Natur nach anders als bei Einstrang-Viren und es erfolgt seltener als bei diesen.
2. Reparatur-Mechanismen setzen die Strahlenempfindlichkeit der Zweistrang-Viren herab.
3. Das DNS-Molekül, dessen Molekulargewicht 1—2 Größenordnungen über dem der Einstrang-Viren liegt, besitzt einen empfindlichen Abschnitt, einen sog. „kritischen Treffbereich", dessen Schädigung zur Inaktivierung führt, während die Absorption von Strahlenenergie im übrigen Teil der DNS ohne Wirkung bleibt.

Diesen Hypothesen liegt die Annahme zugrunde, daß die DNS allein das empfindliche Target der Viren darstellt. Nach allem, was wir in diesem Kapitel und in Kap. 14 noch anführen werden, besteht an der Richtigkeit dieser Annahme jedoch kein Zweifel. Hypothese 3 halten wir für nicht sehr wahrscheinlich, obwohl es einige experimentelle Befunde gibt, die sie zu bestätigen scheinen (vgl. Ginoza, 1967). Die Diskussion der beiden übrigen, die uns im folgenden noch ausführlich beschäftigen wird, beginnen wir mit der Frage nach der Natur des inaktivierenden Ereignisses.

a) Der Einzelstrangbruch als inaktivierendes Ereignis

Die hohe *Strahlenempfindlichkeit des Phagen* α (vgl. Tab. 16) erfordert eine nähere Betrachtung. Es kann als sicher gelten, daß die DNS dieses Bacillus megaterium-Phagen doppelsträngig ist (Aurisicchio

Tabelle 16. *Empfindlichkeit von Viren mit doppelsträngiger DNS gegenüber ionisierender Strahlung. Vergleich der aus den 37%-Dosen nach Gl. (5.5) berechneten Treffbereichs-Molekulargewichte (MG_T) mit dem realen Molekulargewicht der DNS.* (Nach Ginoza, 1967)

	MG [10^6 Dalton]	D_{37} [krad]	MG_T [10^6 Dalton]	MG_T/MG
Phage α	30	22—27	2,2—2,6	0,7—0,9
Polyoma-Virus	3	500	1,2	0,40
RF-DNS von ΦX 174	3,4	780	0,7	0,21
T1-Phage	30	320—570	1,0—1,8	0,03—0,06
T2-Phage	130	55—100	5,8—10,5	0,04—0,08
T4-Phage	130	100	5,8	0,04
T7-Phage	42	150	3,9	0,09
λ-Phage	31	380	1,5	0,05
Phage 22	39	140	4,1	0,11
Phage BM	25	210	2,8	0,11
Adeno-Virus Typ V	66	77	7,5	0,11
Shope papilloma-Virus	14	480	1,2	0,09
Vaccina-Virus	156	80	7,2	0,05

et al., 1962). Die 37%-Dosis für die Inaktivierung in Nährbouillon oder Histidin-Lösung beträgt 22 bis 27 krad (Celano et al., 1960; Freifelder, 1966), woraus sich nach Gl. (5.5) ein MG_T-Wert von $2,2—2,6 \cdot 10^7$ und daraus mit Hilfe des DNS-Molekulargewichtes von $3 \cdot 10^7$ Dalton eine Inaktivierungswahrscheinlichkeit von 0,7 bis 0,9 errechnet. Dieser Wert stimmt mit den Resultaten von Aurisicchio et al. (1962) überein, die für die Inaktivierung des Phagen α durch ^{32}P-Zerfall eine Wahrscheinlichkeit von 0,5 bis 1,0 pro Zerfall ermittelten.

Durch Ultrazentrifugation konnte Freifelder (1966) zeigen, daß der Anteil der DNS-Moleküle mit Einzelbrüchen in etwa der gleichen Weise mit der Dosis zunimmt wie die Inaktivierung der α-Phagen. Wie die nähere Analyse dieser Befunde ergab, führt der Bruch *irgendeines* der beiden Stränge nicht in jedem Fall zur Inaktivierung. Vielmehr muß man annehmen, daß entweder ein *bestimmter* der beiden Stränge gebrochen werden muß, oder daß in der Zelle bei der Phagenvermehrung rein statistisch einer der beiden Stränge ausgewählt und damit die DNS-Synthese begonnen wird; enthält dieser Strang einen Bruch, dann unterbleibt die Produktion neuer Phagen.

Zur Diskussion der beiden Möglichkeiten, zwischen denen die Freifelderschen Ergebnisse keine Unterscheidung gestatten, möchten wir folgendes bemerken: Von den beiden DNS-Strängen des Phagen α ist einer, infolge einer besonderen Basenzusammensetzung, schwerer als der andere. Man kann daher nach Denaturierung der DNS beide Stränge durch Zentrifugation im CsCl-Dichtegradienten voneinander trennen. Radioaktiv markierte mRNS, die 15 bis 20 min nach der Infektion von B. megaterium durch α-Phagen synthetisiert wird, hybridisiert nur mit dem schweren Strang der denaturierten α-DNS und besitzt eine dem leichten Strang analoge Basen-Zusammensetzung. Genau dieses Verhalten ist zu erwarten, wenn ausschließlich der schwere Strang als Matrize bei der DNS-Synthese dient (Tocchini-Valentini et al., 1963). Danach besteht Grund zu der Annahme, daß die Inaktivierung des extracellulär bestrahlten Phagen α dann eintritt, wenn der schwerere der beiden DNS-Stränge gebrochen wird.

Dieses hier beschriebene Verhalten ist keineswegs typisch für Viren mit doppelsträngiger DNS, sondern stellt eine Ausnahme dar, so daß man den Phagen α als „verkappten" Einstrang-Phagen bezeichnen könnte. Es ist möglich, daß auch das *Polyoma-Virus* mit seiner relativ hohen Inaktivierungswahrscheinlichkeit von 0,4 ebenfalls zu diesen Ausnahmen gehört, zumal durch Denaturierung der doppelsträngigen und ringförmigen Polyoma-DNS die Infektiosität nicht verlorengeht, sondern sich sogar nennenswert erhöht (Weil, 1963).

Eine weitere Ausnahme hinsichtlich ihrer relativen Strahlenempfindlichkeit bildet die *replikative Form der ΦX-DNS* (vgl. Tab. 16). Diese RF-DNS ist bei doppeltem Molekulargewicht nur etwa halb so empfindlich wie die einzelsträngige DNS (Ginoza u. Miller, 1965), woraus eine Inaktivierungswahrscheinlichkeit von 0,21 resultiert. Diese stimmt mit den bei UV-Bestrahlung (Yarus u. Sinsheimer, 1964) und beim ³²P-Zerfall (Denhardt u. Sinsheimer, 1965) erhaltenen Werten gut überein. Taylor u. Ginoza (1967) fanden bei der Bandenzentrifugation bestrahlter RF-DNS ein Verhältnis von Einzel- zu Doppelstrangbrüchen von 38:1. Dies bedeutet, daß nur ein kleiner Anteil der inaktivierten RF-DNS auf Doppelstrangbrüche zurückgeführt werden kann, so daß als inaktivierende Ereignisse wohl vorwiegend Einzelstrangbrüche und Basenschäden in Frage kommen.

b) Der Doppelstrangbruch als inaktivierendes Ereignis

Einen ersten Hinweis auf die Art des inaktivierenden Ereignisses bei der Mehrzahl der in Tab. 16 aufgeführten Zweistrang-Viren erhalten wir aus folgendem Vergleich: Eine Inaktivierungswahrscheinlichkeit von 0,05 bis 0,1 (bezogen auf 60 eV) entspricht einem G-Wert von 0,08 bis 0,17. Dieser Wert stimmt mit den Resultaten von Kap. 10.4 überein, wonach bei der Bestrahlung von DNS unter weitgehend direkten Bedingungen, also im Trockenen, in Zellen oder als Nucleoprotein-Gel, Doppelbrüche mit einer Ausbeute zwischen $G = 0,1$ und $0,15$ entstehen. Es liegt somit nahe, direkt nachzuprüfen, ob die Inaktivierung von Zweistrang-Viren mit dem Bruch beider DNS-Stränge korreliert werden kann.

Bestrahlt man T7-Phagen in Phosphatpuffer, so ergibt sich eine Überlebenskurve mit einer anfänglichen Schulter (Abb. 92). Dagegen erhält man bei Inaktivierung in Nährbouillon und in 10^{-3}-molarer Histidin-Lösung eine exponentielle Dosis-Effekt-Kurve sowie gleiche

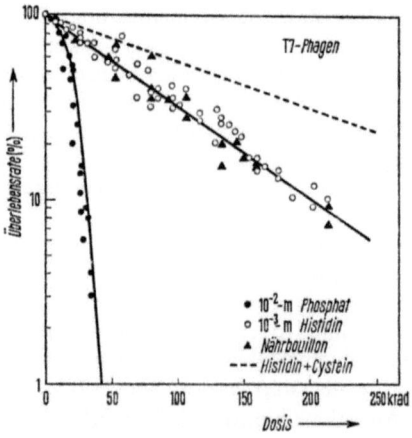

Abb. 92. Inaktivierung von T7-Bakteriophagen durch Röntgenstrahlen in Phosphatpuffer (pH 7,8), 10^{-3}-molarer Histidin-Lösung bzw. Nährbouillon sowie in anaerober Histidin-Lösung unter Zusatz von Cystein. (Nach Freifelder, 1965)

Empfindlichkeit (D_{37} = 84 krad). Bei Zugabe von Cystein zur Histidin-Lösung nimmt die Strahlenempfindlichkeit weiter ab (vgl. auch Abb. 47). Die D_{37} steigt dabei auf 175 krad an (Abb. 92). Bestimmt man mit der analytischen Ultrazentrifuge den Anteil der nach Bestrahlung in Puffer noch unveränderten DNS-Moleküle, so findet man eine 1:1-Korrelation zwischen ihnen und dem Prozentsatz der überlebenden Phagen (Abb. 93). Bei linearer Extrapolation der in Histidin oder Nährbouillon

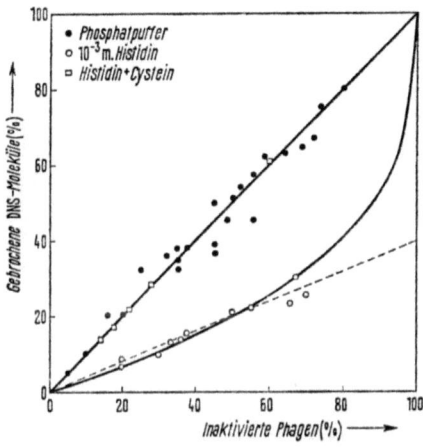

Abb. 93. Vergleich des Anteils gebrochener DNS-Moleküle mit dem Prozentsatz an inaktivierten T7-Phagen nach Röntgenbestrahlung in Phosphatpuffer (pH 7,8), 10^{-3}-molarer Histidin-Lösung und anaerober Histidin-Lösung unter Zusatz von Cystein. (Nach Freifelder, 1965)

erhaltenen Meßwerte ergibt sich, daß etwa 40% der T7-Phagen durch Doppelstrangbrüche inaktiviert werden (Abb. 93, unterbrochene Gerade). Exakter ist es wohl, die nicht gebrochenen Moleküle halblogarithmisch über der Dosis aufzutragen; dabei erhält man eine Gerade mit einer D_{37} von 270 krad, woraus sich der Anteil der durch Doppelstrangbruch inaktivierten T7-Phagen zu 31% errechnet (Abb. 93, gekrümmte Kurve). Für T1-Phagen wurde ein ähnlicher Wert gemessen, und zwar beträgt hier der Anteil der Doppelstrangbrüche an den Letalereignissen 26% (Bohne et al., 1969). Nach Bestrahlung in Histidin-Lösung, der Cystein zugesetzt ist, erhält man wiederum eine 1:1-Korrelation zwischen den DNS-Molekülen mit Doppelstrangbruch und inaktivierten T7-Phagen (Abb. 93). Da unter denselben Versuchsbedingungen gegenüber reiner Histidin-Lösung ein Schutzfaktor von 2,0 beobachtet wird (Abb. 92), treten die „anderen Schäden", die in Nährbouillon oder Histidin 60—70% der beobachteten Inaktivierung verursachen, bei Anwesenheit des Cysteins nicht auf; außerdem steigt gleichzeitig die Absolutzahl der Doppelstrangbrüche etwas an.

Die Schulterkurve, die man bei Bestrahlung in Puffer erhält, läßt vermuten, daß durch den Angriff von Wasserradikalen primär Einzelstrangbrüche entstehen, und daß erst durch Akkumulation solcher Brüche mit zunehmender Dosis die Wahrscheinlichkeit für Doppelstrangbrüche zunimmt. Diesen Mechanismus der Erzeugung von Doppelbrüchen in verdünnter wäßriger Lösung haben wir in Kap. 10.4 bereits ausführlich besprochen (vgl. Abb. 74). Es besteht aber insofern eine gewisse Diskrepanz, als nach Abb. 92 bereits dann ein Doppelstrangbruch entsteht, wenn Einzelbrüche durch etwa 100 Basenpaare getrennt sind, was sehr unwahrscheinlich ist. Vielleicht spielt hier neben der kummulativen Erzeugung von Doppelbrüchen ein ähnlicher Inaktivierungsmechanismus eine Rolle, wie er von Dewey u. Stein (1968) nach Einwirkung von H-Atomen auf T7-Phagen in wäßriger Lösung beobachtet wurde. Unter diesen Bedingungen scheint atomarer Wasserstoff zu bewirken, daß die Phagen ihre DNS an das Medium abgeben, wo sie dann schnell durch weitere Radikal-Angriffe zerstört wird. Die Kinetik dieser Art von Inaktivierung ist exponentiell, was auch bei der Einwirkung von H-Atomen auf trockene T1-Phagen gefunden wurde (Jung u. Kürzinger, 1968).

Ein weiterer Mechanismus, der zur Inaktivierung bestrahlter Phagen beiträgt, ist die Bildung von Vernetzungen innerhalb ein und desselben DNS-Moleküls. Solche *intramolekularen Vernetzungen* lassen sich durch ähnliche Sedimentationsanalysen nachweisen, wie sie auf Abb. 76 für den Fall intermolekularer Vernetzungen bereits dargestellt wurden. Allerdings ist dieser Prozeß an der Straheninaktivierung von T1-Bakteriophagen nur mit etwa 2% beteiligt (Bohne et al., 1969).

Einzelbrüche besitzen, wie die Befunde an den typischen Doppelstrang-Viren zeigten, nur eine geringe Wirksamkeit bei der Inaktivierung dieser Objekte. Dies konnte auch durch Einbau von radioaktivem Phosphor in die Phagen-DNS bestätigt werden. Beim *Zerfall von* ^{32}P entsteht ^{32}S, und man kann annehmen, daß die dabei entstehende Schwefelester-Bindung hydrolysiert wird, wodurch es zum Einzelstrangbruch kommt. Für zahlreiche Phagenarten wurde nachgewiesen, daß ein ^{32}P-Zerfallereignis mit einer Wahrscheinlichkeit von etwa 0,1 zur Inaktivierung führt (Stent u. Fuerst, 1960). Diese geringe Inaktivierungswahrscheinlichkeit wurde dahingehend interpretiert, daß Einzelstrangbrüche in Phagen mit doppelsträngiger DNS nicht inaktivieren, während bei etwa jedem zehnten Zerfall der rückgestoßene ^{32}S-Kern den Komplementärstrang an der gegenüberliegenden Stelle unterbricht, wodurch ein Doppelstrangbruch entsteht. Dieses recht plausible Schema der Phageninaktivierung konnte durch direkte Messungen noch nicht widerspruchsfrei bewiesen werden. Während nach Ikenaga (1968) der Prozentsatz der inaktivierten T1-Phagen und der Anteil der einen Doppelstrangbruch enthaltenden DNS-Moleküle übereinstimmt, ist nach Rešlová u. Drobník (1968) die Zahl der Doppelbrüche um mindestens eine Größenordnung kleiner als die Zahl der durch ^{32}P-Zerfall inaktivierten Phagen.

Zusammenfassend können wir aus dieser Diskussion den Schluß ziehen, daß Doppelstrangbrüche in der DNS von Bakteriophagen in jedem Fall zur Inaktivierung führen. Zum gleichen Resultat sind wir in Kap. 5.3 bereits durch Berechnungen nach der Bahnsegmentmethode gekommen (vgl. Abb. 33), wonach ein T1-Phage immer dann inaktiviert wird, wenn längs einer Distanz von ca. 12 Å ein Energieverlust-Ereignis, bestehend aus wenigstens 2 Einzelionisation erfolgt. Wir deuten dies, indem wir die Länge von 12 Å mit dem mittleren Durchmesser der DNS-Helix (16—20 Å) in Beziehung setzen und damit jede der beiden Ionisationen einem Strang zuordneten, also einen Doppelstrangschaden postulierten.

Weiter hat sich gezeigt, daß unter bestimmten Versuchsbedingungen (z. B. in Histidin) nicht die gesamte beobachtete Inaktivierung auf Doppelstrangbrüche zurückgeführt werden kann; doch ist die Natur dieser zusätzlich beteiligten Schäden noch nicht widerspruchsfrei aufgeklärt. Sicher ist jedenfalls, daß, von einigen Ausnahmen abgesehen, in Phagen mit doppelsträngiger DNS 10 bis 20 subletale Schäden (Einzelstrangbrüche und Basenveränderungen) auftreten können, ohne daß eine Inaktivierung eintritt, während dieselben Schäden bei Einstrang-Viren in den meisten Fällen letal wirken. Eine Möglichkeit zur Erklärung dieses Befundes wäre, daß diese subletalen Schäden bei Doppelstrang-DNS keine Störung des Replikationsvorganges darstellen und einfach „übergangen" werden. Eine andere Möglichkeit besteht darin, daß sie von der Wirtszelle repariert werden, und auf diesen Punkt wollen wir nun etwas näher eingehen.

12.4. Reparatur von Strahlenschäden der Virus-DNS

Die wichtigsten Reparaturvorgänge, die wir heute kennen, sind überwiegend enzymatische Prozesse, die der genetischen Kontrolle entweder durch das Virus selbst oder durch die Wirtszelle unterliegen. Die meisten der bis heute in ihren Wirkungsmechanismen aufgeklärten Reparaturprozesse eliminieren jedoch nur *UV-Schäden,* so daß es sich empfiehlt, diese Mechanismen zunächst zu untersuchen, ehe wir uns der Frage nach der Reparatur von Schäden ionisierender Strahlung zuwenden. Im Zusammenhang mit der Reparatur spricht man häufig auch von *Reaktivierung*. Während man unter der Reparatur den eigentlichen molekularen Prozeß der Schadenseliminierung versteht, bezeichnet die Reaktivierung die Folge einer solchen Reparatur, also beispielsweise den Anstieg der Überlebensrate. Allerdings hält man sich in der Literatur nicht immer streng an diese Sprachregelung.

a) Photoreaktivierung

Unter der Photoreaktivierung versteht man die Eliminierung von UV-Schäden der DNS durch nachfolgende „Belichtung" bei Wellenlängen von 3000—4000 Å. Wie wir in Kap. 13.4 noch ausführlicher darstellen werden, ist die Photoreaktivierung ein enzymatischer Prozeß. Das zugehörige Enzym ist in vielen Zellen und Organismen enthalten. Da die geschädigte DNS während der reaktivierenden Belichtung bereits an das Enzym gebunden sein muß, wird Photoreaktivierung an Viren nur nach intracellulärer Belichtung beobachtet. Die Reparatur besteht dabei in einer Spaltung der Thymin-Dimere und gelingt sowohl bei Viren mit Doppelstrang-DNS (vgl. Abb. 95) als auch bei einzelsträngiger ΦX-DNS (Winkler, 1964 a). Obwohl das aus Hefe oder Coli-Bakterien isolierbare Enzym keine Affinität zu bestrahlter RNS hat, was darin zum Ausdruck kommt, daß sich RNS-Phagen von E. coli nicht reaktivieren lassen, beobachtet man dennoch bei verschiedenen RNS-haltigen Pflanzenviren eine Photoreaktivierung, wenn man sie in den Pflanzenblättern belichtet. Möglicherweise wirkt hier jedoch ein anderes Enzym, oder aber es liegt die sog. indirekte Photoreaktivierung vor (vgl. Rupert u. Harm, 1966).

b) Wirtszellenreaktivierung

Bei der Wirtszellenreaktivierung (englisch: host cell reactivation, HCR) handelt es sich ebenfalls um einen von der Wirtszelle gesteuerten enzymatischen Prozeß, der jedoch ohne Mitwirkung von Licht abläuft und große Ähnlichkeit mit der in Kap. 13.4 ausführlich beschriebenen Dunkelreparatur der Bakterien-DNS besitzt. Reaktivierbar sind die Coli-Phagen λ, T1, T3 und T7 und selbstverständlich auch viele Phagen anderer Bakterien. Keine Wirtszellenreaktivierung wird an den autonomen Phagen T2, T4, T5 und T6 beobachtet, die nach der Infektion das Genom der Wirtszelle zerstören. Ebenfalls nicht reaktivierbar

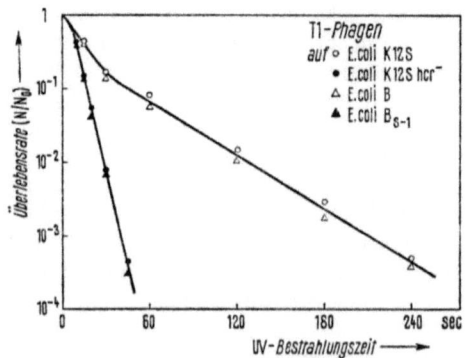

Abb. 94. Inaktivierungskurven UV-bestrahlter T1-Bakteriophagen nach Plattieren auf Wirtsbakterien mit unterschiedlicher Fähigkeit zur Wirtszellenreaktivierung. (Harm, 1963 a)

ist die einzelsträngige ΦX-DNS, was wiederum auf die Ähnlichkeit der Wirtszellenreaktivierung mit der Dunkelreparatur der Bakterien hinweist, die nur dann möglich ist, wenn an der Schadstelle der Komplementärstrang noch intakt ist. Als Beispiel ist auf Abb. 94 die Wirtszellenreaktivierung für UV-bestrahlte T1-Phagen dargestellt. Wird zum Nachweis der inaktivierten Phagen auf reaktivierungsfähigen E. coli-Stämmen (K 12 S bzw. B) plattiert, dann verläuft die Dosis-Effekt-Kurve wesentlich flacher als auf Stämmen, die nicht reaktivieren können (E. coli K 12 S hcr$^-$ bzw. B$_{s-1}$). Die Tatsache, daß die hcr$^+$-Kurve anfänglich eine größere Neigung besitzt als bei höheren Dosen, weist auf das Vorliegen zweier Strahlenempfindlichkeiten hin. Dies ist darauf zurückzuführen, daß nur ein Teil der Wirtsbakterien in einem geeigneten Stoffwechselzustand ist, um die Reaktivierung durchzuführen. Bei einer nicht synchronen Bakterienkultur beträgt dieser Anteil etwa 30%, wie sich auch durch Rückextrapolation der hcr$^+$-Kurve auf $D=0$ leicht zeigen läßt (Abb. 94). Wenn man dagegen die DNS-Synthese der Wirtsbakterien durch Verarmung des Nährmediums unterbindet, führen praktisch alle hcr$^+$-Bakterien die Wirtszellenreaktivierung durch (Sauerbier, 1962).

Daß sich die Phagen-Inaktivierungskurven auf hcr$^+$- bzw. hcr$^-$-Wirten hinsichtlich ihrer Neigung unterscheiden, zeigt, daß die Zahl der reparierten Schäden der Zahl der erzeugten Schäden proportional ist. Wir werden später bei ionisierender Bestrahlung verschieden resistenter E. coli-Mutanten (vgl. Abb. 101) ein ähnliches Verhalten kennenlernen. Dagegen scheint bei der UV-Bestrahlung von Bakterien das Reparaturvermögen keinen Einfluß auf die Neigung der Inaktivierungskurve zu haben, sondern sich in einer ausgeprägten Schulter in der Dosis-Effekt-Kurve resistenter Mutanten zu manifestieren (Abb. 102). Aus diesem Befund schließt man, daß es bei Bakterien eine Maximalzahl reparierbarer UV-Schäden gibt (vgl. Kap. 13.2). Dies aber dürfte bedeuten, daß die bei den Bakterien wirksame Dunkelreparatur nicht in allen Schritten mit der Wirtszellenreaktivierung der Virus-DNS übereinstimmt, sondern daß es sich dabei um eine vereinfachte Variante der Dunkelreparatur handelt.

Während, wie schon erwähnt, der ΦX-Phage bzw. seine infektiöse einzelsträngige DNS nicht reaktivierbar sind, wurde für die doppelsträngige RF-DNS (Yarus u. Sinsheimer, 1964) und auch für den intracellulär bestrahlten ΦX-Phagen (Sauerbier, 1964 a) Wirtszellenreaktivierung nachgewiesen. Der Nachweis, daß HCR auch in vitro vor sich geht, gelang Rörsch u. Mitarb. (1964). Sie inkubierten UV-bestrahlte RF-DNS des Phagen ΦX 174 mit einem zellfreien Extrakt von M. lysodeikticus und infizierten anschließend hcr$^-$-Protoplasten von E. coli. Dabei ergab sich ein Anstieg der Überlebensrate gegenüber der nicht behandelten DNS. Allerdings wird nicht ganz das Resistenzniveau der Infektion von hcr$^+$-Protoplasten erreicht. Offensichtlich ist die in vitro-Reaktivierung etwas weniger effektiv als diejenige der hcr$^+$-Zellen.

c) v-Gen-Reaktivierung

Es wurde bereits erwähnt, daß die autonomen Coli-Phagen keine Wirtszellenreaktivierung erfahren. Dafür kennt man bei einem von ihnen, nämlich T4, einen enzymatischen Reparaturprozeß, der vom Phagengenom gesteuert wird: die v-Gen-Reaktivierung. Im v-Gen defekt mutierte T4-Phagen (T4v) haben die doppelte UV-Empfindlichkeit wie der Wildtyp (Abb. 95). Weiter geht aus Abb. 95 hervor, daß

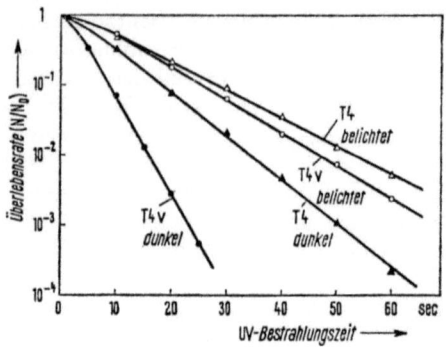

Abb. 95. Inaktivierungskurven UV-bestrahlter T4- und T4v-Bakteriophagen mit und ohne nachfolgende Photoreaktivierung. (Harm, 1963 a)

Photoreaktivierung und v-Gen-Reaktivierung unabhängige Prozesse sind. Allerdings sind sie in ihrer Wirkung nur teilweise additiv; beim Wildtyp ist die durch Photoreaktivierung erzeugte Resistenzzunahme kleiner als bei der T4v-Mutante, da bei ersterem durch die obligatorische v-Gen-Reaktivierung bereits ein großer Teil der photoreaktivierbaren UV-Schäden repariert wird. Es sei noch bemerkt, daß die T4v-Mutante etwa die gleiche UV-Strahlenempfindlichkeit besitzt wie der T2-Wildtyp und daß durch Kreuzung das v-Gen auf den T2-Phagen vererbt werden kann.

d) x-Gen-Reaktivierung

Das v-Gen ist indessen nicht das einzige Gen, mit dessen Hilfe der Phage T4 seine UV-Empfindlichkeit kontrollieren kann. Eine Mutation im sog. x-Gen, das im Wildtyp in der funktionsfähigen Stellung vorliegt, bewirkt ebenfalls eine Erhöhung der Strahlenempfindlichkeit. T4x liegt jedoch in seiner Empfindlichkeit zwischen dem Wildtyp und T4v. Die Wirkung der Gene v und x auf die UV-Empfindlichkeit ist additiv. Interessanterweise beeinträchtigt die x-Mutation die genetische Rekombination. Man beobachtet nämlich, daß die Rekombinationshäufigkeit bei der Kreuzung von Phagen (Infektion eines Bacteriums durch zwei oder mehrere verschiedene Phagenmutanten) absinkt, wenn alle beteiligten Phagen die x-Mutation besitzen (Harm, 1964). Die Tatsache, daß die T4x-Mutanten zugleich auch strahlenempfindlicher sind, zeigt, daß die Rekombination eine gewisse Rolle bei der Reparatur von Strahlenschäden spielen kann, worauf wir bei den Bakterien in Kap. 13.6 noch zu sprechen kommen. Es sei noch darauf hingewiesen, daß nicht nur der autonome Phage T4, sondern auch der temperente Phage λ Rekombinationsgene besitzt, die zum Teil auch einen Einfluß auf seine UV-Empfindlichkeit ausüben. Einige Experimente zu diesem interessanten Fragenkomplex findet der Leser in dem ausgezeichneten Übersichtsartikel von Haynes et al. (1968).

e) Multiplizitätsreaktivierung

Ein durch Bestrahlung inaktivierter Phage, der nach Definition der Inaktivierung seine Fähigkeit verloren hat, lebensfähige Nachkommen zu produzieren, kann dennoch eine Anzahl biologischer Funktionen ausführen, z. B. Adsorption an das Wirtsbacterium, Injektion der DNS und bestimmte frühe Funktionen, die bei den autonomen Phagen sogar zur Zerstörung des Wirtsgenoms führen können. In Anbetracht dieser Tatsache ist es nicht verwunderlich, daß mehrere bestrahlte Phagen, die dieselbe Zelle infizieren, in einer Art zusammenwirken, die zur Produktion lebensfähiger Nachkommen führt. Dieses Phänomen, die sog. *Multiplizitätsreaktivierung*, ist in zahlreichen Experimenten untersucht worden und erstreckt sich auf alle T-Phagen, den Phagen λ sowie auch auf die Phagen anderer Bakterien. Multiplizitätsreaktivierung wird nach UV und ionisierender Bestrahlung beobachtet, vorausgesetzt, die

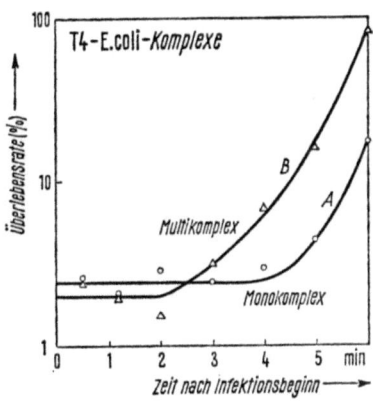

Abb. 96. Überlebensrate von T4-Bakteriophagen nach Bestrahlung der T4-E. coli-Komplexe zu verschiedenen Zeiten nach Infektionsbeginn mit einer jeweils konstanten UV-Dosis. A: Infektion der Wirtsbakterien mit jeweils nur einem Phagen. B: Infektion der Wirtsbakterien mit im Mittel 2 Phagen. (Symonds, 1962)

Phagen-DNS erreicht das Innere der Bakterienzelle. Dies zeigt, daß diese Art der Reaktivierung nicht auf spezifische DNS-Schäden beschränkt ist, sondern auf einem Austausch intakten genetischen Materials durch Rekombination beruht. Bestrahlt man Komplexe aus E. coli-Bakterien und T4-Phagen zu verschiedenen Zeiten nach der Infektion mit einer jeweils konstanten UV-Dosis, so bleibt im Falle der Infektion eines Bacteriums mit nur einem Phagen die Überlebensrate während der ersten 4—5 min konstant, um erst zu Beginn der DNS-Synthese anzusteigen (Abb. 96, Kurve A). Bei einer Mehrfachinfektion beginnt jedoch als Folge der Multiplizitätsreaktivierung bereits nach 2 min, also noch innerhalb der Eclipse ein merklicher Anstieg der Überlebensrate (Abb. 96, Kurve B). Bei einem ähnlichen Reaktivierungsmechanismus, der sog. *Kreuzreaktivierung* (marker rescue) wird ein und dieselbe Wirtszelle von UV-bestrahlten und unbestrahlten Phagen infiziert. Jedoch scheint hier der Begriff Reaktivierung kaum angebracht, da dieser Reaktivierungseffekt in einem rekombinatorischen Einbau genetischen Materials aus dem bestrahlten Phagen in das Genom des mitinfizierenden intakten Phagen besteht und nicht eigentlich in einer Reaktivierung des bestrahlten Phagen. Zur näheren Information möchten wir den Leser auf den Artikel von Rupert u. Harm (1966) verweisen.

f) UV-Reaktivierung

Neben den bis jetzt besprochenen spezifischen und unspezifischen Reaktivierungsprozessen gibt es noch eine ganze Reihe weiterer Effekte, die Letalschäden der Virus-DNS rückgängig machen können. Erwähnt seien in diesem Zusammenhang jedoch nur die Mechanismen der sog. UV-Reaktivierung. Unter diesen Begriff fallen wenigstens 2 Reparaturprozesse, die jedoch ursächlich nichts miteinander zu tun haben. In Kap. 3.4 (Abb. 14) wurde die UV-Inaktivierungskurve von T7-Phagen, deren Neigung mit zunehmender Dosis kontinuierlich geringer wurde, auf die Eliminierung strahlenerzeugter Schäden durch Absorption eines zweiten UV-Quants zurückgeführt. Wie wir in Kap. 10.4 gezeigt haben, geht diese UV-Reaktivierung auf die Spaltung UV-induzierter Thymin-Dimere durch die Strahlung selbst zurück. Der gleiche Mechanismus ist auch für den Anstieg der Transformationshäufigkeit bei Haemophilus influenzae verantwortlich, der durch eine zweite Bestrahlung bei 2400 Å hervorgerufen werden kann (vgl. Abb. 84).

Ein anderer Effekt, der ebenfalls gelegentlich als UV-Reaktivierung bezeichnet wird, äußert sich in folgender Beobachtung: Bestrahlt man die Wirtszellen vor der Infektion durch UV-inaktivierte T3-Bakteriophagen mit wachsenden Dosen ultravioletten Lichts, dann findet man bei hcr$^+$-Zellen anfänglich eine Zunahme der T3-Überlebensrate (Abb. 97). Bei hcr$^-$-Bakterien ist die Vorbestrahlung des Wirts jedoch ohne Einfluß auf die Zahl der überlebenden Phagen (Harm, 1963 b). Man erklärt diesen eigenartigen Befund durch die Annahme, daß die

Wirtszelle durch kleine UV-Dosen in einen physiologischen Zustand versetzt wird, der eine effektivere Wirtszellenreaktivierung ermöglicht.

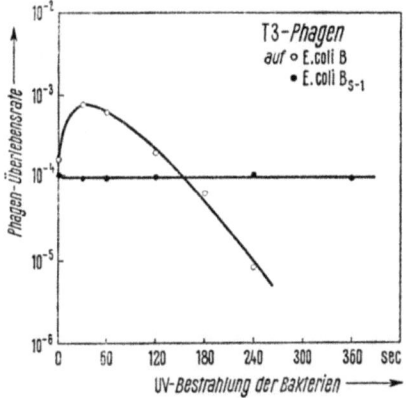

Abb. 97. Überlebensrate von T3-Bakteriophagen nach Bestrahlung mit einer jeweils konstanten UV-Dosis und Plattieren auf Wirtsbakterien, die vor der Infektion verschieden lang mit UV-Licht bestrahlt wurden. ○ Wirt: E. coli B; UV-Bestrahlung der T3-Phagen: 210 sec. ● Wirt: E. coli B_{S-1}; UV-Bestrahlung der T3-Phagen: 60 sec. (Harm, 1963 b)

g) Die Reparatur von Schäden ionisierender Bestrahlung

Die bisher nach Einwirkung von ionisierenden Strahlen auf Bakteriophagen nachgewiesenen Reaktivierungsraten betragen maximal 20% der insgesamt induzierten Letalschäden (Sauerbier, 1964 b; Winkler, 1964 b). Damit ist offenbar keiner der bis jetzt besprochenen Mechanismen in der Lage, typische Schäden ionisierender Strahlung, wie z. B. Einzelstrangbrüche, in einem Ausmaß zu reparieren, daß hierdurch die in bezug auf ihren DNS-Gehalt relativ hohe Strahlenresistenz der Doppelstrang-Viren erklärt werden könnte. Es bleibt daher nur der Schluß, daß die Reparatur von Einzelstrangbrüchen ein obligatorischer Prozeß ist, der im Zuge der Replikation der Phagen-DNS erfolgt. In diesem Falle wäre also bei den Viren die Einzelbruchreparatur an die Grundfunktionen der Vermehrung gebunden, so daß die Alternative zur Reparaturfähigkeit eine Letalmutation wäre. Tatsächlich sprechen zahlreiche Befunde der letzten Jahre für die fundamentale Wirksamkeit strangverbindender Enzyme, der sog. Polynucleotid-Ligasen (siehe hierzu den Übersichtsartikel von Howard-Flanders, 1968). So gelang z. B. Weiss u. Richardson (1967) die Isolierung einer Ligase-Aktivität aus T4-infizierten Coli-Bakterien, mit deren Hilfe DN-ase-erzeugte Einzelstrangbrüche von T7-DNS repariert wurden. Einen direkten Nachweis für die Reparatur von strahlenerzeugten Einzelstrangbrüchen in kovalenter zirkulärer DNS des temperenten Coli-Phagen λ erbrachten Boyce u. Tepper (1968). Diese Reparatur ist unabhängig von der Strahlenempfindlichkeit des verwendeten Coli-Stammes, was die Vermutung bestätigt, daß die Reparatur der Virus-DNS über eine Aktivität verläuft, die eine vitale Grundfunktion steuert, nämlich die Knüpfung der 3′,5′-Phosphodiesterbindung der DNS. Im Gegensatz hierzu wird uns bei den Bakterien ein differenzierter Reparaturmechanismus für Einzelstrangbrüche zelleigener DNS entgegentreten (Kap. 13.5). Insgesamt betrachtet, scheinen an der Virus-DNS einfachere Reparaturprozesse abzulaufen als an der DNS des Wirtsbacteriums, die jedoch deshalb nicht weniger wirksam sind.

12.5. BU-Effekt

Neben der Reparatur von Strahlenschäden haben auch gezielte chemische Änderungen an der DNS einen Einfluß auf die Strahlenempfindlichkeit. Die bisher bedeutsamste Modifizierung dieser Art ist der Einbau von halogenierten Basenanalogen in die DNS. Die Vertreter dieser Verbindungsklasse, das Chloruracil, das Bromuracil (BU) und das Joduracil, die alle anstelle von Thymin in die DNS eingebaut werden können, unterscheiden sich vom Thymin selbst nur dadurch, daß die Methylgruppe durch ein Halogenatom substituiert ist. Der Einbau dieser Basenanaloga in die DNS hat stets eine Sensibilisierung zur Folge, und zwar sowohl bei ionisierender und UV-Bestrahlung als auch beim ^{32}P-Zerfall, im letzten Fall sogar dann, wenn das Analogon nur in denjenigen DNS-Strang eingebaut ist, der keinen Radiophosphor enthält (nähere Information bei Kaplan, 1968). Das Analogon Fluoruracil wird hingegen nicht in die DNS, sondern anstelle von Uracil in die RNS inkorporiert und bewirkt nur in RNS-haltigen Viren eine Sensibilisierung (Becarevic et al., 1963).

Zum Einbau des am häufigsten verwendeten BU in die Phagen-DNS blockiert man in einem Minimalmedium die Thyminsynthese der Wirtsbakterien (z. B. durch Aminopterin) und läßt die so an Thymin verarmten Zellen anschließend in BU-haltigem Medium wachsen. Nach wenigen Generationen wird eine Phageninfektion durchgeführt, wobei nun in die DNS der Phagen-Nachkommenschaft zwangsläufig BU eingebaut wird. Worauf beruht die sensibilisierende Wirkung im Falle der Bakteriophagen?

a) UV-Licht

Ein Teil der Sensibilisierung kann zunächst durch die besonderen physiko-chemischen Eigenschaften der BU-DNS erklärt werden. Setlow u. Boyce (1963) sind der Ansicht, daß der Empfindlichkeitszuwachs BU-substituierter T4-Phagen im Bereich größerer UV-Wellenlängen (ca. 3000 Å) fast vollständig durch die stärkere optische Absorption des Bromdesoxyuridins im Vergleich zu Thymidin erklärt werden kann.

Für den Wellenlängenbereich unterhalb von 2800 Å muß man sich jedoch eine andere Interpretation für die Sensibilisierung durch BU-Einbau überlegen. Zahlreiche experimentelle Befunde deuten darauf hin, daß die Reparatur von UV-Schäden in der BU-DNS stark eingeschränkt ist, möglicherweise durch die Entstehung anderer, nicht reparierbarer Photoprodukte. Dies betrifft einmal die v-Gen-Reaktivierung; wie Stahl et al. (1961) zeigten, ist die Empfindlichkeit nach BU-Substitution unabhängig von der Intaktheit dieses Gens. Auf der anderen Seite hat der BU-substituierte T1-Phage auf dem hcr⁻-Stamm E. coli B_s annähernd die gleiche Empfindlichkeit wie der nicht substituierte Phage (Abb. 98), während bei Verwendung des Wildstammes

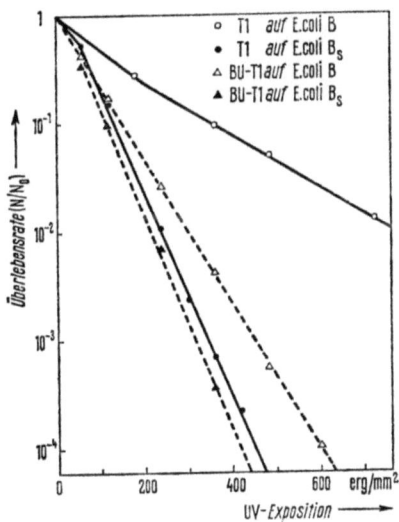

Abb. 98. UV-Inaktivierung von T1-Bakteriophagen und T1-Phagen mit Bromuracil-substituierter DNS (BU-T1) nach Plattieren auf Wirtsbakterien mit unterschiedlicher Fähigkeit zur Wirtszellenreaktivierung. (Howard-Flanders et al., 1962)

E. coli B (hcr⁺!) der normale Phage wesentlich strahlenresistenter ist als der BU-T1-Phage. Es verdient erwähnt zu werden, daß für den in Abb. 98 dargestellten Effekt nicht die unterschiedliche Absorption des BU verantwortlich ist (Wellenlänge der Bestrahlung: 2537 Å; vgl. Howard-Flanders et al., 1962). Aber auch die Photoreaktivierung wird bei BU-haltiger DNS stark eingeschränkt, was Stahl et al. (1961) für T2 und Hotz (1963) für den T1-Phagen zeigten. Darüber hinaus beobachtet man, daß nach UV-Bestrahlung in Anwesenheit von Cysteamin und Plattierung auf E. coli B_{s-1} sowohl die Überlebensrate als auch die Photoreaktivierbarkeit des BU-substituierten T1-Phagen ungefähr die Werte des Thymin-Phagen erreichen (Hotz, 1964). Da die UV-Empfindlichkeit der normalen T1-Phagen unter diesen Bedingungen durch Cysteamin praktisch nicht modifiziert wird, muß der schützbare BU-Schaden von anderer Art sein als die normalen Photoprodukte. Nach Hotz verhindert das Cysteamin möglicherweise das Übergreifen der BU-Schädigung auf benachbarte Bezirke, vor allem auf den Komplementärstrang. Wahrscheinlich führen sekundäre Radikalreaktionen des BU zu einer Zerstörung der Desoxyribose und damit zu der Entstehung von Einzel- und Doppelstrangbrüchen (Hotz u. Reuschl, 1967; Hotz, 1969). Tatsächlich werden diese Annahmen den meisten anderen Befunden über den BU-Effekt, auch bei ionisierender Bestrahlung, gerecht, worauf wir im folgenden eingehen wollen.

b) Ionisierende Strahlung

Die Sensibilisierung BU-substituierter DNS gegenüber ionisierender Bestrahlung kann zunächst durch die höhere strahlenchemische Labilität des BU erklärt werden. Müller et al. (1963) fanden mit Hilfe quantitativer ESR-Messungen, daß die Erzeugung eines freien Radikals im BU wesentlich weniger Energie erfordert als im Thymin, womit jedoch noch nichts über die strahlenbiologische Bedeutung der BU-Schäden ausgesagt wird. Wie aber aus einer neueren ESR-Studie an bestrahlten Einkristallen von 5-Halogen-Uracil-Verbindungen von Hüttermann u. Müller (1969) hervorgeht, dürfte unter den identifizierten Schadenstypen das COH-Radikal besonders wichtig sein, das durch Anlagerung von Wasserstoff an die $C_{(4)}$-Carbonylgruppe entsteht. Dadurch wird die normalerweise in der DNS von dieser Position ausgehende Wasserstoffbindung zerstört, wodurch sich möglicherweise eine lokale Denaturierungszone ausbilden kann (vgl. Kap. 10.6), was zu einer Labilisierung der DNS-Struktur führt.

Für den BU-Effekt scheint in erster Linie die direkte Strahlenwirkung verantwortlich zu sein; denn weder nach Bestrahlung in wäßriger Lösung (Tanooka, 1964; Freifelder u. Freifelder, 1966) noch bei Einwirkung von atomarem Wasserstoff (Jung u. Kürzinger, 1968) wird bei Bakteriophagen durch BU-Einbau eine Sensibilisierung hervorgerufen. Diese Befunde stützen die Hypothese, daß „direkte" Veränderungen der Position $C_{(4)}$ für die zusätzlichen Schäden in BU-DNS verantwortlich sind. Denn das nach γ-Bestrahlung auftretende COH-Radikal wird nach Einwirkung von atomarem Wasserstoff nicht beobachtet, weder an halogenierten Basenanalogen noch an den übrigen DNS-Bausteinen (Herak u. Gordy, 1966).

Einen interessanten Aspekt des BU-Effektes beleuchten die Experimente von Hotz u. Zimmer (1963), die zeigen, daß bei der Bestrahlung trockener T1-Phagen die BU-Sensibilisierung durch Anwesenheit des Strahlenschutzstoffes Cysteamin nicht aufgehoben wird, sondern nur der „normale" Cysteamin-Schutz auftritt. Dagegen beobachtet man bei γ-Bestrahlung in Nährbouillon, daß durch das anwesende Cysteamin der BU-Effekt vollständig aufgehoben wird; d. h. in diesem System sind BU-T1 und T1 gleich empfindlich (Abb. 99). Die Beseitigung oder Verhinderung des BU-Effektes, also der postulierten lokalen Denaturierung, scheint damit auf einer chemischen Reaktion zu beruhen, die nur im flüssigen Milieu möglich ist.

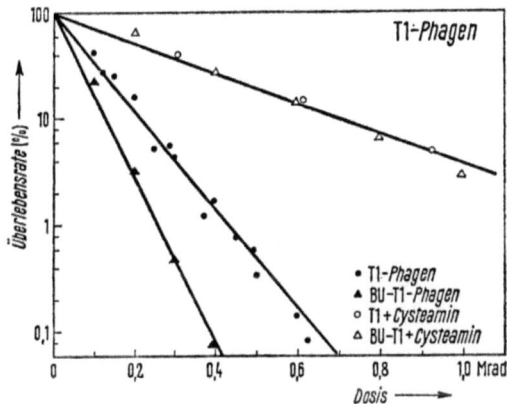

Abb. 99. Inaktivierung von T1-Bakteriophagen und T1-Phagen mit Bromuracil-substituierter DNS (BU-T1) durch ^{60}Co-γ-Strahlung in Nährbouillon bzw. in Nährbouillon unter Zusatz von Cysteamin in 0,1 molarer Konzentration. (Hotz u. Zimmer, 1963)

Leider gibt es gegenwärtig kaum weitere Befunde, die geeignet wären, zu einem besseren Verständnis des BU-Effektes insbesondere bei den Viren und Phagen zu verhelfen. Eine weitere Erforschung des Effektes ist zweifellos wünschenswert, denn es ergeben sich aus ihm eine Reihe von Erkenntnissen, z. B. über die Rolle der DNS als primärem Treffbereich bei der Inaktivierung von Zellen, wovon noch im folgenden Kapitel die Rede sein wird.

Literatur

Aurisicchio, S., A. Coppo, C. Frontali, F. Graziosi e G. Toschi: Nuovo Cimento 25, 35 (1962).
Becarevic, A., B. Djordjevic u. D. Sutic: Nature 198, 612 (1963).
Bohne, L., Th. Coquerelle u. U. Hagen: im Druck (1969).
Boyce, R. P., and M. Tepper: Virology 34, 344 (1968).
Celano, A., S. Aurisicchio, A. Coppo, P. Domini e F. Graziosi: Nuovo Cimento 18, 190 (1960).
Denhardt, D. T., and R. L. Sinsheimer: J. Mol. Biol. 12, 663 (1965).
Dewey, D. L., and G. Stein: Nature 217, 351 (1968).
Freifelder, D.: Proc. nat. Acad. Sci. (Wash.) 54, 128 (1965).
— Virology 30, 328 (1966).
—, and D. R. Freifelder: Mutation Res. 3, 177 (1966).

Ginoza, W.: Ann. Rev. Microbiol. 21, 325 (1967).
—, and R. C. Miller: Proc. nat. Acad. Sci. (Wash.) 54, 551 (1965).
Harm, W.: In: Repair from genetic radiation damage. Ed. F. H. Sobels. New York: Pergamon Press 1963 a, p. 107.
— Z. Vererbungsl. 94, 67 (1963 b).
— Mutation Res. 1, 344 (1964).
Haynes, R. H., R. M. Baker, and G. E. Jones: In: Energetics and mechanisms in radiation biology. Ed. G. O. Phillips. London, New York: Academic Press 1968, p. 425.
Herak, J. N., and W. Gordy: Proc. nat. Acad. Sci. (Wash.) 56, 1354 (1966).
Hotz, G.: Biochem. Biophys. Res. Comm. 11, 393 (1963).
— Z. Vererbungsl. 95, 211 (1964).
— in Vorbereitung (1969).
—, and H. Reuschl: Molec. gen. Genetics 99, 5 (1967).
—, u. K. G. Zimmer: Int. J. Rad. Biol. 7, 75 (1963).
Howard-Flanders, P.: Ann. Rev. Biochem. 37, 175 (1968).
—, R. P. Boyce, and L. Theriot: Nature 195, 51 (1962).
Hüttermann, J., and A. Müller: Int. J. Rad. Biol. (1969) (im Druck).
Ikenaga, M.: Radiat. Res. 34, 421 (1968).
Jung, H., and K. Kürzinger: Radiat. Res. 36, 369 (1968).
Kaplan, H. S.: In: Actions chimiques et biologiques des radiations, Tome 12. Ed. M. Haissinsky. Paris: Masson et Cie 1968, p. 69.
Müller, A., W. Köhnlein, and K. G. Zimmer: J. mol. Biol. 7, 92 (1963).
Rešlová, S., and J. Drobník: Biochem. Biophys. Res. Comm. 31, 119 (1968).
Rörsch, A., C. van de Camp, and J. Adema: Biochim. Biophys. Acta 80, 246 (1964).
Rupert, C. S., and W. Harm: In: Advances in radiation biology, Vol. 2. Eds. L. G. Augenstein, R. Mason, and M. Zelle. New York: Academic Press 1966, p. 1.
Sauerbier, W.: Virology 17, 164 (1962).
— Z. Vererbungsl. 95, 145 (1964 a).
— Biochem. Biophys. Res. Comm. 17, 46 (1964 b).
Setlow, R., and R. P. Boyce: Biochim. Biophys. Acta 68, 455 (1963).
Stahl, F. W., J. M. Crasemann, L. Okun, E. Fox, and C. Laird: Virology 13, 98 (1961).
Stent, G. S., and C. R. Fuerst: In: Advances in biological and medical physics, Vol. VII. Eds. C. A. Tobias and J. H. Lawrence. New York: Academic Press 1960, p. 1.
Symonds, N.: J. Mol. Biol. 4, 319 (1962).
Tanooka, H.: Radiat. Res. 21, 26 (1964).
Taylor, W. D., and W. Ginoza: Proc. nat. Acad. Sci. (Wash.) 58, 1753 (1967).
Tocchini-Valentini, G. P., M. Stodolsky, A. Aurisicchio, M. Sarnat, F. Graziosi, S. B. Weiss, and E. P. Geiduschek: Proc. nat. Acad. Sci. (Wash.) 50, 935 (1963).
Weil, R.: Proc. nat. Acad. Sci. (Wash.) 49, 480 (1963).
Weiss, W., and C. Richardson: Proc. nat. Acad. Sci. (Wash.) 57, 1021 (1967).
Winkler, U.: Photochem. Photobiol. 3, 37 (1964 a).
— Virology 24, 518 (1964 b).
Yarus, M. J., and R. L. Sinsheimer: J. Mol. Biol. 8, 614 (1964).

13. Kapitel: Strahlenwirkung auf Bakterien

13.1. Eigenschaften der Bakterien

Die Bakterien sind die kleinsten autonomen Lebenseinheiten, die einen differenzierten Stoffwechselapparat unterhalten und in der Lage sind, sich selbständig zu vermehren. Für den Strahlenbiologen bringen die Bakterien eine Reihe von erfreulichen Eigenschaften mit, die sie zu einem begehrten cellulären Testobjekt machen. Sie haben einmal eine hohe metabolische Aktivität, vermehren sich also rasch, so daß die Auswirkungen einer Bestrahlung in relativ kurzer Zeit beobachtet werden können. Beispielsweise benötigt ein E. coli-Bacterium für eine Teilung unter optimalen Wachstumsbedingungen etwa 17 min. Die Bakterien können ferner auf einfachen, wohldefinierten Medien gezüchtet werden; falls dies auf festen Nährböden geschieht, entstehen dabei *Kolonien*, die mit bloßem Auge ausgezählt werden können. Besonders interessant für strahlenbiologische und genetische Experimente ist die Tatsache, daß die Struktur des Bakteriengenoms im Vergleich zu höheren Zellen sehr einfach ist. Allerdings geht diese Einfachheit so weit, daß man fast schon geneigt ist, von einer Ausnahmestellung der Bakterien zu sprechen. Sie besitzen nämlich im Gegensatz zu anderen Zellen keinen Zellkern im klassischen Sinne. Es kann allgemein auch keine Kernmembran nachgewiesen werden, weshalb man die färbbaren DNS-haltigen Regionen, die unter dem Mikroskop ein recht verschiedenartiges Aussehen zeigen können, vorsichtig als *Kernäquivalente* bezeichnet. Ein Bacterium kann je nach Wachstumsphase und Wachstumsbedingungen mehrere Kernäquivalente besitzen. Die der Zellteilung vorangehende Teilung der Kernäquivalente hat wenig Ähnlichkeit mit dem Mechanismus der Chromosomenverdoppelung in höheren Zellen. Es gibt keinen Spindelapparat, und es erfolgt auch keine Durchmischung der DNS aus den einzelnen Kernäquivalenten einer Bakterienzelle. Trotz dieser phänomenologischen Abweichungen spricht man besonders bei den Coli-Bakterien, die bemerkenswert kompakte Kernäquivalente besitzen, von Kernen und sogar von Chromosomen.

Wie wir aus elektronenmikroskopischen Untersuchungen und Autoradiographiestudien heute wissen, besteht das Bakterienchromosom aus doppelsträngiger zirkularer DNS. Man beobachtet dabei in den meisten Fällen einen sog. replizierenden Arm, der darauf hindeutet, daß sich die DNS während des größten Teils des Zellcyclus repliziert. Die E. coli-DNS hat das enorme Molekulargewicht von ca. $3 \cdot 10^9$ Dalton.

Von besonderer Bedeutung für den Strahlenbiologen ist auch die Tatsache, daß sich Bakterien nicht nur mitoseartig teilen können, sondern auch ein gewisses Sexualverhalten zeigen. Durch das Phänomen der *Konjugation*, bei der über eine Plasmabrücke genetisches Material von einer Donorzelle auf eine Acceptorzelle (F^-) übertragen wird, ist die Möglichkeit für Kreuzungsexperimente gegeben. Unter den Donorzellen sind dabei die sog. Hfr-Zellen besonders hervorzuheben. Sie verdanken ihren Namen (Hfr = High frequency of recombination) der Tatsache, daß die Nachkommen einer Kreuzung Hfr $\times$ F^- eine hohe Anzahl von Rekombinanten aufweisen. Hfr-Zellen von E. coli K 12 können nach Durchschneiden ihres Genomringes die gesamte DNS innerhalb von 89 min linear in die F^--Zelle überführen (vgl. Abb. 113), wenn die Konjugation nicht vorzeitig, beispielsweise durch Zentrifugation, unterbrochen wird. Daß eine Bakterienzelle zur Donorzelle wird, bewirkt der sog. *F-Faktor*, auch *Sex-Faktor* oder *F-Episom* benannt. Dieses befindet sich bei den sog. F^+-Zellen im Cytoplasma und repliziert sich dort unabhängig vom Bakteriengenom sozusagen als vagabundierendes Gen. Es kann in diesem Zustand die F^--Acceptorzellen, die das Episom nicht enthalten, infizieren und sie ebenfalls in F^+-Zellen überführen. Lagert sich nun der F-Faktor an das Genom an, so wird aus der F^+-Zelle eine Hfr-Zelle. Der F-Faktor wird bei der Konjugation jedoch im allgemeinen nicht mit übertragen.

Die Eigenarten des F-Episoms erinnern stark an das Phänomen der *temperenten Phagen*, die wir in Kap. 12.1 bereits kennengelernt haben. Tatsächlich basiert die Übertragung genetischer Information bei den Bakterien, wenn wir einmal von der in Kap. 11.3 behandelten Transformation absehen, in vielen Fällen auf dem „Episomen-Trick", der ja auch die Phagen-Temperenz umfaßt. Dies wird besonders deutlich, wenn wir uns erinnern, daß z. B. der temperente Phage λ die Galaktose-Region („gal") des E. coli-Chromosoms verbreitet, wenn er nach Durchlaufen des Prophagenstadiums induziert wird. Dieses Phänomen bezeichneten wir als *Transduktion*. In Analogie dazu gibt es nun beim F-Episom den Begriff der *Sexduktion*, d. h. die Genübertragung durch dieses Episom, wenn zuvor das Hfr-Stadium durchlaufen wurde. Man beobachtet nämlich, daß der F-Faktor nach seiner Loslösung vom Chromosom, und seiner Ausschleusung aus der Zelle in den neu infizierten Zellen an die gleiche Stelle anlagert, an der er zuvor angeheftet war.

Durch diese Genübertragungsprozesse, insbesondere durch die Hfr-Kreuzung, können leicht Mutanten verschiedenster Art gezüchtet werden, speziell solche mit unterschiedlicher Strahlenempfindlichkeit. Die Tatsache, daß es überhaupt solche Mutanten gibt, weist auf genetisch gesteuerte Reparaturprozesse und damit direkt auf die DNS als primären Trefferbereich der Strahlenwirkung hin. Der häufigste strahlenbiologische Test an Bakterien ist die Inaktivierung, d. h. der Verlust der Fähigkeit zur Koloniebildung. Dieser Test gibt den Summeneffekt der Strahlenwirkung wieder, wie er sich aus dem Primärschaden an der DNS und den darauffolgenden Fehlleistungen der Zelle entwickelt. Im Rahmen dieses Kapitels wollen wir aus dem Inaktivierungstest Rückschlüsse ziehen auf die Primärvorgänge an der DNS und auf die genetisch kontrollierte Reparatur von DNS-Strahlenschäden. Die wichtigsten Nucleinsäure-Funktionen, die von der Strahlenwirkung im einzelnen betroffen werden, haben wir bereits in Kap. 11 behandelt. Daneben kann durch die Absorption von Strahlenenergie der *Stoffwechsel* der Bakterienzelle in Mitleidenschaft gezogen werden. Doch wollen wir diesen Aspekt wie in allen vorangegangen Kapiteln nicht in unsere Darstellung mit einbeziehen und verweisen den daran interessierten Leser auf die ebenfalls in der Reihe der Heidelberger Taschenbücher erscheinende Darstellung der „Biochemie der Strahlenwirkung" von C. Streffer (1969).

13.2. Inaktivierung von Bakterien

Ausgangspunkt für die Beschreibung und nähere Untersuchung der Inaktivierung soll, wie gewohnt, die Dosis-Effekt-Kurve sein. Aus ihr kann man jedoch nicht, wie im Falle der Viren, direkt schließen, daß die DNS das kritische Primärtarget ist; denn allzu viele modifizierende Faktoren, wie Wachstumsbedingungen, Behandlung vor und nach der Bestrahlung und vor allem das Reparaturvermögen für gewisse DNS-Strahlenschäden, beeinflussen entscheidend den Verlauf der Dosis-Effekt-Kurve. Wir müssen deshalb im nächsten Abschnitt auf andere Weise zeigen, daß die Dosis-Effekt-Kurve tatsächlich in erster Linie die Empfindlichkeit der DNS widerspiegelt. Setzen wir also zunächst voraus, die DNS sei der primäre Treffbereich; welche Schlüsse können wir dann aus der bakteriellen Inaktivierungskurve ziehen?

a) Ionisierende Strahlung

Bei der qualitativen Beurteilung der Dosis-Effekt-Kurve ist zunächst wichtig, daß es, im Gegensatz zu den Viren, auch bei ionisierender Bestrahlung Schulterkurven geben kann, die asymptotisch in einen exponentiellen Verlauf übergehen. Abb. 100 zeigt am Beispiel der E. coli-Mutante WP2 hcr$^+$, daß man solche Schulterkurven auch bei der Verwendung von Strahlen mit verschiedenem LET erhält, obwohl sich im Bereich hoher LET-Werte ein Abflachen der Schulter bemerkbar macht. An den Kurven der Abb. 100 fällt auf, daß die asymptotische Neigung zunächst mit wachsendem LET zunimmt, um dann bei weiterer Erhöhung des LET wieder abzunehmen. Auf die Endneigung der Kurven können damit die Überlegungen des Kapitels 5.3 angewendet werden. Sie ist offenbar ein Maß für die Strahlenempfindlichkeit, und man kann sie in Analogie zur Exponentialkurve durch die Größe $1/D'_{37}$ ausdrücken. Im Falle einer derartigen Schulterkurve erhält man die Dosis

D'_{37}, indem man die asymptotische Gerade parallel nach dem Koordinatenursprung verschiebt und hieraus formal wie im Fall der Eintrefferkurven die 37%-Dosis bestimmt. Diese Eigenschaften müssen berücksichtigt werden, wenn man die bakteriellen Inaktivierungskurven einer treffertheoretischen Auswertung unterziehen will. Eine besonders naheliegende Möglichkeit besteht darin, Inaktivierungskurven, die eine Schulter aufweisen, als Eintreffer-Mehrtreffbereichskurven zu interpretieren. Dieser Kurventyp wurde in Kap. 2 ausführlich diskutiert

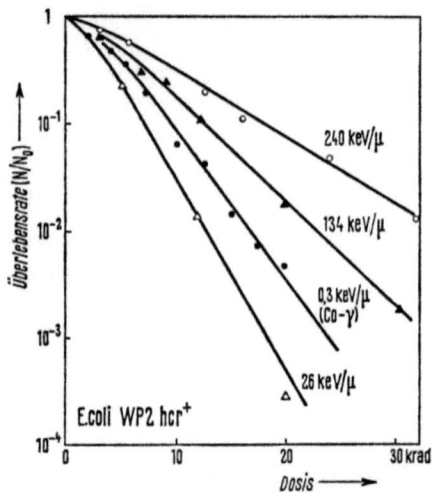

Abb. 100. Inaktivierung von E. coli WP2 hcr$^+$ durch ^{60}Co-γ-Strahlung und α-Teilchen mit unterschiedlichem linearem Energietransfer. (Bridges u. Munson, 1968)

(Gl. 2.6 bzw. Abb. 5). Sein Charakteristikum ist ein asymptotisch exponentieller Verlauf und eine endliche Extrapolationszahl, die gleich der Zahl der Treffbereiche ist (Abb. 5). Für diese Interpretation entschieden sich Munson u. Bridges (1966), die die Extrapolationszahl mit der Zahl pro Bakterienzelle vorhandenen Chromatidstränge identifizierten. Dies ist nicht unplausibel, denn, wie bereits erwähnt, können Bakterien je nach Wachstumsbedingungen mehrere Kerne (Chromosomen) enthalten. Speziell bei Escherichia coli ist bekannt, daß sich jedes Chromosom während etwa 90% des Teilungscyclusses in Replikation befindet. Deshalb beträgt die mittlere Zahl der Chromatidstränge pro Chromosom nicht 1, sondern etwa 1,44. Die Extrapolationszahl ist dementsprechend gerade gleich der Anzahl der Chromosomen pro Bakterium multipliziert mit 1,44. Dies wurde von Munson u. Bridges (1966) bei Experimenten mit bestimmten E. coli B/r-Mutanten in etwa bestätigt gefunden. Trotzdem kann diese Vorstellung deshalb noch nicht als gesichert gelten, denn in vielen Fällen scheint eine solch einfache

Interpretation nicht gerechtfertigt, wie besonders am Falle der häufig erhaltenen rein exponentiellen Inaktivierungskurven. Abb. 101 zeigt exponentielle Dosis-Effekt-Kurven am Beispiel des Wildtyps E. coli B und zweier unterschiedlich strahlenempfindlicher Mutanten B/r und B_{s-1}. Trotz gleichen DNS-Gehaltes ergeben sich wegen des unterschied-

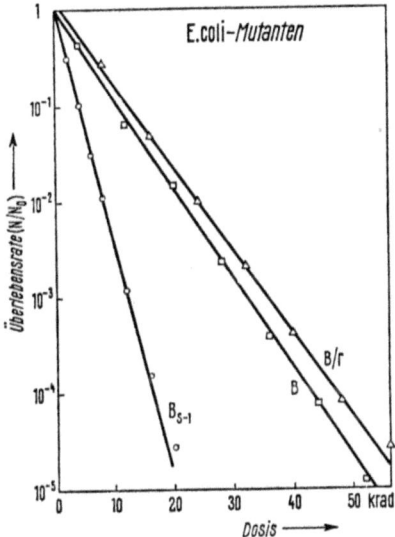

Abb. 101. Inaktivierung verschiedener E. coli-Mutanten durch 150 kVp-Röntgenstrahlen. (Haynes, 1964)

lichen Reparaturvermögens besonders zwischen B/r und B_{s-1} verschieden steile Kurven. Es bleibt deshalb zu überlegen, ob man die Inaktivierungskurven ionisierender Strahlung nicht besser durch einen geeigneten stochastischen Ansatz beschreibt, der dem Mechanismus der Koloniebildung Rechnung trägt (vgl. Kap. 3.5).

b) UV-Strahlung

Gänzlich andere Verhältnisse scheinen bei der UV-Bestrahlung von Bakterien zu herrschen, denn man erhält hier recht unterschiedliche Arten von Inaktivierungskurven. Davon zeugt auch die Abb. 102, auf der die UV-Inaktivierungskurven der Coli-Stämme B, B/r und B_{s-1} zusammengestellt sind. Neben der ausgeprägten Schulterkurve von B/r fällt die hohe UV-Empfindlichkeit von B_{s-1} auf, die mit zunehmender Dosis allerdings geringer wird. Einen recht eigentümlichen Verlauf nimmt die Dosis-Effekt-Kurve des Wildtyps E. coli B. Trotz dieser markanten Unterschiede im Kurvenverlauf entsteht jedoch der Eindruck, daß alle 3 Kurven asymptotisch etwa die gleiche Neigung aufweisen könnten. Da sich die 3 Coli-Stämme nur durch ihr Reparaturvermögen für Strahlenschäden unterscheiden (beim Wildtyp E. coli B scheint noch das filamentäre Wachstum eine Rolle zu spielen), könnte man eine Interpretation der UV-Inaktivierungskurven in Betracht ziehen, bei der die Kurvenform für kleine und mittlere Dosen, nicht

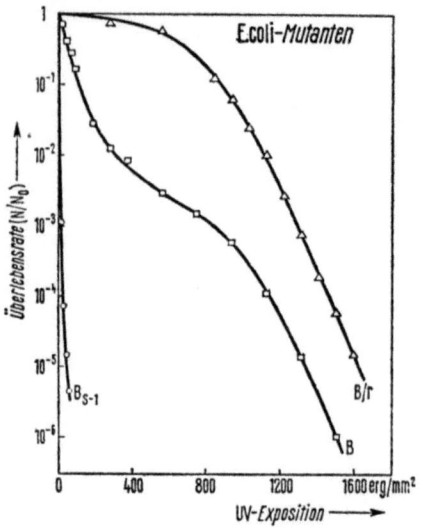

Abb. 102. Inaktivierung verschiedener E. coli-Mutanten durch UV-Licht von 2537 Å Wellenlänge. (Haynes, 1964)

aber im Bereich hoher Dosen durch das Reparaturvermögen bestimmt wird. Diesen Weg beschritt Haynes (1966), indem er für die Überlebenskurve zunächst den allgemeinen Ansatz machte:

$$N/N_0 = e^{-[F(D)-R(D)]} . \qquad (13.1)$$

Dabei ist $F(D)$ die Zahl der bei der Dosis D erzeugten potentiellen Letalschäden und $R(D)$ die Zahl der reparierten Schäden. Da die Produktion von Strahlenschäden zur Dosis proportional angesetzt werden kann, gilt:

$$F(D) = k \cdot D . \qquad (13.2)$$

Für die Zahl der reparierten Schäden $R(D)$ fordert Haynes (1966), daß sie zunächst proportional zur Dosis ansteigt, um bei höheren Dosen einen konstanten Sättigungswert zu erreichen. Die einfachste mathematische Beziehung, die dies leistet, ist:

$$R(D) = \alpha (1 - e^{-\beta D}) . \qquad (13.3)$$

Damit hat die Inaktivierungskurve (13.1) für $k > \alpha \beta$ bei halblogarithmischer Auftragung die Anfangsneigung $k - \alpha \beta$. Mit zunehmender

Dosis wird die Kurve steiler und erreicht asymptotisch die Neigung k. In die Endneigung dieser Schulterkurve geht also das Reparaturvermögen nicht ein. Lediglich die Größe der Schulter gibt über das Ausmaß der reparierten UV-Schäden Auskunft. Diese wird durch die Extrapolationszahl α charakterisiert, die gleichzeitig die Maximalzahl der reparierten Schäden wiedergibt. Für den resistenten Stamm B/r ergibt sich aus Abb. 102 eine Extrapolationszahl $\alpha = 466$ (Haynes, 1966), d. h. in E. coli B/r können nach dem hier entwickelten Schema im Mittel bis zu 466 UV-induzierte DNS-Schäden repariert werden.

Eine physiko-chemische Untermauerung der Haynesschen Reparatur-Hypothese liefern Experimente von Hanawalt u. Haynes (zitiert bei Haynes et al., 1968), aus denen hervorgeht, daß der Einbau von markiertem Thymin bei der Reparatur UV-bestrahlter Bakterien-DNS eine Dosis-Abhängigkeit zeigt, die der Beziehung (13.3) ähnelt. Damit kommt dem Haynesschen Inaktivierungsmodell ein beträchtliches Maß an Wahrscheinlichkeit zu, was sich auch noch im Zusammenhang mit dem BU-Effekt im nächsten Abschnitt zeigen wird. Allerdings sind diese Überlegungen nicht auf den Fall der ionisierenden Strahlung anwendbar, da sich hier die Reparaturfähigkeit auf die Neigung der Dosis-Effekt-Kurve auswirkt (Abb. 101). Bevor wir auf die Reparatur von Strahlenschäden im einzelnen eingehen, wollen wir versuchen, direkt zu zeigen, daß die DNS der kritische Treffbereich für die Inaktivierung ist, da hiervon die Glaubwürdigkeit der weiteren Argumentation weitgehend abhängt.

13.3. Die Bakterien-DNS als kritischer Treffbereich

Wir wollen uns hierbei auf 2 charakteristische Untersuchungen beschränken. Die eine betrifft den Einfluß der Basenzusammensetzung auf die Strahlenempfindlichkeit, die zweite den Effekt des Einbaus von Bromuracil in die DNS.

a) Einfluß der Basenzusammensetzung

Es hat sich gezeigt, daß bei vielen Bakterien eine Abhängigkeit besteht zwischen der Strahlenempfindlichkeit und der Basenzusammensetzung der DNS, ausgedrückt in Prozent des Adenin-Thymin(A-T)-Gehaltes. Abb. 103 zeigt diese Korrelation für einige Bakterien sowohl für UV- als auch für Röntgenbestrahlung. Dabei wurde die Empfindlichkeit bei 50% A-T (E. coli) gleich 1 gesetzt. Interessanterweise nimmt die Empfindlichkeit der Bakterien gegenüber ionisierender Strahlung mit steigendem A-T-Gehalt ab, während jedoch bei Einwirkung von ultraviolettem Licht eine ausgeprägte Zunahme festzustellen ist. Bei der Beurteilung dieses zweifellos bemerkenswerten Befundes, zu dem es übrigens zahlreiche Ausnahmen gibt, muß man jedoch sehr vorsichtig sein. Man darf nicht vergessen, daß die Strahlenempfindlichkeit sicher nicht nur von der Basenzusammensetzung abhängt, sondern von zahlreichen anderen Parametern, auch von der Reparaturfähigkeit der bestrahlten Stämme. Ein eindrucksvolles Beispiel ist der Vergleich der Strahlenempfindlichkeit verschiedener Mutanten von E. coli auf den Abb. 101 und 102, die bei identischer Basenzusammensetzung bemerkenswerte Sensibilitätsunterschiede aufweisen. Streng genommen müßte man vor einer derartigen Beurteilung der Strahlenempfindlichkeit die Bakterien in solche Gruppen unterteilen, die hinsichtlich der übrigen Parameter äquivalent sind. Deshalb stellt dieser Befund, für sich betrachtet, noch kein schlüssiges Argument für die Annahme dar, daß die DNS der primäre Treffbereich der Strahlenwirkung ist.

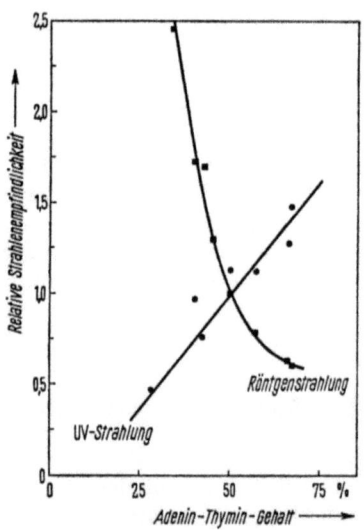

Abb. 103. Einfluß der Basenzusammensetzung der DNS auf die Empfindlichkeit von Bakterien gegenüber UV-Licht und ionisierender Strahlung. Adenin-Thymin-Gehalt der beiden Serien gemeinsamen Bakterien: Ps. fluorescens 40%, S. marcescens 42%, E. coli 50%, B. subtilis 57%, M. pyogenes 66% und B. cereus 67%. (Nach Haynes, 1962, und Kaplan u. Zavarine, 1962)

Das Anwachsen der UV-Empfindlichkeit mit steigendem A-T-Gehalt kann auf die Tatsache zurückgeführt werden, daß Thymin-Dimere die wichtigsten Letalschäden nach UV-Einwirkung sind, deren Bildungshäufigkeit mit zunehmendem A-T-Gehalt zweifellos zunimmt. Warum bei ionisierender Bestrahlung der umgekehrte Effekt beobachtet wird, ist nicht ganz klar. Einen Hinweis auf eine mögliche Ursache dieser Korrelation könnte jedoch in der Natur der strahleninduzierten Basenveränderungen zu finden sein. Wir hatten in Tab. 12 einige mit Hilfe der Elektrospin-Resonanz identifizierte Radikale von DNS-Komponenten zusammengestellt. Es zeigte sich dabei, daß beim Cytosin, im Gegensatz zu allen anderen Basen ein Angriff auf die Carbonylgruppe unter Bildung eines COH-Radikals erfolgt (Dertinger, 1967), wahrscheinlich durch Zerstörung der von dieser Position ausgehenden Wasserstoffbindung. Eine lokale Denaturierung der DNS an dieser Stelle könnte die Folge einer solchen Radikalbildung sein und damit eine Erhöhung der Empfindlichkeit gegenüber ionisierender Bestrahlung mit wachsendem Cytosin-Guanin-Gehalt erklären. Es sei in diesem Zusammenhang daran erinnert, daß auch der BU-Effekt bei ionisierender Bestrahlung möglicherweise auf die Bildung eines COH-Radikals zurückgeführt werden kann (vgl. Kap. 12.5); auch in jenem Fall beobachtet man eine Zunahme der Strahlenempfindlichkeit mit wachsendem BU-Gehalt der DNS.

b) Der BU-Effekt

Einen schlüssigeren Beweis für die Bedeutung der DNS als primären Treffbereich der Strahlenwirkung liefert der Einbau von halogenierten Basenanaloga in bakterielle DNS. Hierbei ist besonders das Bromuracil (BU) von Bedeutung, das anstelle von Thymin in die DNS eingebaut werden kann. Über seine sensibilisierende Wirkung auf Virus-DNS haben wir bereits in Kap. 12.5 gesprochen, so daß wir uns hier nur mit den speziellen Folgerungen für die Bakterien-DNS zu beschäftigen haben. Wie bei den Viren, so beobachtet man auch bei den Bakterien eine Empfindlichkeitszunahme, wenn halogenierte Basenanaloge in die DNS eingebaut werden. Die Sensibilisierung wird mit zunehmendem Substitutionsgrad größer, auch dann, wenn nur ein DNS-Strang das Analogon enthält (Kaplan et al., 1962). Abb. 104 zeigt zunächst

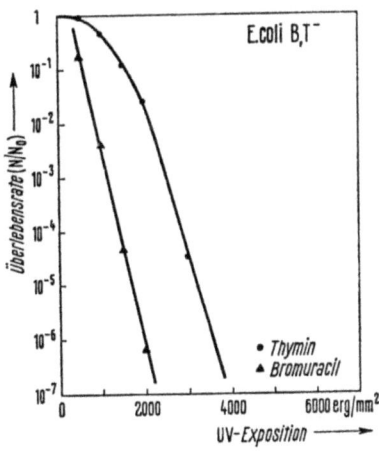

Abb. 104. UV-Inaktivierung von E. coli B, T^- mit normaler bzw. Bromuracilsubstituierter DNS. (Kaplan et al., 1962)

den Einfluß der maximalen BU-Substitution auf die UV-Inaktivierungskurve der Thymin-Mangelmutante E. coli B,T⁻, bei der der BU-Einbau besonders leicht zu bewerkstelligen ist. Man sieht, daß durch den BU-Einbau im wesentlichen die Schulter der UV-Inaktivierungskurve beseitigt wird, während die asymptotische Neigung praktisch unverändert bleibt. Ziehen wir zur Diskussion dieses Befundes die gerade besprochene Inaktivierungs-Hypothese von Haynes (1966) heran, die die Schulter auf die Reparatur von UV-Schäden zurückführt, dann kommen wir zu dem Schluß, daß der Einbau von BU in die DNS die korrekte Reparatur verhindern sollte. Dies scheint, in Analogie zu den Viren (Kap. 12.5), auch bei den Bakterien tatsächlich der Fall zu sein (Aoki et al., 1966).

Anders verhält es sich bei ionisierender Bestrahlung, wo nach BU-Einbau die Inaktivierungskurve steiler verläuft (Abb. 105). Wie Kaplan (1966) zeigte, ist die Empfindlichkeitserhöhung der bestrahlten BU-

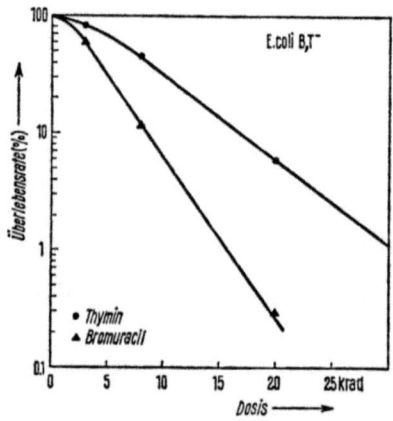

Abb. 105. Inaktivierung von E. coli B,T⁻ mit normaler bzw. Bromuracil-substituierter DNS durch Röntgenstrahlen. (Kaplan et al., 1962)

Bakterien korrelierbar mit der Zunahme der DNS-Doppelstrangbruchrate (Abb. 106). Er lysierte hierzu eine bestrahlte E. coli K 12-Mutante in einem neutralen Sucrosegradienten und zentrifugierte die DNS. Unter diesen Bedingungen tragen nur Doppelstrangbrüche zur Änderung des Sedimentationsverhaltens bei. Wie Abb. 106 zeigt, nimmt die relative Sedimentation nach BU-Einbau etwa 3mal so schnell mit der Dosis ab wie bei normaler DNS. Der gleiche Sensibilisierungsfaktor ergab sich in einem Parallelexperiment bei der Bestimmung der Koloniebildungsfähigkeit. Weiter konnte Kaplan (1966) durch Sedimentationsexperimente im alkalischen Gradienten zeigen, daß Einzelstrangbrüche auch in der BU-DNS repariert werden (ein Experiment dieser Art ist auf Abb. 112 dargestellt).

Transformierende DNS wird durch BU-Substitution im gleichen Maß sensibilisiert, wie die Koloniebildung (Szybalski u. Opara-Kubinska, 1965). Diese Tatsache, zusammen mit den bereits aufgeführ-

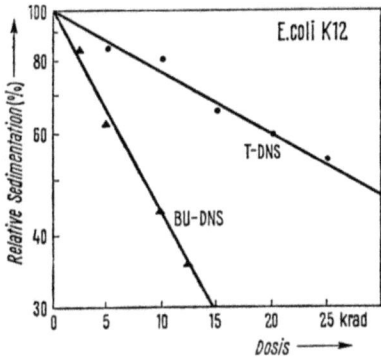

Abb. 106. Abnahme der relativen Sedimentation von normaler bzw. Bromuracil-substituierter DNS aus einer E. coli K12-Mutante im neutralen Sucrosegradienten nach Bestrahlung der vegetativen Zellen mit ^{60}Co-γ-Strahlen. (Kaplan, 1966)

ten BU-Befunden, zeigt, daß auch bei den Bakterien die DNS der kritische Treffbereich ist und daß Strahlenschäden der DNS für den reproduktiven Tod der bestrahlten Zellen verantwortlich sind.

13.4. Die Reparatur von UV-Schäden

Ein wichtiger Faktor, der die Strahlenempfindlichkeit einer Zelle festlegt, ist ihre Fähigkeit zur Reparatur von Strahlenschäden der DNS. Dieses Reparaturvermögen wurde bei den Bakterien besonders gründlich untersucht, so daß man sich heute über die Prinzipien der Reparatur an diesen Objekten im großen und ganzen im klaren ist. Es empfiehlt sich, wie im Laufe der folgenden Abschnitte noch klar werden wird, zunächst einmal die Reparaturprozesse für UV-Schäden zu betrachten, ehe von der Reparatur von Schäden ionisierender Strahlen die Rede ist. Die beiden wichtigsten Mechanismen der Reparatur von UV-Schäden sind die Photoreaktivierung und die Dunkelreparatur, die beide enzymatisch gesteuert, in ihrer Art jedoch völlig verschieden sind.

a) Photoreaktivierung

Hierbei handelt es sich um einen sehr effektiven Prozeß, der sich auf eine Vielzahl biologischer Objekte erstreckt und schon recht früh bei UV-Bestrahlungsversuchen bemerkt wurde. Hinweise auf seine Existenz können bis 1904 zurückverfolgt werden, doch erst nach seiner Wiederentdeckung im Jahre 1949 durch A. Kelner konzentrierte sich das Interesse in stärkerem Maße auf diesen interessanten Prozeß. Hervorgerufen wird die Photoreaktivierung, die bekanntlich auch bei intracellulär belichteten Phagen auftritt (Kap. 12.4), durch ein Enzym, das UV-Schäden unter Mitwirkung von Licht der Wellenlängen zwischen 3000 und 4000 Å eliminiert. Daß es in bestimmten Fällen auch eine Art Photoreaktivierung gibt, die ohne Enzym vonstatten geht, die sog. *indirekte Photoreaktivierung* sei hier lediglich erwähnt, zumal der zugrunde liegende Mechanismus noch nicht geklärt ist (vgl. Setlow, 1966). Die enzymatische Photoreaktivierung funktioniert auch in vitro, was auf Abb. 107 am Beispiel der Transformation dargestellt ist. UV-

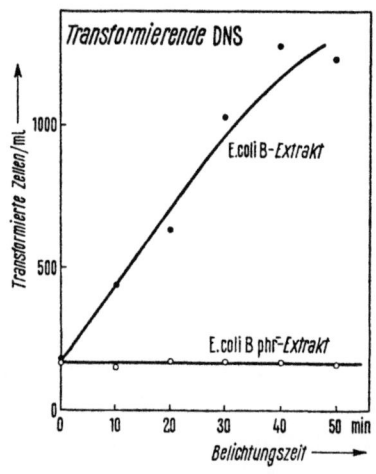

Abb. 107. In vitro-Photoreaktivierung UV-bestrahlter transformierender DNS von Haemophilus influenzae nach Inkubation mit Extrakten aus E. coli B- bzw. E. coli B phr-Zellen. (Rupert, 1965)

bestrahlte transformierende DNS wurde hier mit einem Zellextrakt von E. coli B inkubiert. Dieser Extrakt reaktiviert die DNS, was sich in einem Anstieg der Transformationsrate mit zunehmender Belichtungszeit bemerkbar macht. Die Transformationsfähigkeit bleibt jedoch unverändert, wenn man die transformierende DNS mit einem Extrakt der Mutante E. coli B phr$^-$ inkubiert, die kein Photoenzym enthält. Folgende Schritte der Photoreaktivierung sind durch solche in vitro-Versuche nachgewiesen worden:

1. Das Enzym verbindet sich bei der Inkubation, und zwar bereits im Dunkeln mit der UV-bestrahlten DNS (aber nicht mit unbestrahlter DNS) zu einem Komplex, was sich durch Zentrifugation und Säulenchromatographie nachweisen läßt.

2. Die hauptsächlichen Schäden, die bei der Belichtung eliminiert werden, sind Pyrimidin-Dimere, die im Laufe des Reaktivierungsvorgangs monomerisiert werden.

3. Nach genügend langer Belichtung wird der DNS-Enzym-Komplex gespalten, und der Reparaturvorgang ist beendet.

Es bestehen im einzelnen noch Unklarheiten, wie das Licht in den Reaktivierungsprozeß eingreift, durch den übrigens bis zu 90% der UV-Schäden eliminiert werden. Nähere Einzelheiten findet der Leser in den Artikeln von Setlow (1966) und Rupert u. Harm (1966). Die Lage des Steuergens (phr) für die Produktion des Photoenzyms auf dem Bakterienchromosom ist aus Abb. 113 zu ersehen.

b) Dunkelreparatur

Dieser enzymatische Prozeß unterscheidet sich in mehreren Punkten von der Photoreaktivierung. Einmal verläuft die Reparatur ohne Mitwirkung von Licht (Name!). Das hervorstechendste Merkmal ist jedoch, daß nicht nur UV-Schäden, d. h. Pyrimidin-Dimere eliminiert werden, sondern z. B. auch Vernetzungsschäden, die durch den Angriff alkylierender Verbindungen an der DNS entstehen. Eine derartige Substanz ist das Stickstoff-Lost (Senfgas), das zwei benachbarte, jedoch auf verschiedenen DNS-Strängen gelegene Guanin-Moleküle miteinander vernetzt. Die Tatsache, daß auch solche Schäden, die sich offenbar erheblich von den Thymin-Dimeren unterscheiden, repariert werden können, legt die Vermutung nahe, daß es sich bei der Dunkelreparatur um einen universelleren Korrekturprozeß handelt, der den Schaden an einer Veränderung der DNS-Konfiguration erkennt. Tatsächlich gibt es außer Senfgas noch eine Reihe anderer Agenzien, deren Wirkungen durch die Dunkelreparatur ebenfalls teilweise aufgehoben werden können. Schließlich unterscheidet sich die Dunkelreparatur von der Photoreaktivierung noch dadurch, daß die Dimere und Vernetzungen nicht einfach gespalten, sondern in einem komplexen Prozeß herausgeschnitten und durch neu synthetisierte Abschnitte ersetzt werden. Man bezeichnet die Dunkelreparatur deshalb häufig auch als Excisionsreparatur.

Die Tatsache, daß überhaupt Thymin-Dimere aus der UV-bestrahlten DNS herausgeschnitten werden, wurde gleichzeitig von Setlow u. Carrier (1964) und von Boyce u. Howard-Flanders (1964) entdeckt. Diese Versuche, auf die wir im einzelnen nicht eingehen können, wurden mit UV-resistenten und UV-empfindlichen Mutanten von E. coli durchgeführt, in deren DNS zuvor Tritium-markiertes Thymin eingebaut wurde. Nach UV-Bestrahlung und anschließender Dunkelinkubation wurden die Zellen lysiert und die DNS mit Trichloressigsäure ausgefällt. Bei den empfindlichen Mutanten war praktisch die gesamte Radioaktivität in der DNS verblieben, während sich bei den resistenten Mutanten auch im Überstand radioaktive Produkte nachweisen ließen, die von herausgeschnittenen DNS-Bausteinen herrührten. Durch Papierchromatographie wurde gezeigt, daß es sich dabei um Thymin-Dimere handelt, die in Gestalt kleiner Oligonucleotide von nicht mehr als 3 Basen auftraten. Diese Versuche erbrachten den Nachweis, daß die

Thymin-Dimere durch die Dunkelreparatur nicht gespalten, sondern als Ganzes herausgeschnitten werden.

Darüber hinaus zeigten die Experimente von Pettijohn u. Hanawalt (1964), daß nach dem Ausschneiden der beschädigten Stellen eine Neusynthese des entfernten Materials stattfindet. Versuchsobjekt war hierbei die Coli-Mangelmutante E. coli TAU-bar, die neben Thymin auch noch Uracil und eine Reihe von Aminosäuren zum Wachstum benötigt. In ihre DNS wurde über 12 Generationen hinweg ^{3}H-Thymin eingebaut. Im Anschluß an eine UV-Bestrahlung ließ man die Zellen in einem ^{14}C-BU-haltigen Medium wachsen. Man wählte dabei das BU, um ein übersichtlicheres Sedimentationsverhalten der extrahierten DNS zu erreichen. Wie Abb. 108 zeigt, nimmt mit zunehmender Inkubations-

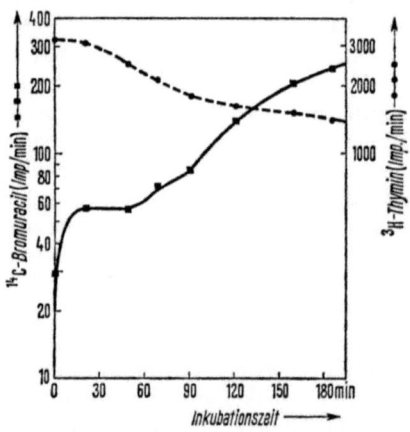

Abb. 108. Verlust von ^{3}H-Thymin und Einbau von ^{14}C-Bromuracil in die DNS UV-bestrahlter E. coli Tau-bar-Zellen als Funktion der Inkubationszeit der Zellen nach Ende der Bestrahlung. (Pettijohn u. Hanawalt, 1964)

zeit im BU-haltigen Medium infolge der Excision der UV-Schäden die Tritium-Aktivität und damit die Menge des Thymins in der DNS ab, während der gleichzeitige Anstieg des ^{14}C-Gehaltes auf Rekonstruktion der DNS durch Einbau von Bromuracil zurückzuführen ist. Auf den Nachweis, daß das BU nicht durch einen semikonservativen Replikationsvorgang, sondern im Zuge der Reparatur in die DNS aufgenommen wurde, verwandten Pettijohn u. Hanawalt besondere Sorgfalt. Dazu extrahierten sie die reparierte DNS aus den Zellen und zentrifugierten sie im CsCl-Gradienten. Sie erschien dabei im Sedimentationsdiagramm an der Stelle der „leichten" Thymin-DNS und war durch die gewählte radioaktive BU-Markierung leicht zu identifizieren. Dies konnte nur so gedeutet werden, daß die statistisch über die DNS verteilten Dimere herausgeschnitten und durch BU ersetzt wurden, wobei aber die Menge des insgesamt eingebauten BU so klein ist, daß gegenüber der „leichten" DNS keine meßbare Sedimentationsänderung zustande kommt. Bei der semikonservativ replizierten DNS erschien hingegen das BU sowohl in Form hybrider DNS, d. h. solcher DNS, die einen BU- und einen Thymin-Strang enthält, als auch in Gestalt völlig BU-substituierter DNS-Stücke und darüber hinaus noch gebunden an solche DNS-Abschnitte, die sich gerade in Replikation befanden. Durch Degradierung der DNS mit Ultraschall oder DN-ase ergaben sich weitere Hinweise darauf, daß das Bromuracil in kleinen Abschnitten in die DNS eingebaut wird. Diese neu synthetisierten Abschnitte enthalten wenigstens 25, möglicherweise aber einige Hundert Nucleotide; d. h. es werden nicht nur die Thymin-Dimere aus dem DNS-Strang herausgeschnitten, sondern eine größere Anzahl von Nucleotiden in der Umgebung eines solchen Schadens. Interessant, wenn auch nach dem bisher Gesagten ohne weiteres verständlich, sind noch die Befunde, daß im Anschluß an eine vorangegangene Photoreaktivierung kein BU in die DNS eingebaut wird, und daß die UV-empfindliche Coli-Mutante B_s-1 die beschriebene Reparatur nicht zeigt.

Zwei Modelle der Dunkelreparatur, die bereits auf Vorschläge von Boyce u. Howard-Flanders (1964) bzw. Setlow u. Carrier (1964) zurückgehen, sind mit diesen Resultaten vereinbar. Sie sind als *patch and cut-* bzw. als *cut and patch-*Hypothese bekannt geworden (Hanawalt u. Haynes, 1967), was man sinngemäß am besten mit *Flick- und Schneid-* bzw. *Schneid- und Flick-*Hypothese übersetzt. Beide gegenwärtig noch gleichberechtigte Mechanismen sind auf Abb. 109 schematisch dargestellt. Beginnen wir mit dem Schneid- und Flick-Mechanismus, so können wir folgende Schritte postulieren:

1. Erkennung des Schadens an einer Verzerrung der DNS-Konformation.

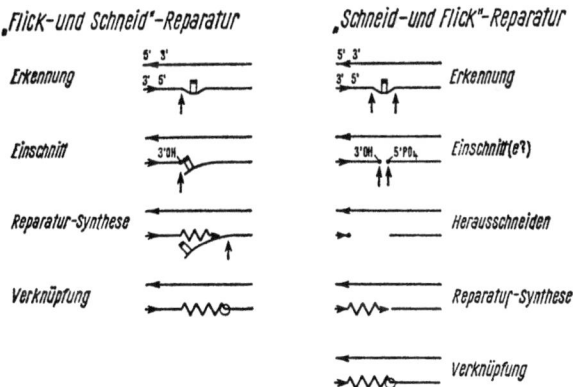

Abb. 109. Mögliche Mechanismen der Dunkelreparatur. (Nach Haynes et al., 1968)

2. Herausschneiden des Schadens durch einen (doppelten) Endonuclease-Einschnitt.
3. Erweiterung der entstehenden Lücke durch eine 5' → 3'-Exonuclease, was sich in der beobachteten Degradierung der DNS zeigt.
4. Reparatursynthese mit Hilfe einer 3' → 5'-Polymerase, wobei der intakte Komplementärstrang als Vorlage dient.
5. Knüpfung der letzten Phosphodiesterbindung durch eine Polynucleotid-Ligase.

Das in Abb. 109 links dargestellte Flick- und Schneid-Modell umgeht die Bildung eines längeren Einzelstrangabschnittes, der gegenüber Scherkräften sehr empfindlich ist und somit die Wiederherstellung des DNS-Moleküls gefährdet. Nach einem Endonuclease-Einschnitt erfolgt direkt die Reparatursynthese mit Hilfe einer recht merkwürdigen Polymerase, die den defekten Strang „zurückschält", bis er schließlich abgeschnitten und degradiert wird. Eine Ligase sorgt anschließend wieder für die Knüpfung der letzten Diesterbindung. Nähere Auskunft über Enzym-Funktionen bei der Reparatur gibt der Übersichtsartikel von Howard-Flanders (1968).

Es bleibt nun noch die Frage zu diskutieren, ob die in Kap. 13.2 dargestellte Haynessche Inaktivierungs-Hypothese mit den Modellen der Dunkelreparatur vereinbar ist. Es könnte sein, daß die Wirkung der Exonuclease den entscheidenden Schritt darstellt, der die Zahl der reparierbaren Schäden nach oben begrenzt. Denn für den Fall dicht liegender UV-Schäden (also für hohe Dosen) besteht die Gefahr, daß die DNS so weit abgebaut wird, so daß eine Rekonstruktion nicht mehr möglich ist. Man kann nun aus dieser Vermutung heraus die von Haynes postulierte Begrenzung des Reparaturvermögens mathematisch umformulieren und unter der Forderung, daß Reparatur und mithin ein Überleben nur möglich ist, wenn die Schäden im Mittel weiter als eine bestimmte kritische Distanz voneinander entfernt sind, eine Inaktivierungskurve berechnen. Die Anpassung dieser Formel (Read, 1968) an die Überlebenskurve von E. coli B/r (Abb. 102) liefert für die kritische Distanz einen Wert von etwa 300 Nucleotiden. Identifiziert man diesen Wert mit der Anzahl der Nucleotide, die durch Exonuclease-Angriff zusammen mit einem DNS-Strang herausgeschnitten werden, so entsteht der Eindruck, daß bei E. coli B/r der gesamte genetische Marker, in dem sich der UV-Schaden befindet, im Verlauf der Schadensreparatur entfernt und durch neu synthetisiertes Material ersetzt wird.

Es sei in diesem Zusammenhang noch erwähnt, daß nicht nur UV-Letalschäden, sondern auch Schäden, die lediglich zu einer Mutation führen, durch Dunkelreparatur eliminiert werden. So beobachteten z. B. Hill (1965) und Witkin (1966), daß sich eine Reihe von Mutationen durch UV-Bestrahlung in Reparatur-defizienten Coli-Stämmen erheblich häufiger induzieren lassen, als in Stämmen, die zur Reparatur fähig sind.

13.5. Die Reparatur von Schäden ionisierender Strahlung

Es erhebt sich nun sofort die für uns interessante Frage, ob der universelle Mechanismus der Dunkelreparatur nicht auch Schäden ionisierender Strahlung, also vorwiegend Einzelstrangbrüche der DNS reparieren kann. Daß die Reparatur von Röntgenschäden mit derjenigen für UV-Schäden möglicherweise gemeinsame Schritte hat, kann aus kombinierten Bestrahlungsexperimenten mit UV- bzw. Röntgenstrahlen (Haynes, 1964) geschlossen werden. Abb. 110 zeigt, daß sich

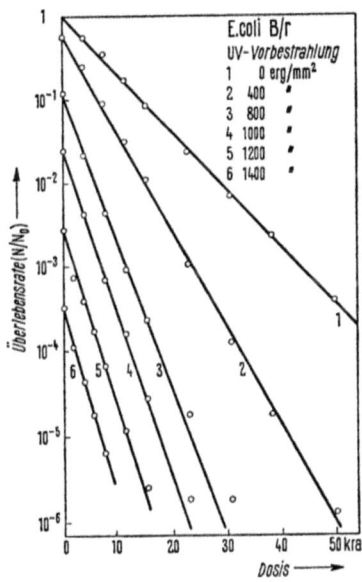

Abb. 110. Inaktivierung von E. coli B/r durch Röntgenstrahlen nach Vorbestrahlung mit verschiedenen UV-Dosen. (Haynes, 1964)

die Neigung der Röntgen-Inaktivierungskurve von E. coli B/r vergrößert, wenn man zuvor mit verschiedenen UV-Dosen bestrahlt hat. E. coli B/r erreicht durch diese Prozedur schließlich etwa das Empfindlichkeitsniveau der sensiblen Mutante E. coli B_{s-1}, die ihrerseits diesen „synergistischen" Effekt nicht zeigt. Andererseits beseitigt eine Röntgenvorbestrahlung nur die Schulter der UV-Inaktivierungskurve von E. coli B/r, während die Neigung nicht verändert wird (Abb. 111). In beiden Fällen verschlechtert also eine Vorbestrahlung gleich welcher Art die Reparatur der durch die nachfolgende Bestrahlung erzeugten Schäden, was dafür spricht, daß bei der Eliminierung der durch Röntgen- und UV-Bestrahlung induzierten DNS-Schäden einige Reaktionsschritte identisch sind. Dies zeigen auch bereits die Abbn. 101 und 102; denn sowohl gegenüber UV-Einwirkung als auch gegenüber Röntgenstrahlen ist E. coli B/r resistenter als B_{s-1}. Dies ist allerdings nicht die Regel. Bridges u. Munson (1966) isolierten eine Mutante, E. coli WP2 hcr⁻, die gegenüber UV und Senfgas empfindlicher ist als der hcr⁺-Stamm; beide besitzen jedoch etwa die gleiche Röntgenempfindlichkeit und die gleiche Empfindlichkeit gegenüber der Einwirkung von Methylmethansulfonat (MMS), einer alkylierenden Verbindung, die in vivo Einzelbrüche an der DNS bewirkt. Zu entsprechenden Ergebnissen mit B. subtilis kamen Searashi u. Strauss (1965) sowie Reiter u. Strauss (1965).

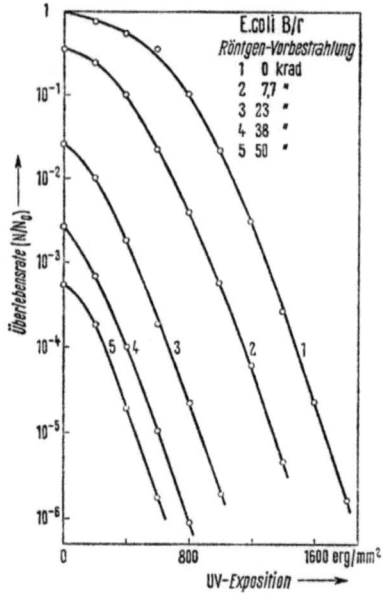

Abb. 111. UV-Inaktivierung von E. coli B/r nach Vorbestrahlung mit verschiedenen Dosen von Röntgenstrahlen. (Haynes, 1964)

Diese Befunde zeigen, daß die Reparatur von Einzelstrangbrüchen als ein Teilprozeß der Dunkelreparatur angesehen werden kann, der auch dann noch abläuft, wenn die komplette Dunkelreparatur der UV-Schäden nicht mehr möglich ist; mit anderen Worten: die UV-Reparatur scheint „aufwendiger" zu sein als die Reparatur von Einzelbrüchen. Bakterien, die zur kompletten UV-Reparatur fähig sind, reparieren also auch Einzelbrüche, aber nicht umgekehrt. Bis jetzt ist es nicht gelungen, eine Mutante zu finden, die gegenüber UV-Licht resistent, gegenüber Röntgenstrahlung aber empfindlich sind. Aus den genannten Gründen ist es auch nicht verwunderlich, daß die Reparatur von Schäden ionisierender Strahlen einer anderen Kinetik gehorcht als die von UV-Schäden. Während sich die UV-Reparatur im Auftreten einer Schulter äußert, beeinflussen Unterschiede im Reparaturvermögen von Röntgenschäden die Neigung der Inaktivierungskurve (vgl. Abb. 101). Anscheinend ist die Zahl der reparierten Einzelbrüche nicht nach oben begrenzt.

Auch für die Reparatur von Röntgenschäden wurden einzelne Schritte nachgewiesen, nämlich die Degradierung und anschließende Neusynthese der DNS, sowie die Vereinigung gebrochener DNS-Einzelstränge. McGrath et al. (1966) verglichen die Coli-Mutanten B/r und B_{s-1} bezüglich des Einbaus von ^{3}H-Thymidin in ihre DNS nach Bestrahlung und andererseits hinsichtlich der Abgabe von Radioaktivität aus der ^{3}H-markierten DNS in das Medium. Dabei ergab sich, daß B/r erwartungsgemäß mehr ^{3}H-Thymidin einbaut als B_{s-1}. Umgekehrt aber gibt B_{s-1} mehr Radioaktivität an das Medium ab als B/r. In B_{s-1} wird also nach Röntgenbestrahlung die DNS abgebaut, ohne daß es zu einer Rekonstruktion kommt.

Die Reparatur von Einzelbrüchen in der DNS von E. coli B/r haben McGrath u. Williams (1966) direkt verfolgt. Sie benutzten hierzu die Methode der DNS-Zentrifugation im alkalischen Sucrosegradienten, die die Bestimmung der Einzelbruchrate gestattet. Testobjekt war der resistente E. coli B/r, dessen DNS ^{3}H-Thymidin enthielt. Die Sedimentationsdiagramme nach Lysis der Bakterien und Zentrifugation der DNS zeigt Abb. 112. Es fällt auf, daß schon bei der unbestrahlten Kontrolle ein breites Maximum auftritt, da die E. coli-DNS bereits bei der Präparation etwas zerbricht (Abb. 112 a). Unmittelbar nach einer Röntgenbestrahlung (Dosis: 20 krad) ist das Maximum nach rechts verschoben und zugleich etwas breiter geworden (Abb. 112 b); d. h. die DNS-Einzelstränge sedimentieren langsamer, und außerdem ist ihre Molekulargewichtsverteilung ungleichmäßiger, was auf die Erzeugung verschieden langer Bruchstücke hindeutet. Inkubiert man die B/r-Zellen vor der DNS-Extraktion 20 min lang bei 37 °C, so verschiebt sich das Maximum geringfügig in Richtung des Kontrollwertes (Abb. 112 c). Seine ursprüngliche Gestalt und Lage nimmt der Peak

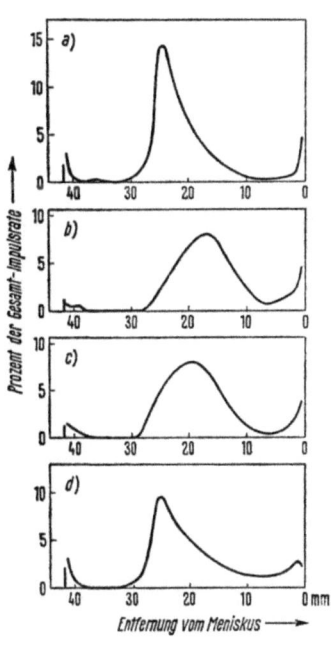

Abb. 112 a—d. Radioaktivitätsverteilung markierter DNS aus E. coli B/r nach Röntgenbestrahlung als Funktion der Entfernung vom Meniskus nach 90 min Zentrifugation im alkalischen Sucrosegradienten. a Unbestrahlte Kontrolle. b 20 krad, keine Inkubation. c 20 krad, anschließend 20 min Inkubation der bestrahlten Zellen bei 37 °C. d 20 krad, 40 min Inkubation. (Nach McGrath u. Williams, 1966)

jedoch erst wieder ein, wenn man 40 min lang vor der DNS-Extraktion bebrütet. Während der Inkubation werden also die Einzelbrüche der DNS repariert.

Die Überlegungen dieses Abschnitts werden in vielen Punkten ergänzt durch die Hypothese des Sauerstoff-Effektes, die wir in Kap. 8.2 dargestellt haben. Dort wurde bereits von der Tatsache Gebrauch gemacht, daß sich die Reparatur von Strahlenschäden nur auf sog. Typ 1-Schäden erstreckt, worunter wir im wesentlichen Einzelstrangbrüche und Basenveränderungen verstanden, Schäden also, deren Produktion vom Sauerstoffdruck abhängt. Im Gegensatz dazu wurden die im allgemeinen irreparablen Doppelstrangbrüche (Typ 2-Schäden) als Sauerstoff-unabhängig vorausgesetzt, was durch die Ergebnisse von Kap. 10.4 gesichert ist.

13.6. Die genetische Kontrolle der Reparatur im Bacterium E. coli

Wir haben bisher die Reparatur von Strahlenschäden als einen spezifischen Prozeß betrachtet. Bereits die genauere Untersuchung der Dunkelreparatur zeigt aber, daß es sich bei der Reparatur von Strahlenschäden möglicherweise nur um einen Teil eines universellen Korrektursystems handelt, das den ordnungsgemäßen Ablauf der vitalen DNS-Funktion ermöglicht und damit die Kontinuität der genetischen Information gewährleistet. Wenn wir nun im folgenden die wichtigsten Klassen strahlenempfindlicher Mutanten von E. coli besprechen, so geschieht dies nicht nur mit dem Ziel, eine Genkarte der Reparatur-Loci aufzustellen, sondern auch in der Absicht, die Universalität des Reparatur-Aspektes und seine Beziehungen zu anderen vitalen Funktionen, beispielsweise zur genetischen Rekombination, herauszustellen. Nähere Information zu diesem Abschnitt findet der Leser in den Artikeln von Howard-Flanders u. Boyce (1966), Read (1968), Rörsch et al. (1967) und Taylor u. Trotter (1967).

a) Mutanten, die nach UV- oder Röntgenbestrahlung Filamente bilden

Zu dieser auf den ersten Blick singulären Gruppe gehören Mutanten, die sich zwar nach einer Bestrahlung noch weiterteilen, bei denen es aber nicht zur Abtrennung der Tochterzellen und damit nicht zur Bildung von Makrokolonien kommt (Filamentäres Wachstum). Der bekannteste Stamm dieser Art ist der Wildtyp E. coli B, dessen größere Strahlenempfindlichkeit gegenüber B/r auf die Filamentbildung zurückgeführt wird. Er wird daher mit fil+ bezeichnet. Geht man andererseits von nicht filamentär wachsenden Stämmen aus, so lassen sich daraus durch Bestrahlung Mutanten gewinnen, die wiederum filamentär wachsen, die sog. dir-Mutanten („division irradiation resistant"; Rörsch et al., 1967). Die Filamentbildung bei dir⁻- und fil⁺-Stämmen kann man durch Zugabe von Pantoyl-Lacton reduzieren. Diese Substanz spaltet wahrscheinlich die Filamente und erlaubt den abgespaltenen Zellen die Entwicklung zu einer Kolonie. Den dir-Mutanten entsprechen bei E. coli K12-Stämmen die sog. lon-Zellen („long form"), die ebenfalls filamentär wachsen (Howard-Flanders et al., 1964). Wahrscheinlich ist lon ein Regulatorgen, das die Synthese gewisser Enzyme steuert, die für die Bildung von Polysacchariden der Zellwand erforderlich sind.

b) Mutanten, die keine Dunkelreparatur von UV-Schäden durchführen können, aber nicht notwendig empfindlich sind gegen ionisierende Strahlen

Besonders wichtig ist hier zunächst die Feststellung von Howard-Flanders et al. (1966), daß die Dunkelreparatur von 3 Regionen des Bakteriengenoms kontrolliert wird, die als uvrA, B und C bezeichnet werden (möglicherweise gibt es sogar noch ein viertes Gen). Gegenüber UV-Strahlung und gegen den Angriff alkylierender Verbindungen sind die uvr⁻-Mutanten sehr empfindlich. Jedoch besitzen uvr⁺- und uvr⁻-Mutanten gegenüber Einzelbruch-erzeugenden Agenzien wie Methylmethansulfonat sowie auch gegenüber ionisierenden Strahlen gleiche Empfindlichkeit. Gelegentlich können uvr⁺-Mutanten einen kleinen Teil der Röntgenschäden reparieren, der möglicherweise aus Basenveränderungen besteht. Mehrfachmutanten, z. B. uvrA⁻B⁻, sind nur etwa 20% UV-empfindlicher als Einfachmutanten, so daß die Loci A, B und C mit großer Wahrscheinlichkeit nicht jeweils bestimmte Einzelschritte der Dunkelreparatur steuern. Die meisten uvr⁻-Mutanten sind zur Wirtszellenreaktivierung der Phagen-DNS unfähig, jedoch nicht alle. Rörsch u. Mitarb. (1967) haben UV-empfindliche Coli-Mutanten beschrieben, die als dar⁻ („dark repair") bezeichnet werden. Obwohl die meisten dieser Mutanten in eine der Gruppen A, B und C gehören (Abb. 113), unterscheiden sie sich hinsichtlich ihrer Fähigkeit zur Wirtszellenreaktivierung sowie auch bezüglich anderer Eigenschaften. Sehr UV-empfindlich ist auch die sog. syn-Mutation („synthesis of nucleic acids"), die in der Gruppe uvrC liegt (Rörsch et al., 1967). Bei syn⁻-Mutanten beobachtet man nach Bestrahlung eine erhebliche Reduktion der Synthese von Protein und Nucleinsäure.

Ein kleiner Teil der hier aufgezählten Mutanten kann, wie gerade erwähnt, Wirtszellenreparatur durchführen, obwohl die eigene DNS nicht repariert wird. Obwohl die Bedeutung dieses Phänomens noch nicht klar ist, scheint hierdurch die in Kap. 12.4 ausgesprochene Vermutung unterstützt zu werden, wonach die Wirtszellenreparatur der Phagen-DNS eine vereinfachte Variante der Dunkelreparatur der zelleigenen DNS darstellt.

c) Mutanten, die zugleich UV- und Röntgen-empfindlich sind

Wie wir bereits in Kap. 13.5 erwähnt haben, gibt es Mutanten, die weder UV- noch Röntgenschäden reparieren können. Es muß sich dabei jedoch um Doppelmutanten handeln, denn die Empfindlichkeit gegenüber Röntgenstrahlen ist, wie wir gesehen haben, im Prinzip unabhängig vom Reparaturvermögen bezüglich der UV-Schäden. Die entsprechenden Loci, die für die Röntgen-Empfindlichkeit verantwortlich sind, werden in der Literatur als lex oder exr („X-ray resistant") benannt und liegen meist in der uvrA-Region (Abb. 113). Die bekannteste

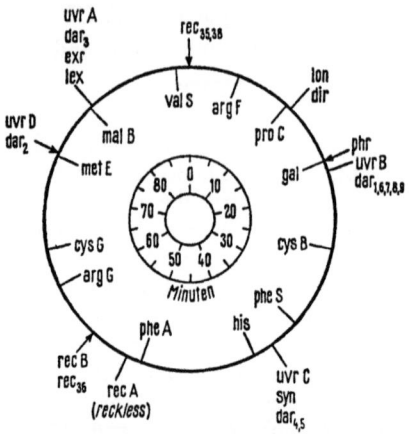

Abb. 113. E. coli-Chromosomen mit einigen genetischen Markern (innen) und den wichtigsten Reparatur-Genen (außen), angeordnet als Funktion des Zeitpunkts ihrer Überführung in eine Acceptorzelle nach Beginn der Konjugation. Marker, deren Lage noch nicht genau bekannt ist, wurden durch Pfeile angedeutet. (Nach Read, 1968; Rörsch et al., 1967; Taylor u. Trotter, 1967)

Doppelmutation dieser Art besteht zwischen E. coli B/r und B_{s-1}, wobei B/r sinngemäß als uvr$^+$ exr$^+$ und B_{s-1} als uvr$^-$ exr$^-$ bezeichnet werden müßten. Die exr-Mutation liegt dabei in der uvrA-Gruppe, die uvr-Mutation dagegen in der B-Region.

d) Mutanten, die keine genetische Rekombination durchführen können

Diese Mutanten, als rec$^-$ bezeichnet, sind sehr empfindlich gegenüber UV- und Röntgenbestrahlung. Die defekte Rekombination zeigt sich darin, daß es bei der Kreuzung Hfr rec$^- \times$ F$^-$ rec$^-$ nicht zur Bildung von Rekombinanten kommt. Das rec-Gen ist jedoch dominant, d. h. die Rekombination geht vonstatten, wenn einer der Partner ein intaktes rec-Gen besitzt. Die Tatsache, daß rec$^-$-Mutanten sehr strahlenempfindlich sind, darf nicht zu dem Schluß verleiten, daß die Rekombination ein wichtiger Reparaturschritt sei. Es kann sich dabei höchstens um eine partielle Überschneidung zwischen Reparatur- und Rekombinationsfunktionen handeln, denn eine uvr-Defektmutation zusätzlich zur rec⁻-Mutation ergibt eine weitere Erhöhung der Strahlenempfindlichkeit. Verschiedene Beobachtungen an rec⁻-Mutanten führen zu dem Schluß, daß es sich bei den rec-Genen (Abb. 113) um Exonuclease-Regulatoren handelt, die bei den rec⁻-Mutanten den Reparaturprozeß derart entgleisen lassen, daß die DNS-Degradierung das Übergewicht erhält. So zeigen verschiedene rec⁻-Mutanten nach Bestrahlung einen geradezu wilden DNS-Abbau und werden deshalb als sog. „reckless mutants" (rücksichtslose Mutanten) bezeichnet. Sie verlieren sogar schon ohne Bestrahlung laufend Nucleotide. Daneben gibt es auch „bedächtige" („cautious") rec⁻-Mutanten, die eine weniger heftige DNS-Degradierung zeigen. Die „Regulatorhypothese" wird unterstützt durch die Beobachtung, daß der Aktivitätspegel einer Reihe von wichtigen DNS-wirksamen Enzymen in rec⁻-Mutanten nicht von demjenigen der rec⁺-Mutanten abweicht (Clark et al., 1966; Gellert, 1967). Interessanterweise hat die rec⁻-Mutation im allgemeinen keinen Einfluß auf die Wirtszellenreaktivierung beispielsweise an T1-Phagen, was darauf hindeutet, daß T1 möglicherweise ein eigenes rec-Gen besitzt.

13.7. Micrococcus radiodurans

Allen Betrachtungen, die wir bis jetzt über die Strahlenempfindlichkeit und die Reparaturprozesse bei Bakterien angestellt haben, scheint eine wohl einmalige Erscheinung auf dem Gebiet der Mikroorganismen zu widersprechen, das ist M. radiodurans, der seiner beinahe legendären Strahlenresistenz auch seinen Namen verdankt. Abb. 114 zeigt seine Röntgen-Inaktivierungskurve für anaerobe Bestrahlung. Sie ist durch eine enorme Schulter gekennzeichnet, der ein exponentieller Abfall

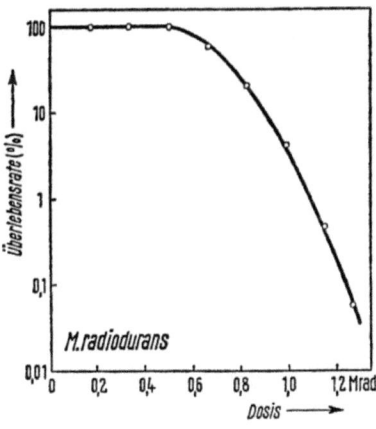

Abb. 114. Inaktivierung von Micrococcus radiodurans durch Röntgenstrahlen. (Dean et al., 1966)

folgt. Aus der Neigung dieses exponentiellen Teils ermittelt sich eine D'_{37} von ca. 70 krad; dieser Wert läßt sich beispielsweise ohne weiteres mit der D_{37} des resistenten E. coli B/r von 7—8 krad vergleichen, denn bei aller Bewunderung für den M. radiodurans darf man nicht übersehen, daß die Zelle nur etwa ein Achtel der DNS-Menge einer Coli-Zelle enthält. Die D'_{37} von M. radiodurans ist jedoch unabhängig vom Partialdruck des Sauerstoffs. Dieser Befund ist recht ungewöhnlich und widerspricht den Beobachtungen an anderen Bakterien, deren Sensibilisierung durch Sauerstoff um so größer ist, je resistenter sie sind (Kap. 8.3; Tab. 8). Wir müssen daher schließen, daß M. radiodurans asymptotisch im wesentlichen nur durch Doppelstrangbrüche der DNS inaktiviert wird, und daß praktisch alle anderen Schäden repariert werden.

Was hat nun aber das Auftreten der enormen Schulter zu bedeuten, die sowohl nach Röntgenbestrahlung (Abb. 114) als auch bei UV-Inaktivierung (Setlow, 1964) beobachtet wird? Darüber geben synergistische Bestrahlungsexperimente Auskunft, wie wir sie für E. coli B/r bereits kennengelernt haben (Abb. 110 und 111). Allerdings wirkt sich eine Kombination von UV- und Röntgenbestrahlung auf M. radiodurans fundamental anders aus als auf E. coli B/r. Wie Moseley u. Laser (1965) zeigten, verschwindet nach ionisierender Vorbestrahlung die Schulter der UV-Inaktivierungskurve, was in schöner Übereinstimmung mit den Befunden an E. coli B/r ist. Überraschenderweise beobachtet man jedoch genau das gleiche, wenn man die Reihenfolge der Bestrahlung umkehrt. Im Gegensatz zu E. coli B/r nimmt die Endneigung der Röntgen-Inaktivierungskurve nicht zu, wenn man zuvor mit UV-Licht bestrahlt, sondern es verschwindet ebenfalls die Schulter. Damit liegt der Schluß nahe, daß die Kinetiken der Reparatur von UV- bzw. Röntgenschäden übereinstimmen; mit anderen Worten, die Schulter in der Röntgen-Inaktivierungskurve deutet auf eine „UV-ähnliche" Reparatur der Strahlenschäden hin. Allerdings erlaubt diese formale Analyse noch keine Aussage über die physiko-chemische Natur der Schäden, die im Bereich der Schulter repariert werden, und gerade in diesem Punkt sorgt M. radiodurans für eine echte Sensation: *er kann Doppelbrüche der DNS reparieren*. Dies folgt bereits aus der Form der Dosis-Effekt-Kurve der Abb. 114. Aus den bekannten G-Werten für die Erzeugung von Doppelstrangbrüchen in DNS (vgl. Kap. 10.4) kann man ohne Schwierigkeit errechnen, daß bei einer Dosis von 500 krad, bei der praktisch noch 100% Überlebende registriert werden, im Mittel bereits mehrere Doppelstrangbrüche pro DNS-Molekül entstanden sein müssen. Nachgewiesen wurde die Doppelbruchreparatur erstmalig von Dean u. Mitarb. (1966), die unmittelbar nach Bestrahlung eine größere Anzahl von Doppelstrangbrüchen fanden, erkennbar an einer Viscositätsabnahme der DNS. Dies zeigt, daß die Mikrococcus-DNS nicht resistenter ist als andere doppelsträngige DNS-Arten auch. Wurde die DNS jedoch erst nach zweistündiger Inkubation extrahiert, so glich ihre Viscosität derjenigen der Kontroll-DNS; es muß also eine Reparatur der Doppelbrüche stattgefunden haben. Sie wird zweifellos durch die Tatsache begünstigt, daß die Micrococcus-DNS von Nucleoprotein umgeben ist, wodurch verhindert wird, daß sich die getrennten DNS-Stränge unzulässig weit voneinander entfernen. Wie die Doppelbruch-Reparatur allerdings vonstatten geht, bleibt vorläufig ein Rätsel. In der Folge einer UV- oder Röntgenbestrahlung beobachtet man bei M. radiodurans eine Freisetzung von DNS-Bruchstücken, was auf eine Excisionsreparatur ähnlich wie bei anderen resistenten Bakterien schließen läßt (Setlow, 1964; Lett et al., 1967). Die Effektivität, mit der beispielsweise das Herausschneiden der Thymin-Dimere nach UV-Bestrahlung erfolgt, entlockte Jane K. Setlow (1964) den Vergleich mit einem „molekularen Striptease". Es sei noch erwähnt, daß es von M. radiodurans eine sog. pigmentlose Mutante gibt, die weit strahlenempfindlicher ist als der „Wildtyp" und sich in dieser Hinsicht ähnlich verhält wie die „normalen" Bakterien. Man muß annehmen, daß die Reparatur von DNS-Doppelbrüchen lediglich eine Spezifität des pigmentierten Micrococcus ist.

Mit der Besprechung dieses außergewöhnlichen Objektes wollen wir dieses Kapitel abschließen. Die hier und vor allem auch in den vorangegangenen Kapiteln 11 und 12 erworbenen Kenntnisse werden uns in die Lage versetzen, im folgenden und letzten Kapitel den Zusammenhang zwischen biologischer Komplexität und Strahlenempfindlichkeit zu diskutieren. Dabei werden wir uns von Gesichtspunkten leiten lassen, die sich bisher als die wesentlichsten herauskristallisiert haben, nämlich vom kritischen Treffbereich der Strahlenwirkung und der Reparatur von Strahlenschäden.

Literatur

Aoki, S., R. P. Boyce, and P. Howard-Flanders: Nature 209, 686 (1966).
Boyce, R. P., and P. Howard-Flanders: Proc. nat. Acad. Sci. (Wash.) 51, 293 (1964).
Bridges, B. A., u. R. J. Munson: Biochem. Biophys. Res. Comm. 22, 268 (1966).
— — In: Current topics in radiation research, Vol. IV. Eds. M. Ebert and A. Howard. Amsterdam: North-Holland Publ. Co. 1968, p. 95.
Clark, A. J., M. Chamberlin, R. P. Boyce, and P. Howard-Flanders: J. Mol. Biol. 19, 442 (1966).
Dean, C. J., P. Feldschreiber, and J. T. Lett: Nature 209, 49 (1966).
Dertinger, H.: Z. Naturforsch. 22 b, 1266 (1967).
Gellert, M.: Proc. nat. Acad. Sci. (Wash.) 57, 148 (1967).
Hanawalt, P. C., and R. H. Haynes: Scient. American 216, 36 (1967).
Haynes, R. H.: Radiat. Res. 16, 562 (1962).
— Photochem. Photobiol. 3, 429 (1964).
— Radiat. Res. Suppl. 6, 1 (1966).
—, R. M. Baker, and G. E. Jones: In: Energetics and mechanisms in radiation biology. Ed. G. O. Phillips. London, New York: Academic Press 1968, p. 425.

Hill, R. F.: Photochem. Photobiol. 4, 563 (1965).
Howard-Flanders, P.: Ann. Rev. Biochem. 37, 175 (1968).
—, and R. P. Boyce: Radiat. Res. Suppl. 6, 156 (1966).
— —, and L. Theriot: Genetics 53, 1119 (1966).
—, E. Simson, and L. Theriot: Genetics 49, 237 (1964).
Kaplan, H. S.: Proc. nat. Acad. Sci. (Wash.) 55, 1442 (1966).
—, K. C. Smith, and P. A. Tomlin: Radiat. Res. 16, 98 (1962).
—, and R. Zavarine: Biochem. Biophys. Res. Comm. 8, 432 (1962).
Kelner, A.: Proc. nat. Acad. Sci. (Wash.) 35, 73 (1949).
Lett, J. T., P. Feldschreiber, J. G. Little, K. Steele, and C. J. Dean: Proc. roy. Soc. (Lond.) B 167, 184 (1967).
McGrath, R. A., and R. W. Williams: Nature 212, 534 (1966).
— —, and D. C. Swartzendruber: Biophys. J. 6, 113 (1966).
Moseley, B. E. B., and H. Laser: Nature 206, 373 (1965).
Munson, R. J., and B. A. Bridges: Nature 210, 922 (1966).
Pettijohn, D., and P. Hanawalt: J. mol. Biol. 9, 395 (1964).
Read, J.: In: Actions chimiques et biologiques des radiations, Vol. 12. Ed. M. Haissinsky. Paris: Masson et Cie. 1968, p. 145.
Reiter, H., u. B. S. Strauss: J. mol. Biol. 14, 179 (1965).
Rörsch, A., P. van de Putte, I. E. Mattern, H. Zwenk, and C. A. van Sluis: In: Radiation research. Ed. G. Silini. Amsterdam: North-Holland Publ. Co. 1967, p. 771.
Rupert, C. S.: Photochem. Photobiol. 4, 271 (1965).
—, and W. Harm: In: Advances in radiation biology, Vol. 2. Eds. L. G. Augenstein, R. Mason, and M. Zelle. New York, London: Academic Press 1966, p. 1.
Searashi, T., and B. S. Strauss: Biochem. Biophys. Res. Comm. 20, 680 (1965).
Setlow, J. K.: Photochem. Photobiol. 3, 405 (1964).
— Radiat. Res. Suppl. 6, 141 (1966).
Setlow, R. B., and W. L. Carrier: Proc. nat. Acad. Sci. (Wash.) 51, 226 (1964).
Streffer, C.: Strahlen-Biochemie. Berlin-Heidelberg-New York: Springer 1969.
Szybalski, W., and Z. Opara-Kubinska: In: Cellular radiation biology. Baltimore: Williams and Wilkins 1965, p. 223.
Taylor, A. L., and C. D. Trotter: Bact. Rev. 31, 332 (1967).
Witkin, E. M.: Science 152, 1345 (1966).

14. Kapitel: Strahlenempfindlichkeit und biologische Komplexität

Mit dem Studium der Strahlenwirkung auf Bakterien ist im Grunde genommen das eingangs gesteckte Ziel erreicht, die wichtigsten molekularen Schädigungsmechanismen zu diskutieren und ihre Wirkung auf elementare biologische Objekte zu beschreiben. Dabei hat sich im Laufe der Diskussion der Strahlenempfindlichkeit in vielen Fällen eine bestimmte Grundvorstellung bestätigt, nämlich das Konzept der Treffbereichstheorie. Es besagt, grob gesprochen, daß ein biologisches Objekt um so strahlenempfindlicher ist, je größer sein empfindlicher Treffbereich ist. Als Treffbereich erwies sich bei Enzymen das ganze Molekül (vgl. Abb. 28), bei den Viren und den Bakterien die gesamte DNS (vgl. Kap. 12 und 13). Allerdings erfordert diese Proportionalität zwischen Strahlenempfindlichkeit ($1/D_{37}$) und DNS-Molekulargewicht, wenn wir z. B. an die Einzel- und Doppelstrang-Viren denken, die Verwendung verschiedener Proportionalitätskonstanten, die wir als Inaktivierungswahrscheinlichkeit bezeichneten (Tab. 15 und 16, MG_T/MG). Daß man überhaupt zu verschiedenen Inaktivierungswahrscheinlichkeiten gelangt, liegt an der speziellen biologischen Konstitution, die darüber entscheidet, ob ein Objekt einen speziellen DNS-Schaden „überlebt", d. h. ihn reparieren kann oder nicht. Es liegt aber auch am speziellen Nucleinsäuretyp (Einzelstrang oder Doppelstrang) und schließlich, wenn wir einmal höhere Zellen ins Auge fassen, auch an der speziellen Anordnung der DNS in den Chromosomen, die sogar in mehrfacher Ausfertigung vorliegen können (Polyploidie).

14.1. Versuche zu einer Systematisierung

Die unterschiedliche Strahlenempfindlichkeit der verschiedenen biologischen Objekte gab Anlaß zu zahlreichen Versuchen, die Strahlenempfindlichkeit mit chemischen oder morphologischen Eigenschaften in Beziehung zu setzen, um damit die Natur des inaktivierenden Ereignisses sowie die Art und Größe der empfindlichen Strukturen aufzuklären.

Ein erstes grobes Kriterium für die Strahlenempfindlichkeit wurde 1940 von Lea und von Wollman u. Lacassagne angegeben. Sie fanden, daß Viren um so strahlenresistenter sind, je kleiner sie sind. Nachdem verbesserte Präparations- und Nachweismethoden exaktere Messungen erlaubten, stellte 1953 Epstein fest, daß die Strahlenempfindlichkeit von Viren nicht mit ihrer Größe, sondern besser mit ihrem Nucleinsäure-Gehalt zu korrelieren sei. Dabei ergab sich ein annähernd proportionaler Zusammenhang zwischen DNS-Volumen und Strahlenempfindlichkeit. Eine neuere Darstellung von Kaplan u. Moses (1964) umfaßt nicht nur Daten von Viren, sondern auch von Bakterien, Hefen und Zellkulturen. Abb. 115 zeigt diese Zusammenstellung, bei der die Strahlen-

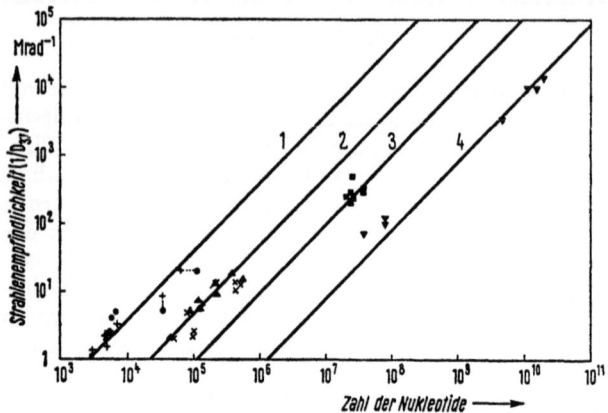

Abb. 115. Abhängigkeit der Strahlenempfindlichkeit verschiedener biologischer Objekte von ihrem Nucleinsäure-Gehalt. Kurve 1: Viren mit einzelsträngiger DNS und RNS (+ Werte aus Tab. 15); Kurve 2: Viren mit doppelsträngiger DNS (x Werte aus Tab. 16); Kurve 3: Haploide Zellen; Kurve 4: Diploide Zellen. (Nach Kaplan u. Moses, 1964)

empfindlichkeit ($1/D_{37}$) verschiedener Objekte zu ihrem Nucleinsäure-Gehalt (Zahl der Nucleotide) in Beziehung gesetzt wurde. Dabei zeigt sich, daß die Meßpunkte durch vier unter 45° verlaufenden Geraden beschrieben werden können, wobei Kurve 1 für Viren mit einzelsträngiger RNS und DNS gilt, Kurve 2 für Viren mit doppelsträngiger DNS, Kurve 3 für haploide Bakterien und Hefe und Kurve 4 für diploide Bakterien-, Hefe-, Vogel- und Säugetierzellen. Das heißt, man kann das vorliegende Versuchsmaterial in vier Klassen einteilen, die sich durch ihre spezifische Strahlenempfindlichkeit unterscheiden. Innerhalb einer jeden Klasse steigt die Sensibilität proportional zur DNS-Menge an, was in doppelt-logarithmischem Raster zu jeweils einer Geraden mit der Steigung 1 (45°) führt. Die Inaktivierungswahrscheinlichkeit beträgt in Klasse 1 etwa 1 (vgl. Tab. 15), in Klasse 2 ungefähr 0,1 (vgl. Tab. 16), in Klasse 3 annähernd 0,02 und in Klasse 4 größenordnungsmäßig 0,002. Die Strahlenempfindlichkeit nimmt also bei gleicher Nucleotidzahl mit zunehmendem Organisationsgrad der Objekte um fast 3 Größenordnungen ab. Während der Grund für die Resistenzzunahme beim Übergang von Klasse 1 nach 2 bereits in Kap. 12 ausführlich diskutiert wurde, ist nicht ganz klar, weshalb mit dem Übergang zur Klasse 3 abermals ein Resistenzgewinn verbunden ist. Abgesehen davon, daß der Verlauf der Kurve 3 (Abb. 115) durch die Punkte nicht eindeutig festgelegt ist, muß man wohl in jedem Fall davon ausgehen, daß alle DNS-Schäden, die für die Organismen der Klasse 2 letal sind, auch die Objekte der Klasse 3 inaktivieren. Wir wissen ja aus den Kapiteln 12 und 13, daß sowohl bei Bakterien als auch bei Doppelstrang-Viren eine Reparatur von Einzelbrüchen und Basenschäden der DNS erfolgt, so daß nicht ganz einsichtig ist, warum die Klassen 2 und 3 nicht zusammenfallen. Kaplan u. Moses (1964) untersuchten deshalb, ob die Neigung der 4 Geraden auf Abb. 115 statistisch gesichert ist. Dabei zeigte sich, daß die Meßpunkte durch 4 parallele Geraden mit der Steigung 0,809 besser beschrieben werden als durch Geraden mit der Steigung 1. Der Unterschied zwischen den Geraden 2 und 3 ist dann statistisch nicht mehr signifikant, wodurch sich die Diskussion der Gründe für die unterschiedlichen Inaktivierungswahrscheinlichkeiten in den Klassen 2 und 3 möglicherweise erübrigt. Allerdings führt die Annahme einer Steigung von 0,809, die auf einen Potenz-Zusammenhang zwischen Strahlenempfindlichkeit und DNS-Gehalt hinausläuft, zu einigen bemerkenswerten Konsequenzen, die von den Autoren eingehend diskutiert wurden.

Beim Übergang von den haploiden zu den diploiden Zellen nimmt die Strahlenempfindlichkeit nochmals um einen Faktor von 10 ab. Diese Resistenzerhöhung könnte einmal durch eine Perfektionierung der Reparaturvorgänge in höheren Zellen bedingt sein, zumal bekannt ist, daß die DNS in den Chromosomen von Säugerzellen mit Protein umgeben ist, wodurch eventuell gebrochene DNS-Stränge so lange zusammengehalten werden, bis sie repariert sind. Es ist aber ebensogut möglich, daß bei der Bestrahlung haploider Zellen recessive Letalmutationen, wie Punktmutationen oder kleine Deletionen, für einen großen Teil der insgesamt beobachteten Inaktivierung verantwortlich sind, während bei diploiden Organismen die Inaktivierung im wesentlichen auf dominanten Letalmutationen beruht, wie z. B. Chromosomen-Aberrationen oder Chromosomen-Brüchen. Außerdem ist bekannt, daß ein Teil der DNS solcher Zellen für die Aufrechterhaltung der Teilungsfähigkeit nicht unbedingt vonnöten ist, da gelegentlich bei einer anomalen Mitose ein Chromosom oder ein Teil eines Chromosoms verlorengeht und dennoch lebensfähige Nachkommen entstehen („Redundanz der genetischen Information"). Schließlich muß noch in Betracht gezogen werden, daß diploide Zellen zwei Kopien eines jeden DNS-Moleküls enthalten, wodurch ihre Empfindlichkeit möglicherweise noch weiter herabgesetzt werden kann. Alle genannten Argumente können erklären, warum diploide Zellen gegenüber ionisierenden Strahlen so resistent sind; doch dürfte die Ermittlung der ausschlaggebenden Gründe eine wesentliche Erweiterung unserer Kenntnisse von den Mechanismen der DNS-Replikation und der Zellteilung erfordern.

Das hier diskutierte Schema von Kaplan u. Moses (1964) stellt nicht den einzigen Versuch dar, Strahlenempfindlichkeit und biologische

Komplexität bei einer größeren Mannigfaltigkeit biologischer Objekte zu korrelieren. Die Arbeiten von Terzi (1961, 1965) führten zu ähnlichen Resultaten, während Sparrow u. Mitarb. (1967) bei Einbeziehung von Pflanzenzellen auf acht verschiedene Gruppen kommen, innerhalb derer die Strahlenempfindlichkeit proportional zum Volumen der Interphasen-Chromosomen ansteigt. Selbstverständlich sind Zusammenstellungen dieser Art mit gewissen Unsicherheiten behaftet, was besonders klar wird, wenn man sich einmal vor Augen hält, daß die Strahlenempfindlichkeit von den jeweiligen Versuchsbedingungen abhängt und für verschiedene Mutanten eines und desselben Objektes recht unterschiedliche Werte annehmen kann. Deshalb sind gerade solche Zusammenstellungen, die völlig verschiedenartige Objekte umfassen, mit der nötigen Vorsicht zu betrachten, die sich übrigens, wie wir schon mehrfach betont haben, generell bei allen treffbereichstheoretischen Überlegungen empfiehlt.

Wir haben bis jetzt stillschweigend vorausgesetzt, daß bei allen cellulären Objekten die *DNS der kritische Treffbereich* ist. Diese Annahme wird an sich schon durch Abb. 115 bestätigt. Es gibt indessen auch bei höheren Zellen die Möglichkeit, diese wichtige Voraussetzung zu prüfen. So hatten wir bereits in Kap. 11 festgestellt, daß die Replikation die empfindlichste der DNS-Funktionen ist. Dies äußert sich darin, daß Strahlendosen, die die Replikation von Zellen praktisch vollständig zum Erliegen bringen, bei Zellen, die sich nicht mehr teilen, wie z. B. Nervenzellen, fast ohne jede Wirkung bleiben. Die Bestrahlung mitotischer Zellen von Amphibienherz-Gewebekulturen mit einem scharf focussierten Protonenstrahl erzeugt schwere Chromosomen-Aberrationen, wenn einige Dutzend Protonen die Chromosomen durchqueren, während nach dem Durchgang von Tausenden von Protonen durch das Cytoplasma keine Abnahme der Teilungsfähigkeit festzustellen ist (Zirkle u. Bloom, 1953). In diesem Zusammenhang ist auch von Bedeutung, daß durch den Einbau von Bromuracil in die DNS nicht nur die Strahlenempfindlichkeit von Viren (vgl. Kap. 12.5) und Bakterien (vgl. Kap. 13.3), sondern auch die von Säugetierzellen erhöht wird (Djordjevic u. Szybalski, 1960). All dies sowie die Beobachtung, daß sich auch bei höheren Zellen Reparatur von Strahlenschäden nachweisen läßt, spricht für die dominierende Rolle der DNS als kritischer Treffbereich, dessen Schädigung zum reproduktiven Tod der Zelle führt.

Neben der DNS könnte a priori die *Zellmembran* eine weitere Struktur sein, die nach dem Auftreten eines oder einiger weniger Energieverlust-Ereignisse so stark verändert wird, daß die Reproduktion der bestrahlten Zellen unterbleibt. Nach einer von Bacq u. Alexander (1961) vorgeschlagenen Hypothese werden durch Strahlenschädigung von cellulären Membranen Enzyme freigesetzt, die wichtige Zellstrukturen durch enzymatische Angriffe zerstören. Allerdings ist bis jetzt nur der Abbau der DNS nach Bestrahlung sicher nachgewiesen worden, der jedoch in der Hauptsache die Folge von Reparaturprozessen sein dürfte (vgl. Kap. 13), während eine nennenswerte Degradierung anderer Zellkomponenten selbst nach Verabreichung relativ hoher Strahlendosen nicht gefunden wurde. Darüber hinaus wurde gezeigt, daß die Permeabilität der Zellmembran für eine Reihe verschiedener Substanzen selbst nach hohen Strahlendosen nur unwesentlich verändert wird (vgl. Bacq u. Alexander, 1961). Somit existieren zur Zeit noch keine experimentellen Befunde, die als Beweis dafür gewertet werden können, daß es außer der DNS noch weitere ebenso bedeutsame Treffbereiche in Zellen gibt.

14.2. Was ist Strahlenempfindlichkeit?

Um dem Titel des letzten Kapitels dieses Büchleins voll gerecht zu werden, schulden wir dem Leser noch ein paar Bemerkungen zum Thema Strahlenempfindlichkeit. Wenn wir bislang von Strahlenempfindlichkeit redeten, so meinten wir damit im allgemeinen die Empfindlichkeit einer bestimmten Molekülfunktion, sei es die Aktivität eines Enzyms oder die Transformationsfunktion der DNS, und nicht die strahlenchemische Empfindlichkeit des Moleküls. Allerdings zielten unsere Bemühungen darauf ab, diese beiden Empfindlichkeiten, die strahlenchemische und die funktionelle, miteinander zu vergleichen. Obwohl die Resultate dieser Bemühungen ohne weiteres aus den entsprechenden Kapiteln zu ersehen sind, wollen wir zur Erhöhung der Anschaulichkeit anhand einer besonderen Darstellung das Resumé ziehen. Auf Abb. 116 sind die G-Werte für die Zerstörung einer großen Anzahl von Molekülen und Makromolekülen sowie die G-Werte für die Inaktivierung von Enzymen, Viren und Mikroorganismen (die letzteren repräsentiert durch die Klassen 1 bis 4 von Abb. 115) als Funktion des Molekulargewichtes (bei den Mikroorganismen des Molekulargewichtes der DNS) dargestellt. Bei den Meßpunkten im Bereich unterhalb von 10^6 Dalton handelt es sich um Wasser, einfachere organische Verbindungen, Dipeptide und zahlreiche Enzyme. Die meisten G-Werte dieser Verbindungsklasse liegen unabhängig vom Molekulargewicht zwischen 1 und 2. Die Absorption einer Strahlenenergie von 50—100 eV in einem solchen Molekül führt somit in jedem Fall zu dessen strahlenchemischer Veränderung bzw. Inaktivierung. Dieser Energiebetrag ist in guter Übereinstimmung mit dem Energieaufwand von 60 eV für eine primäre Wechselwirkung (vgl. Kap. 4.6); d. h. eine Primärionisation hat die Zerstörung dieser Moleküle zur Folge. Im Bereich dieser Moleküle gibt es also *keine echten Resistenzunterschiede*, wenn man die *pro Molekül* absorbierte Strahlenenergie betrachtet. Dieser Befund ist identisch mit den Aussagen der Treffbereichstheorie, daß die Strahlenempfindlichkeit ($1/D_{37}$) von Makromolekülen proportional zu ihrem Molekulargewicht ist; allerdings wird hierbei nach Definition der Dosis die absorbierte Energie nicht auf das einzelne Molekül, sondern auf die *Masseneinheit* bezogen.

Im Bereich kleiner Molekulargewichte steigt in Abb. 116 der G-Wert mit abnehmender Molekülgröße um etwa einen Faktor 5 an. Diese Zunahme der Zahl der pro 100 eV zerstörten Moleküle muß nicht unbedingt durch eine erhöhte Empfindlichkeit der kleineren Moleküle erklärt werden. Eher dürfte darin die Tatsache zum Ausdruck kommen, daß beim Bestrahlen kleiner Moleküle die zu ein und derselben Primärionisation gehörenden Ionen und Elektronen in verschiedenen Molekülen auftreten, so daß pro Primärionisation im Durchschnitt mehrere Moleküle geschädigt werden (Hutchinson, 1966). Mit zunehmendem Molekulargewicht wird es aber immer wahrscheinlicher, daß alle Ionenpaare einer primären Wechselwirkung in demselben Makromolekül lokalisiert sind. Unter diesem Gesichtspunkt ist der für Makromoleküle geltende G-Wert von 1—2 nicht dahingehend zu interpretieren, daß zur Inaktivierung dieser Moleküle unbedingt 50—100 eV erforderlich sind; dieser Wert stellt vielmehr den mittleren Energiebetrag dar, der innerhalb eines nicht zu kleinen Volumens von ionisierender Strahlung bei der Wechselwirkung mit Materie abgegeben wird (vgl. Kap. 4.6),

Es gibt allerdings auch auf molekularem Niveau Beispiele für eine *echte Strahlenresistenz*. In diesem Zusammenhang ist besonders das Benzol zu nennen, das sich auf Grund seines π-Elektronensystems nicht nur in chemischer Hinsicht durch eine besondere Beständigkeit auszeichnet, sondern auch gegenüber ionisierender Strahlung wesentlich resistenter ist als nicht-aromatische Verbindungen entsprechender Größe

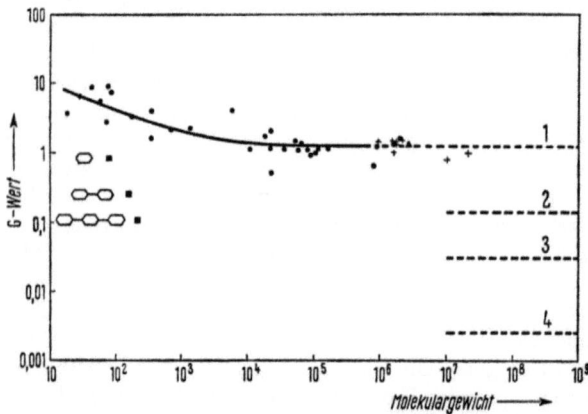

Abb. 116. G-Werte für die Zerstörung bzw. Inaktivierung von Molekülen, Makromolekülen und Viren als Funktion ihres Molekulargewichts bzw. des Molekulargewichts ihrer Nucleinsäure. ● Wasser, einfache organische Moleküle, Dipeptide und Enzyme (Hutchinson, 1966); ▲ E. coli B-Ribosomen (Abb. 91), + Viren mit einzelsträngiger Nucleinsäure (Tab. 15), ■ Benzol, Diphenyl und Terphenyl (Burns und Jones, 1964). Die unterbrochenen Linien 1, 2, 3 und 4 entsprechen den Geraden der Abb. 115, wobei aus den jeweiligen 37%-Dosen und den zugehörigen DNS-Molekulargewichten nach Gl. (6.15) die formalen G-Werte berechnet wurden

(Abb. 116). Offenbar sind konjugierte Ringsysteme in der Lage, die absorbierte Strahlenenergie so schnell auf mehrere Bindungen zu „verteilen", daß es nur relativ selten zum Bruch einer Bindung und damit zur Zerstörung kommt. Diese Erklärung wird unterstützt durch die Beobachtung, daß durch die Erhöhung der Zahl der Benzolringe pro Molekül die Strahlenresistenz weiter zunimmt (Abb. 116).

Die unterbrochenen Linien in Abb. 116 entsprechen den in Abb. 115 unter 45° eingezeichneten Geraden. Dabei müssen wir uns allerdings darüber im klaren sein, daß ein echter G-Wert nur für die Objekte angegeben werden kann, deren Genom aus einem einzigen DNS-Molekül besteht. Bei den diploiden Zellen ist dieser „formale" G-Wert lediglich ein Maß für die Inaktivierungswahrscheinlichkeit. Keinesfalls darf er mit dem Energiebedarf für eine strahlenchemische Veränderung der DNS in Verbindung gebracht werden. Wie wir in Kap. 10 gezeigt haben, gibt es verschiedene Arten der Zerstörung der kovalenten Struktur der DNS, wie Basenschäden, Einzelstrangbrüche und Doppelstrangbrüche. Summiert man die G-Werte für diese Schäden, so erhält man unter Berücksichtigung der Ergebnisse von Kap. 10 einen Gesamt-G-Wert für die DNS-Zerstörung, der ebenfalls zwischen 1 und 2 liegt und sich somit gut in die Reihe der anderen Moleküle der Abb. 116 einordnen läßt. Die Abnahme der Strahlenempfindlichkeit beim Übergang von Klasse 1 nach 4 bedeutet somit *keine Resistenzzunahme der DNS* der betreffenden Objekte, sondern zeigt an, daß lediglich die *funktionelle Empfindlichkeit der DNS* mit steigendem Klassenindex abnimmt.

Damit hat sich die Fragestellung, die mit einer der Ausgangspunkte für das Interesse an strahlenbiologischen Untersuchungen war, warum nämlich Zellen bereits durch einige Hundert rad inaktiviert werden, während beispielsweise Enzyme bis zu 100 Mrad „verschmerzen" können, in ihre Gegenteil verwandelt. Wir müssen nämlich erklären, warum die Organismen mit zunehmendem Organisationsgrad, d. h. biologischer Komplexität, so resistent sind, obwohl sie im allgemeinen einen hohen DNS-Gehalt aufweisen. Die Gründe hierfür wurden, soweit sie die Verhältnisse bei Viren und Bakterien betreffen, im Rahmen dieses Büchleins ausführlich behandelt. Als hauptsächlichen Grund erkannten wir die Fähigkeit zur Reparatur von Strahlenschäden der DNS. Bei noch höherem Organisationsgrad kommt hierzu die Redundanz der genetischen Information und die Polyploidie. Die Strahlenwirkung hat dann zunehmend den Charakter einer von der DNS ausgehenden Störung der Zellfunktionen, bei deren Entwicklung und Auswirkung der Stoffwechsel eine große Rolle spielt. Deshalb muß eine Darstellung der *cellulären Strahlenbiologie*, die wir hiermit angeschnitten haben, in zunehmendem Maße den Stoffwechsel der Zelle mit einbeziehen, der im Rahmen der *molekularen Strahlenbiologie*, bei der es uns vorzugsweise um die Grundmechanismen der physiko-chemischen und funktionellen DNS-Schädigungen ging, noch unberücksichtigt bleiben konnte. Die sich aus der cellulären Strahlenbiologie ergebenden

Fragestellungen reichen ihrerseits weiter in die *medizinische Strahlenbiologie* und *Radiologie*.

Literatur

Bacq, Z. M., and P. Alexander: Fundamentals of radiobiology. Oxford: Pergamon Press 1961.
Burns, W. G., and J. D. Jones: Trans. Farad. Soc. **60**, 2022 (1964).
Djordjevic, B., and W. Szybalski: J. exp. Med. **112**, 509 (1960).
Epstein, H. T.: Nature **171**, 394 (1953).
Hutchinson, F.: Cancer Res. **26**, 2045 (1966).
Kaplan, H. S., and L. E. Moses: Science **145**, 21 (1964).
Lea, D. E.: Nature **146**, 137 (1940).
Sparrow, A. H., A. G. Underbrink, and R. C. Sparrow: Radiat. Res. **32**, 915 (1967).
Terzi, M.: Nature **191**, 461 (1961).
— J. Theoret. Biol. **8**, 233 (1965).
Wollman, E., and A. Lacassagne: Ann. Inst. Pasteur **64**, 5 (1940).
Zirkle, R. E., and W. Bloom: Science **117**, 487 (1953).

Sachverzeichnis

Abbau von RNS 126
Absorption von Gammastrahlung 35
— — Neutronen 41
— — Röntgenstrahlen 35
Abstraktion von Wasserstoff 80, 88, 156
Acceptorzelle 212
Adenin, ESR-Signal 148
Adeno-Virus 194
Aggregation von Ribonuclease 136
— s. auch Vernetzungen
Akkumulation von Strahlenschäden 184
Aktivierungsenergie 102—107
Aktives Zentrum 132
Alanin 185
Alper-Formel 118—120
Alpha-Teilchen, Reichweite 47
Aminosäureanalyse 131
— von Ribonuclease 136
Aminosäure-Veränderungen in bestrahler Ribonuclease 139 ff.
— -Seitenkette 130
— -Sequenz 170
— — der Ribonuclease 125
Aminosäuren 125, 131
—, Bindung an tRNS 185
—, Entstehung von Wasserstoff 88
—, Zersetzungstemperatur 109
Amphibienherz-Gewebekultur 240
Anlagerung von Radikalen 80, 149
— — Wasserstoffatomen 149, 151
Anregung 51, 77
Anregungsspektrum von DNS 57
— — Methan 51
Approximation von Mehrtrefferkurven 16
Arrhenius-Diagramm 102, 104
Atomarer Wasserstoff s. Wasserstoffatome
Ausbeute an geschädigten Biomolekülen 82

Ausbeute an Radikalen s. Elektronenspin-Resonanz, G-Wert, Radikale
Austrittsphase bei Viren 190
Auxotrophe Mutanten 172

Bacillus megaterium 67, 123, 194
— —, LET-Abhängigkeit 69
— —, Temperatur-Effekt 103
— Shigella sonnei 122
— subtilis 86, 121, 172, 173, 183, 228
Bacterium cadaveris 183
— E. coli 86, 121, 123
— — —, BU-Effekt 219 ff.
— — —, DNS-Molekulargewicht 147, 211
— — —, DNS-Replikation 211, 214
— — —, DNS-mRNS-Hybride 183
— — —, Enzyminduktion 182
— — —, Excisionsreparatur 223 ff.
— — —, Feuchtigkeits-Einfluß 87
— — —, Gen-Karte 232
— — —, Inaktivierung der Ribosomen 186
— — —, LET-Einfluß 214
— — —, Reparatur von Einzelstrangbrüchen 229
— — —, Sauerstoff-Effekt 117
— — —, Strahlenempfindlichkeit verschiedener Mutanten 215
— — —, synergistische Bestrahlung 227
— — —, UV-Empfindlichkeit verschiedener Mutanten 216
Bahnkern-LET 70
Bahnsegmentmethode 64 ff., 199
Bahnspur-Effekte 108
Bakterien, Begrenzung des Reparaturvermögens 226
—, BU-Effekt 219 ff.

Bakterien-Chromosom 176, 211, 214, 232
—, DNS-Vernetzungen 223
—, Doppelstrangbrüche 220
—, Dunkelreparatur 223
—, Eigenschaften 211
—, Einfluß der Basenzusammensetzung auf die Strahlenempfindlichkeit 218
—, Filamentbildung 230
—, Gen-Karte 232
—, ionisierende Strahlung 213 ff.
—, Koloniebildung 211
—, kritische Distanz der UV-Schäden 226
—, Maximalzahl der reparierten Schäden 217, 226
— -Mutanten 120, 121, 123, 201, 212 ff., 230
—, Nachweis der Excisionsreparatur 224
—, Photoreaktivierung 221
—, Reparatur von Einzelbrüchen 229
—, — — Strahlenschäden 227 ff.
—, — — UV-Schäden 221 ff.
—, Sauerstoff-Effekt 120—124
—, unfähig zur Dunkelreparatur 231
—, UV-Licht 215 ff.
Bakteriophagen, DNS-Synthese 189
—, frühe Enzyme 189
—, Infektiosität der DNS 171
—, intracelluläre Bestrahlung 121
—, Kreuzreaktivierung 204
—, λ 194
—, Multiplizitätsreaktivierung 203
—, Nachweis 191
—, Phage 22 194
—, — BM 194
—, ΦX 174 77, 171, 192
—, — s. auch replikative Form
—, —, Einwirkung von Wasserstoffatomen 78
—, —, Temperatur-Effekt 103
—, Photoreaktivierung 199
—, Proteinhülle 189
—, Prophage 190
—, R 17 192
—, Reparatur von Strahlenschäden 205
—, — — UV-Schäden 199 ff.

Bakteriophagen, S 13 192
—, T1 94, 105, 162, 194
—, —, Bahnsegmentmethode 67, 68
—, —, BU-Effekt 207, 209
—, —, DNS-Vernetzungen 198
—, —, Doppelstrangbruch 197
—, —, Einwirkung von H-Atomen 89, 198, 208
—, —, ESR-Untersuchung 88
—, —, Inaktivierung durch Wasserstoffatome 104
—, —, LET-Abhängigkeit 69, 73
—, —, Schutzeffekt 95
—, —, Temperatur-Effekt 103
—, —, UV-Inaktivierung 200
—, T2 194, 202
—, T3 205
—, T4 194, 202, 203
—, T7 82, 160, 194, 196 ff., 204
—, —, Doppelstrangbruch 197
—, —, UV-Inaktivierung 33
—, Temperenz 190, 212
—, UV-Reaktivierung 204
—, Vermehrung 171, 190 ff.
—, v-Gen-Reaktivierung 202
—, Virulenz 190
—, Wirtszellenreaktivierung 200
—, x-Gen-Reaktivierung 202
Basenanaloga, Einbau in die Nucleinsäuren 206
Basenschaden 120
Basenzerstörung, G-Werte 154
Basenzusammensetzung, Einfluß auf die Strahlenempfindlichkeit 217
Begrenzung des Reparaturvermögens 217, 226
Benzol 242
Bethe-Bloch-Formel 44
Biologische Phase 7
— —, Dauer 8
— Stochastik 28
— Variabilität 5, 18, 19, 20, 21, 22
Bioradikale 7
Biosynthese der Proteine 169
Boltzmann-Verteilung 101
Bragg-Maximum, Elektronen 45
— —, Protonen 45, 72
— —, schwere Ionen 46
Bromuracil 206, 219, 224, 240
Brüche in der Peptidkette 142

Bruchhäufigkeit, Definition 157
— von DNS 158
Bruchrate, Sauerstoff-Einfluß 158
Bruchwahrscheinlichkeit, Definition 158
BU s. Bromuracil
BU-Effekt bei Bakterien 219 ff.
—, Cysteamin-Einfluß 209
— und Doppelstrangbrüche 208, 220
—, Einzelstrangbrüche 208
— und Photoreaktivierung 207
— bei Säugetierzellen 240
—, Verhinderung der Reparatur 220
— bei Viren 206
Bushy stunt-Virus 192

Capsid 189
Cathomycin-Resistenz 175, 177
Chemische Phase 7
— —, Dauer 8
Chromosomen-Aberrationen 239
— -Brüche 239
Chloruracil 206
Chymotrypsin 84, 127, 129
Codon 170, 185
COH-Radikal 208, 219
Compton-Effekt 37 ff.
cut and patch s. „Schneid- und Flick"-Reparatur
Cyclonucleotide 155
Cystamin 92
Cysteamin 92, 93, 95, 96, 207, 209
— und BU-Effekt 209
Cystein 92, 129
Cystin 92, 129, 131, 137, 138
Cytidin-2′,3′-Phosphat 126, 127
Cytosin 190
—, ESR-Signal 148
— -Monohydrat, Radikal 152

δ-Strahlen 55, 71, 108, 122
—, Energie 56
— -Korrektur 70
—, Reichweite 71, 72
D_{37} 15, 85
dar-Mutanten 232
Degradierung 147, 162
Deletion 239
Denaturierte Zonen in DNS 166
Denaturierung 147

Desoxyadenosin-Monohydrat, Radikal 152
Desoxyadenosinmonophosphat 147
Desoxycytidinmonophosphat 147
Desoxyguanosin-Hydrochlorid, Radikal 152
Desoxyguanosinmonophosphat 147
Desoxyribonuclease 129, 166, 172, 181, 205, 225
—, LET-Abhängigkeit 70
Desoxyribonucleinsäure s. DNS
Desoxyribose 151, 208
—, Radikal 152
Dextran 91
Dichtegradient 180, 195
Differentielle Strahlenempfindlichkeit s. Reaktivität
Differentieller Energieverlust, in DNS 57
— — von Elektronen 45
— —, in Formvar 57
— — geladener Teilchen 44
— — von Protonen 45
Differenzspektrum 135
Diffusion 101, 108
Dimerisierung 133, 136
— s. auch Vernetzungen
— von DNS 161
— von Ribonuclease 141
— — Thymin s. Thymin-Dimere
Diphenyl 242
Diplococcus pneumoniae 114, 174
Diploide Zellen, Strahlenempfindlichkeit 238, 242
Dipol-Oszillatorstärke 48, 49, 51, 52, 58
dir-Mutanten 230, 232
Direkte Strahlenwirkung s. direkter Effekt
Direkter Effekt 6, 7, 77 ff.
— —, Definition 76
Disulfidaustausch 141
Disulfidbindung 92
Disulfidbrücken 131, 142
— in Ribonuclease 126
DN-ase s. Desoxyribonuclease
DNS s. auch infektiöse DNS, transformierende DNS
—, Anregungsspektrum 57
— -Basen, G-Werte für Radikalerzeugung 149

DNS, Basenschaden 153, 154, 164, 172, 181, 193
— -Bausteine, Entstehung von Wasserstoff 88
—, Bruchhäufigkeit 158
—, chemische Veränderungen 153 ff.
—, Degradierung 147, 163
— — in Bakterien 233
—, denaturierte Zonen 166
—, Denaturierung 147, 156, 163
—, Dimerisierung 161
—, doppelstängige, s. Doppelstrang-DNS
—, Doppelstrangbrüche 68, 157 ff., 181
—, einzelsträngige, s. Einzelstrang-DNS
—, Einzelstrangbrüche 158 ff., 172, 181, 193
—, Elektronenspin-Resonanz 148 ff.
—, Entspiralisierung 165
—, ESR-Signal 150
—, funktionelle Empfindlichkeit 243
— -Funktionen, Inaktivierung 169 ff.
—, Hyperchrom-Effekt 163
—, intramolekularer Spintransfer 151
—, Kalbsthymus 158 ff., 178 ff.
— als kritischer Treffbereich 240
— — — — bei Bakterien 217 ff.
— — — — bei Viren 192
—, lokale Denaturierung 208, 219
— -mRNS-Hybride 183
—, optische Absorption 163
—, ΦX174-Phagen 94, 95, 96, 103, 190, 200
—, — —, Einwirkung von H-Atomen 89
—, — —, — von Vakuum-Ultraviolett 77, 78
—, physiko-chemische Veränderungen 146 ff.
— -Polymerase 169, 178
— -Reparatur s. Reparatur von Strahlenschäden
— -Replikation bei E. coli 211, 214
—, replikative Form 190
— -Schäden in Bakterien 230

DNS, Schmelzpunktskurven 166
—, Sensibilisierung durch Basenanaloga 206
—, Struktur 147
— -Synthese 178, 189
—, T1-Bakteriophagen 162
—, T7-Phage 205
— -Vernetzungen 155
— — in Lösung 161
— —, Reparatur 223
— —, Sauerstoff-Einfluß 161
— — im Trockenen 160 ff.
— -Viren 189, 192
—, Wasserstoffbindungen 147
—, Zuckerschaden 155, 156, 172
Donorzelle 212
Doppelstrangbrüche 120, 157 ff., 199
— in Bakterien-DNS 220
—, Entstehung im Trockenen 158
—, Entstehungskinetik in Lösung 159
—, G-Werte 160
—, Reparatur 234
—, Sauerstoff-Einfluß 158
Doppelstrang-Viren 193 ff.
— —, Strahlenempfindlichkeit 238, 242
Dosis-Effekt-Kurve 4 ff., 13
Dosiseinheit 61
Dosis-Reduktionsfaktor s. Sensibilisierungsfaktor
Dunkelreparatur bei Bakterien 223
—, Mechanismus 225

Eclipse 189
E. coli s. Bacterium E. coli
Effektive Ladung 45
— Ordnungszahl 36
Einfluß der Strahlenqualität 31
Einkristalle aus DNS-Bausteinen 150—153
Eintrefferkurve 14, 15
Einzelstrangbrüche 120, 158 ff.
—, G-Werte 160
— in Nucleoprotein-Gel 160
—, Reparatur 205, 220, 229
—, Sauerstoff-Einfluß 158
—, ultraviolettes Licht 160
— bei Viren 193 ff.

Einzelstrang-DNS 82
— -Viren 191 ff.
— —, Strahlenempfindlichkeit 238, 242
Elastische Kernstöße 48, 78
Elektronen, differentieller Energieverlust 45
— -Einfang 45
—, Reichweite 47
Elektronenspin-Resonanz 8
— — an Bromuracil 208
— — — DNS-Basen 148
— — — DNS-Bausteinen 150
— — — Einkristallen 150
— — — Heringsspermienköpfen 93, 94
— — — Ribonuclease 129, 136
— —, intramolekulare Energieleitung 90
— —, Nachweis von H-Atomen 88
— —, Temperatur-Abhängigkeit der Radikalerzeugung 100 ff.
Enzymatische Reparatur s. Reparatur von Strahlenschäden
Enzyme, Entstehung von Wasserstoff 88
—, Strahlenempfindlichkeit 62, 242
—, strahlenerzeugte Radikale 130
— in Zellen 86, 113, 116
Enzyminduktion 170, 182 f., 184
Entwicklung eines Strahlenschadens 7
Endonuclease 226
Energieaufwand pro Primärionisation 57, 58, 61
Energieübertragung von Neutronen 41
Energieverteilung der Sekundärelektronen 53
Energieverlust, Bahnsegmentmethode 65
Episom 212
Erholungsparameter 31
ESR s. Elektronenspin-Resonanz
— -Signal von Adenin 148
— — — Cytosin 148
— — — DNS 150
— — — Guanin 148
— — — Thymin 148

ESR-Spektrum von Heringsspermienköpfen 94
— — — Ribonuclease 129
— — — T1-Phagen 88
Esterase-Aktivität 84, 127
Excisionsreparatur 223 ff., 235
exr-Mutanten 232
Extrapolationszahl 17, 29, 214

Fermi-Formel 42
Feuchtigkeitsgehalt von Zellen 86
F-Faktor 212
Filamentbildung 230
fil-Mutanten 231
„Flick- und Schneid"-Reparatur 225
Fluoruracil 206
Forellenspermien-DNS, ESR-Signal 150
Formale Kurvenanalyse 23
Freie Radikale s. Radikale
Fricke-Dosimetrie 81
Funktionelle Empfindlichkeit der DNS 243

Galaktose 190
Galaktosidase 170, 182
Galaktosidpermease 170
gal-Mutanten 190
Gasentladung 88, 151
Gefährdungsfaktor 75
Geflügelpest-Virus 192
Gefrorene Lösungen 90, 101, 113
Genetische Information 169, 230
— Kontrolle der Schadensreparatur 230
— Rekombination 176, 212, 230 ff.
Genetischer Code 185
— —, Redundanz 239, 243
— Marker s. Marker
Gen-Karte von Bacterium E. coli 232
Geladene Teilchen, differentieller Energieverlust 44
— —, Reichweite 47
— —, Wechselwirkung mit Materie 42 ff.
Gewichtsmittel 157
Giftwirkung 5, 20
Glucose 170
Glutaminsäure 142
Glutathion 92, 114, 116

Glycin 131, 137
—, Temperatur-Effekt 103
Grothus-Drapersches Prinzip 36
Guanin, ESR-Signal 148, 150
G-Wert, Definition 83
— freier Radikale in Enzymen 131
— in Lösung 83
— im Trockenen 83
G-Werte der Wasserradikale 80
— für die Zerstörung bzw. Inaktivierung von Makromolekülen, Viren und Zellen 242

Hämoglobin 142
Haemophilus influenzae 172, 175, 177, 204, 222
Halbwertsdosis 14
Halbwertschicht 40
Haploide Zellen, Strahlenempfindlichkeit 238, 242
hcr s. Wirtszellenreaktivierung
H-Donation s. Wasserstoff-Donation
Hefezellen 86, 114, 200
—, LET-Abhängigkeit 68
Heringsspermien, ESR-Spektren 94
Hfr-Mutanten 212, 232
Histidin 131, 137
H-Radikal s. Wasserstoffatome
Hyaluronidase, Temperatur-Effekt 103
Hydratisiertes Elektron 79, 94, 115, 138, 140
Hydrophobe Bindung 125, 142
Hydroxymethylcytosin 190
Hyperchrom-Effekt 163
Hyperfeinstruktur-Aufspaltung 151

Inaktivierungskinetik 81
Inaktivierungsquerschnitt, Beziehung zum Treffbereich 63
—, Temperaturabhängigkeit 107
Inaktivierungswahrscheinlichkeit 193, 238, 243
Indirekte Photoreaktivierung 222
— Strahlenwirkung s. indirekter Effekt
Indirekter Effekt 7
— —, Definition 76
— —, Kinetik 80
— —, Konzentrationsabhängigkeit 84, 85

Indirekter Effekt im Trockenen 87, 98
— — in Lösung 78, 82, 83
— — — Zellen 86
Indol-Marker 173
Induktion von Enzymen 170
Infektiöse DNS 170 ff.
Infektion 189
Inhomogenität des bestrahlten Materials 27
Intermolekulare Energieleitung 7, 8, 89, 90
Intramolekulare Energieleitung 130, 141
Intramolekularer Spintransfer 129, 130, 151
Invertase, Sauerstoff-Effekt 114
—, Temperatur-Effekt 103
— in Zellen 86
Ionenhaufen 55
Ionenpaar 55
—, Häufigkeitsverteilung 56, 58, 65
Ionisation 51, 52, 77
— der Valenzelektronen 51, 54
Ionisierungsdichte 47
Isoleucin 131, 185

Joduracil 206

K-Elektronen 54
Kernäquivalente 211
Kernstöße s. elastische Kernstöße
Kinetik enzymatischer Reaktionen 128
Kinetische Interpretation der Dosis-Effekt-Kurve 26
K-Kante 36, 40
Kollektive Anregungen 53
Koloniebildung von Zellen 86
Kolonietest 33 ff., 173
Kombinierte Bestrahlung mit UV-Licht und Röntgenstrahlen 227
„Kondensator-Experiment" 89, 104
Konkurrenzschutz 91, 92, 94, 95
Konjugation 212, 232
Konjugierte Ringsysteme 243
Kreuzreaktivierung 204
Kritischer Treffbereich 192, 194, 217

Lactose 91, 170
Ladungsneutralisation 115

Langsame Elektronen, biologische Wirkung 77
— Protonen, biologische Wirkung 77
Latente Schäden 132
Latenzphase 189
LET s. linearer Energietransfer
Letalschaden 118, 120, 121, 176
Leucin 185
lex-Mutanten 232
Ligase 205, 226
Linearer Energietransfer, Bakterien-Mutanten 123
— —, Definition 46
— — bei Enzymen 70
— — — Hefezellen 68
— — — T1-Phagen 69, 73
— —, Problematik 56
— — und relative Strahlenempfindlichkeit 67
— — — Temperatur-Effekt 105
— — — Wirkungswahrscheinlichkeit 66
Lineweaver-Burk-Diagramm 128
Lokale Denaturierung von DNS 219

lon-Mutanten 231, 232
Lysin 131, 137
Lysis 171, 190, 191
Lysogenes Bacterium 190
Lysozym 129
—, LET-Abhängigkeit 70
—, Temperatur-Effekt 103

Marker 172, 176, 232
Massenbremsvermögen 46
Massenmittel 163
Matrizen-Funktion 177 ff.
Matrizen-RNS 169, 184
Maximalzahl der reparierten Schäden 217, 226
Medizinische Strahlenbiologie 2
„Mehrstufenkurven" 29
Mehrtreffbereichskurve 16
Mehrtrefferkurven 14, 16, 27
—, Auswertung 15
Messenger-RNS s. Matrizen-RNS
Methan, Anregungsspektrum 51
Methionin 129, 131, 137, 185
Methylmethansulfonat 228

MG_T s. Molekulargewicht des Treffbereichs
Michaelis-Konstante 128
Micrococcus radiodurans 233 ff.
— —, pigmentlose Mutante 235
— —, Reparatur von Doppelstrangbrüchen 234
Mikroorganismen, Sauerstoff-Effekt 119
Mindesttrefferzahl 22
Mittlerer Energieverlust 57, 58, 65
Mittleres Ionisierungspotential 44
Molekulare Strahlenbiologie, Arbeitsweise 187
— —, Bedeutung 9, 10
„Molekulares Striptease" 235
Molekulargewicht des Treffbereichs 61, 62, 127, 171, 173, 185, 192, 194, 237
Molekulargewichtsbestimmung 157
— aus der Strahlenempfindlichkeit 62
mRNS s. Matrizen-RNS
Multiplizitätsreaktivierung 203
Mutanten, auxotrophe 172
— s. Bakterien

Nach-Effekt 123
Naturwissenschaftlich orientierte Strahlenbiologie 2
Neutronen, Absorption 41
—, biologische Wirkung 42
—, -Einfang 42
—, Streuung 40
Newcastle-Disease-Virus 192
Nucleinsäure s. DNS, RNS
Nucleoprotein-Gel 160
Nucleoside, G-Werte für Radikalerzeugung 149
Nucleotide, G-Werte für Radikalerzeugung 149

OH-Radikal 79, 116, 138
Optische Näherung 51
Oszillatorstärke s. Dipol-Oszillatorstärke
Overkill 66

Paarbildung 39
patch and cut s. „Flick und Schneid"-Reparatur

Pepsin 129
Peroxidierung 115, 117, 118
Peroxyradikale 115, 136, 161
Phagen s. Bakteriophagen
Phasen der Strahlenwirkung 7
Phenylalanin 131, 137, 185
Phosphodiesterbindung 126
Photobiologie 11
Photodynamische Wirkstoffe 91
Photoeffekt 36, 39
Photoreaktivierung bei Bakterien 221
— und BU-Effekt 225
— bei Viren 199
— in vitro 222
phr-Mutanten 232
Physikalische Phase 7
— —, Dauer 8
Physiko-chemische Phase 7, 100
— — —, Dauer 8
Pigmentlose Mutante von M. radiodurans 235
Plaque 191
Polyäthylenterephthalat 89
Polymerase s. DNS-Polymerase, RNS-Polymerase
Polynucleotid-Ligase 205, 226
Polyoma-Virus 194
Polyglycin 130
Polypeptid 126
Polyphenylalanin 186
Polyploidie 237
Primärionisation 55, 127
—, Energieaufwand 57, 58
Primärprozesse der Energieabsorption 35 ff.
Primärstruktur der Ribonuclease 126
priming-ability s. Matrizen-Funktion
Profil der Strahlenempfindlichkeit 123
Prolin 131, 185
Prophage 190
Protease-Aktivität 84, 127
Proteinhülle 189
Proteinsynthese 186
Protonen, Bragg-Maximum 45, 72
—, differentieller Energieverlust 45
—, Reichweite 47
Protoplasten s. Sphäroplasten
Punktmutation 239

Punktwärme 108
Purinbasen, G-Werte für Freisetzung 155
—, — — Zerstörung 155
Purine 151
—, Veränderung durch UV-Licht 153
Pyrimidinbasen, G-Werte für Freisetzung 155
—, — — Zerstörung 155
Pyrimidine 151
—, Veränderung durch UV-Licht 153
Pyrimidin-Dimere 222
— — s. auch Thymin-Dimere
^{32}P-Zerfall 195, 198, 206

Qualitätsfaktor 75
Qualitative Strahlenbiologie 3
Quantitative Strahlenbiologie 3

rad 61
Radikale 103
—, Anlagerung 80, 149
— in Enzymen, G-Werte 130
—, Temperaturabhängigkeit ihrer Erzeugung 100
Radikalfänger 91, 94, 95, 96, 115, 116
Radiolyse des Wassers 79, 95
RBE 74
Reaktionsgeschwindigkeit von Enzymen 128
Reaktionskonstante 101
— für Sauerstoff-Reaktion 119
Reaktivierung 199
— s. auch Reparatur von Strahlenschäden
Reaktivierungswahrscheinlichkeit 32
Reaktivität 31 ff.
Receptor 189
reckless mutants 233
rec-Mutanten 232, 233
Redundanz der genetischen Information 239, 243
Regulator-Hypothese 233
Regulation 170
Reichweite geladener Teilchen 47
— langsamer geladener Teilchen 48
Rekombination s. auch genetische Rekombination

Rekombination von Radikalen 116
— — Wasserradikalen 80
Rekombinationslänge 176
Rekombinationswahrscheinlichkeit 176
Relative biologische Effektivität 74
— — Wirksamkeit 74
— Steilheit 21
Reparatur-Gen 232
— von DNS-Vernetzungen 223
— — Doppelstrangbrüchen 234
— — Einzelstrangbrüchen 205, 220, 229
— — Strahlenschäden 122
— — — bei Bakterien 227 ff.
— — —, Bedeutung für den Sauerstoff-Effekt 121
— — —, genetische Kontrolle 230
— — —, mathematische Beschreibung 216
— — — und Sauerstoff-Effekt 119 ff.
— — — bei Viren 205
— — UV-Schäden, Abstand der Schäden 217, 226
— — — bei Bakterien 221 ff.
— — —, Begrenzung des Reparaturvermögens 226
— — — bei Viren 199 ff.
Replikation 169, 177
Replikative Form 190, 195
Restitution 115, 119
Restitutionsschutz 91, 92, 96, 116
Restitutionsreaktion 116
RF s. replikative Form
Ribonuclease 104, 116, 125 ff.
—, aktives Zentrum 132
—, Aminosäure-Analyse 136 ff.
—, — -Veränderungen 139, 140
—, Brüche in der Peptidkette 142
—, Dimere 133, 136
—, Einwirkung von H-Atomen 89
—, Elektronenspin-Resonanz 129
—, Elutionsspektren 134
—, Funktion 126
—, G-Werte für Inaktivierung 83
—, hydrophobe Bindungen 142
—, Inaktivierungsmechanismen 141 ff.
—, Inaktivierungswahrscheinlichkeit 140

Ribonuclease, indirekter Effekt 82
—, — — im Trockenen 89
—, Konformation 125
—, Lineweaver-Burk-Diagramm 128
—, Molekulargewicht 125
—, optisches Absorptionsspektrum 135
—, Reaktion mit H_2S 131, 136
—, Reduktion 126, 132
—, Reoxidation 132, 135, 143
—, Säulenchromatographie 134
—, Säuredenaturierung 135
—, Sauerstoff-Effekt 111, 112
—, Schutzfaktor von Cystamin 92
—, Struktur 126
—, Temperatur-Effekt 99, 102, 103, 107
—, Trennung der Bestrahlungsprodukte 133 ff.
—, Veränderungen der Primärstruktur 131
—, — — Sekundärstruktur 132
—, Wirkung elastischer Kernstöße 78
—, Zerstörung von Wasserstoffbindungen 143
Ribonucleinsäure s. RNS
Ribose 91, 126
Ribosomen 169, 185 f., 242
—, Sedimentationskonstante 185
Ringsysteme, konjugierte 243
RN-ase s. Ribonuclease
RNS 126, 146
—, Abbau durch Ribonuclease 126
—, Funktion 169
— s. auch Matrizen-RNS, Transfer-RNS
— -Polymerase 169, 178
—, Sensibilisierung durch Fluoruracil 206
— -Synthese 178, 183
— —, Molekülgröße 180
— —, Zahl der Moleküle 180
— -Viren 189, 192
Rous-Sarkom-Virus 192
Rückläufige Prozesse 29, 30
Rückstoßprotonen 41, 43

Säugetierzellen, BU-Effekt 240
Säulenchromatographie 133, 222

Säuredenaturierung von Ribonuclease 136
Sauerstoff, Reaktion mit Radikalen 115
—, — — Wasserradikalen 94
—, Schutzwirkung 95, 112, 113, 115
—, Sensibilisierung 113, 115
— -Effekt 111
— — bei Bakterien 120, 230
— — — Makromolekülen 118
— — — — Mikroorganismen 119
— —, LET-Abhängigkeit 121
— —, Reaktionskinetik 118
— — und Reparatur von Strahlenschäden 119 ff.
Schädigungszustand 26
„Schmelzpunkt" von DNS 166
„Schneid- und Flick"-Reparatur 225
Schulterkurve 15, 17, 82, 183, 196, 201, 213, 220, 233
Schutzfaktor 197
— von Cystamin 92
Schutzstoffe 90
Schutzwirkung in Lösung 94 ff.
— im Trockenen 92
Schwefelradikal 90, 93, 130, 141
Schwellenwert 20
Schwere Ionen, Bragg-Maximum 46
Sedimentation 157, 160, 162, 198, 220, 224, 229
—, BU-DNS 221
Sekundärelektronen s. auch δ-Strahlen
—, Energieverteilung 53, 55
—, Häufigkeitsverteilung 54
Sekundärstruktur 132
Senfgas 223, 228
Sensibilisierungsfaktor 111, 120, 121, 123
— bei trockenen Enzymen 113
— — Ribonuclease 116
—, mathematische Beschreibung 118
—, Shigella sonnei 122
Sensibilisierungsstoffe 90
Sephadex 133
Serumalbumin 77, 78
Sexduktion 212
Sex-Faktor 212
Shigella sonnei 122
Shope papilloma-Virus 194
Sichelzellen-Anämie 142

Solvatisiertes Elektron s. hydratisiertes Elektron
Sphäroplasten 171
Sporen s. Bacillus megaterium, Bacillus subtilis
Stickstoff-Lost s. Senfgas
Stochastik der Strahlenwirkung 25 ff.
Stoffwechsel-Einfluß 7, 9, 213, 243
Stoßparameter 53
Stoß-Wechselwirkung 53, 54
Strahlenbiologie, Definition 1
—, historische Entwicklung 2—4
— der modifizierenden Parameter 3
Strahlenchemie des Wassers 79
Strahlenempfindlichkeit 241
—, Abhängigkeit von der Basenzusammensetzung 217
— von Enzymen 62
—, Temperaturabhängigkeit 101
— verschiedener biologischer Objekte 238, 242
Strahlenresistenz, echte 242
Strahlenwirkung auf Viren 189 ff.
Streif-Wechselwirkung 53, 54
Streptomycin-Resistenz 172, 175, 177
Streuung von Neutronen 40
Striptease, molekulares 235
Struktur der DNS 147
— — Ribonuclease 126
Subletalschäden 82, 118, 132
— bei Viren 199
Subletaltreffer 17
Substrat-Affinität 127, 128
Substrate für den Ribonuclease-Nachweis 126
Sucrosegradient 220, 229
Sulfhydrylverbindungen 90, 92, 93, 95, 116
Svedberg 160
Synchronisation von Zellkulturen 25, 201
Synergistischer Effekt 227, 234
syn-Mutanten 231, 232
Szintillator 90

Tabak-Mosaik-Virus 64, 192
— -Nekrose-Virus 192
— -Ringflecken-Virus 192

Teilchenfluenz, Definition 63
Temperatur-Effekt 99 ff.
— —, LET-Abhängigkeit 105
Temperaturunabhängige Komponente 101—104
Temperente Phagen 190, 212
Terphenyl 242
„Thermal Spike"-Modell 106 ff.
Thermische Neutronen 42
Thioglykol 92, 96
Thymin, ESR-Signal 148, 150
— -Dimere 177, 218, 222 ff.
— —, Bildung 154
— —, Spaltung 154, 200, 204
Thymidin 224, 229
—, Radikal 152
Thymidinmonophosphat 147
Thymus-DNS s. DNS, Kalbsthymus
TMV s. Tabak-Mosaik-Virus
T-Phagen s. Bakteriophagen
Transduktion 191, 212
Transfer-RNS 170, 184
— —, Bindung von Aminosäuren 185
Transformation s. transformierende DNS
Transformierende DNS 86, 116, 117, 154, 222
— —, Einwirkung ionisierender Strahlung 173 f.
— —, — von UV-Licht 174 ff.
— —, Sauerstoff-Effekt 114
Transformierendes Prinzip s. transformierende DNS
Transkription 169, 177, 182, 184
Translation 170, 184 ff.
Treffer, Definition 60
Treffbereich 13, 15
—, Bestimmung 61
—, Beziehung zum Inaktivierungsquerschnitt 63
Treffbereichs-Molekulargewicht s. Molekulargewicht des Treffbereichs
Treffbereichstheorie 60 ff., 63, 193, 243
Treffbereichszahl 17
Trefferenergie 15
Treffertheorie 13
—, Versagen 24
Trefferzahl 14

tRNS s. Transfer-RNS
Trypsin 90, 100, 101, 113, 127, 129
—, LET-Abhängigkeit 70
—, Modifizierung der Strahlenempfindlichkeit 91
—, Sauerstoff-Effekt 112, 117
—, Temperatur-Effekt 103, 105, 106
Tyrosin 80, 137

Überangeregte Zustände 51, 52
Übergangswahrscheinlichkeit 26, 27, 28
Ultraschall 166, 181, 225
Ultraviolettes Licht 33, 61, 153, 160, 181, 199 ff.
— —, BU-Effekt 206
— —, Einwirkung auf RN-ase 126
— — s. auch Vakuum-Ultraviolett
Ultrazentrifugation 133, 157, 195, 197, 220, 222, 229
Umlagerung von Radikalen s. intramolekularer Spintransfer
UV s. ultraviolettes Licht
— -Reaktivierung 32, 204
uvr-Mutanten 231, 232

Vaccina-Virus 194
Vakuum-Ultraviolett 52, 77, 78
Valin 131, 142, 185
Variable Treffbereichszahl 19
— Trefferzahl 19
Variabler Treffbereich 18, 19
Varianz 21
Variation der Übergangswahrscheinlichkeit 29
Verdünnungseffekt 84
Vernetzungen 155
— s. auch DNS-Vernetzungen
— in Lösung 161
— — trockener DNS 160 ff.
v-Gen-Reaktivierung 202
Vieltrefferkurve 20
Viren, Austrittsphase 190
— s. auch Bakteriophagen
—, Basenschaden 193
—, BU-Effekt 206 ff.
—, mit doppelsträngiger DNS 193 ff.
—, Doppelstrangbruch 196 ff.
—, Eigenschaften 189 ff.

Viren mit einzelsträngiger Nucleinsäure 191 ff.
—, Einzelstrangbruch 193 ff.
—, Photoreaktivierung 199
—, Proteinhülle 193
—, Reparatur von Strahlenschäden 205
—, — — UV-Schäden 199 ff.
—, Strahlenempfindlichkeit 238, 242
—, Subletalschäden 199
Virulente Phagen 190
Viscosität 157, 159, 235
Vortäuschung von Eintrefferkurven 22, 23

Wahrscheinlichkeitsdichte 21
Wasserradikale 94
—, Entstehung 79
—, G-Werte 80
—, Rekombination 80
Wasserradiolyse 79
Wasserstoffatome, Anlagerung 149, 151
—, Beitrag zum Schutzeffekt 92, 93
—, Bindungsenergien 96
—, Einwirkung auf Chymotrypsin 129
—, — — Ribonuclease 126
—, — — ΦX174-DNS 89
—, — — T1-Phagen 104, 198, 208
—, Entstehung 87
—, ESR-Spektrum 88
—, Radiolyse des Wassers 79
—, Reaktion im Trockenen 88, 89
— und Sauerstoff-Effekt 115

Wasserstoffatome, Temperaturabhängigkeit 104, 105
Wasserstoffbindungen 147
—, Energieleitung 151
—, thermodynamische Stabilität 165
—, Zerstörung 143, 163
Wasserstoffbrücken s. Wasserstoffbindungen
Wasserstoff-Donation 90, 93, 94, 96, 116
Wasserstoffperoxid 80
Watson-Crick-Modell 169, 189
Wechselwirkung geladener Teilchen mit Materie 42 ff.
Wirkungsquerschnitt, Beziehung zum Treffbereich 63
—, Temperaturabhängigkeit 101, 109
Wirkungsradius 53
Wirkungswahrscheinlichkeit 65, 71
— und LET 66
Wirtszellenreaktivierung 33, 121, 205, 231
— bei Bakterien 120
— — Bakteriophagen 200
— in vitro 201

x-Gen-Reaktivierung 202

Zahlenmittel 157, 163
Zeitfaktoreffekt 22, 31
Zeitliche Phasen der Strahlenwirkung 6 ff.
Zellmembran 240
Zersetzungstemperatur 108
— der Aminosäuren 109

Erschienene Bände der Heidelberger Taschenbücher

1. Max Born: Die Relativitätstheorie Einsteins. DM 10,80
2. K. H. Hellwege: Einführung in die Physik der Atome
   2. erweiterte Auflage. DM 8,80
3. Wolfhard Weidel: Virus und Molekularbiologie
   2. erweiterte Auflage. DM 5,80
4. L. S. Penrose: Einführung in die Humangenetik. DM 8,80
5. Hans Zähner: Biologie der Antibiotica. DM 8,80
6. Siegfried Flügge: Rechenmethoden der Quantentheorie.
   3. Auflage. DM 10,80

7/8. G. Falk: Theoretische Physik I und Ia auf der Grundlage einer allgemeinen Dynamik
   Band 7: Elementare Punktmechanik (I). DM 8,80
   Band 8: Aufgaben und Ergänzungen zur Punktmechanik (Ia). DM 8,80

9. Kenneth W. Ford: Die Welt der Elementarteilchen. DM 10,80
10. Richard Becker: Theorie der Wärme. DM 10,80
11. P. Stoll: Experimentelle Methoden der Kernphysik. DM 10,80
12. B. L. van der Waerden: Algebra I
    7. neubearbeitete Auflage der Modernen Algebra. DM 10,80
13. H. S. Green: Quantenmechanik in algebraischer Darstellung. DM 8,80
14. Alfred Stobbe: Volkswirtschaftliches Rechnungswesen. DM 10,80
15. Lothar Collatz/Wolfgang Wetterling: Optimierungsaufgaben.
    DM 10,80

16/17. Albrecht Unsöld: Der neue Kosmos. DM 18,—

18. Fred Lembeck/Karl-Friedrich Sewing: Pharmakologie-Fibel
    Tafeln zur Pharmakologie-Vorlesung. DM 5,80
19. A. Sommerfeld/H. Bethe: Elektronentheorie der Metalle. DM 10,80
20. K. Marguerre: Technische Mechanik. I. Teil: Statik. DM 10,80
21. K. Marguerre: Technische Mechanik. II. Teil: Elastostatik. DM 10,80
22. K. Marguerre: Technische Mechanik. III. Teil: Kinetik. DM 12,80
23. B. L. van der Waerden: Algebra II
    5. Auflage der Modernen Algebra. DM 14,80
24. Manfred Körner: Der plötzliche Herzstillstand
    Akuter Herz- und Kreislaufstillstand. DM 8,80
25. W. Reinhard: Massage und physikalische Behandlungsmethoden.
    DM 8,80
26. H. Grauert/I. Lieb: Differential- und Integralrechnung I. DM 12,80

27/28 G. Falk: Theoretische Physik II und IIa
Band 27: Allgemeine Dynamik und Thermodynamik (II). DM 14,80
Band 28: Aufgaben und Ergänzungen zur Allgemeinen Dynamik und Thermodynamik (IIa). DM 12,80

29 P. D. Samman: Nagelerkrankungen. DM 14,80

30 R. Courant/D. Hilbert: Methoden der mathematischen Physik I
3. Auflage. DM 16,80

31 R. Courant/D. Hilbert: Methoden der mathematischen Physik II
2. Auflage. DM 16,80

32 F. W. Ahnefeld: Sekunden entscheiden — Lebensrettende Sofortmaßnahmen. DM 6,80

33 K. H. Hellwege: Einführung in die Festkörperphysik I. DM 9,80

36 H. Grauert/W. Fischer: Differential- und Integralrechnung II
DM 12,80

37 V. Aschoff: Einführung in die Nachrichtenübertragungstechnik
DM 11,80

38 R. Henn/H. P. Künzi: Einführung in die Unternehmensforschung I
DM 10,80

39 R. Henn/H. P. Künzi: Einführung in die Unternehmensforschung II
DM 12,80

40 M. Neumann: Kapitalbildung, Wettbewerb und ökonomisches Wachstum. DM 9,80

41 G. Martz: Die hormonale Therapie maligner Tumoren. DM 8,80

42 W. Fuhrmann/F. Vogel: Genetische Familienberatung. DM 8,80

43 H. Grauert/I. Lieb: Differential- und Integralrechnung III. DM 12,80

45 G. H. Valentine: Die Chromosomenstörungen. DM 14,80

46 Robert D. Eastham: Klinische Hämatologie. DM 8,80

47 C. N. Barnard/V. Schrire: Die Chirurgie der häufigen angeborenen Herzmißbildungen. DM 12,80

48 R. Gross: Medizinische Diagnostik — Grundlagen und Praxis.
DM 9,80

49 K. Jacobs: Selecta Mathematica I. DM 10,80

50 H. Rademacher/O. Toeplitz: Von Zahlen und Figuren. DM 8,80

51 E. B. Dynkin/A. A. Juschkewitsch: Sätze und Aufgaben über Markoffsche Prozesse. DM 14,80

52 H. M. Rauen: Chemie für Mediziner — Übungsfragen. DM 7,80

53 H. M. Rauen: Biochemie — Übungsfragen. DM 9,80

54 G. Fuchs: Mathematik für Mediziner und Biologen. DM 12,80

57/58 H. Dertinger/H. Jung: Molekulare Strahlenbiologie. DM 16,80

59/60 C. Streffer: Strahlen-Biochemie. DM 14,80

Bitte Gesamtverzeichnis der Reihe anfordern!

MIX
Papier aus verantwortungsvollen Quellen
Paper from responsible sources
FSC® C105338

If you have any concerns about our products,
you can contact us on
ProductSafety@springernature.com

In case Publisher is established outside the EU,
the EU authorized representative is:
**Springer Nature Customer Service Center GmbH
Europaplatz 3, 69115 Heidelberg, Germany**

Printed by Libri Plureos GmbH
in Hamburg, Germany